高等学校统编精品规划教材

水电厂计算机监控系统

主　编　陈启卷
副主编　李延频

中国水利水电出版社
www.waterpub.com.cn

内 容 提 要

本书阐述了国内外水电厂计算机监控系统的发展概况以及演变的历史，系统的典型形式及基本要求，分层分布式监控系统特点，监控数据的采集和处理以及变换原理，监控系统的内部通信，水电厂自动发电控制和自动电压控制，监控系统抗干扰，监控系统软件的可靠性设计与实现，抽水蓄能机组监控技术以及梯级水电厂监控技术等，主要是针对能源动力类专业本科生编写的。

本书为普通高等学校本科"能源动力系统及自动化"或"热能与动力工程"专业"水利水电动力工程方向"的统编教材，也可作为能源动力类其他相关专业的教学参考书，并可供有关工程技术人员参考。

图书在版编目（CIP）数据

水电厂计算机监控系统/陈启卷主编. —北京：
中国水利水电出版社，2010.6（2017.7重印）
高等学校统编精品规划教材
ISBN 978-7-5084-7600-1

Ⅰ.①水…　Ⅱ.①陈…　Ⅲ.①水力发电站-计算机监控-高等学校-教材　Ⅳ.①TV73

中国版本图书馆 CIP 数据核字（2010）第 110296 号

书　　　名	高等学校统编精品规划教材 **水电厂计算机监控系统**
作　　　者	主编　陈启卷　副主编　李延频
出 版 发 行	中国水利水电出版社 （北京市海淀区玉渊潭南路 1 号 D 座　100038） 网址：www. waterpub. com. cn E-mail：sales@waterpub. com. cn 电话：（010）68367658（营销中心）
经　　　售	北京科水图书销售中心（零售） 电话：（010）88383994、63202643、68545874 全国各地新华书店和相关出版物销售网点
排　　　版	中国水利水电出版社微机排版中心
印　　　刷	北京瑞斯通印务发展有限公司
规　　　格	184mm×260mm　16 开本　17.5 印张　415 千字
版　　　次	2010 年 6 月第 1 版　2017 年 7 月第 2 次印刷
印　　　数	3001—4500 册
定　　　价	**38.00 元**

高等学校统编精品规划教材编审委员会

（水利水电动力工程专业方向）

序

　　能源是人类赖以生存的基本条件，人类历史的发展与能源的获取与使用密切相关。人类对能源利用的每一次重大突破，都伴随着科技进步、生产力迅速发展和社会生产方式的革命。随着现代社会与经济的高速发展，人类对能源的需求急剧增长。大量使用化石燃料不仅使有限的能源资源逐渐枯竭，同时给环境造成的污染日趋严重。如何使经济、社会、环境和谐与可持续发展，是全世界面临的共同挑战。

　　水资源是基础性的自然资源，又是经济性的战略资源，同时也是维持生态环境的决定性因素。水力发电是一种可再生的清洁能源，在电力生产中具有不可替代的重要作用，日益受到世界各国的重视。水电作为第一大清洁能源，提供了全世界 1/5 的电力，目前有 24 个国家依靠水力发电提供国内 90% 的电力，55 个国家水力发电占全国电力的 50% 以上。

　　我国河流众多，是世界上水力资源最丰富的国家。全国水能资源的理论蕴藏量为 6.94 亿 kW（不含台湾地区），年理论发电量 6.08 万亿 kW·h，技术可开发装机容量 5.42 亿 kW，技术可开发年发电量 2.47 万亿 kW·h，经济可开发装机容量 4.02 亿 kW，经济可开发年发电量 1.75 万亿 kW·h。经过长期的开发建设，到 2008 年全国水电装机总容量达到 17152 万 kW，约占全国总容量的 21.64%；年发电量 5633 亿 kW·h，约占全部发电量的 16.41%。水电已成为我国仅次于煤炭的第二大常规能源。目前，中国水能资源的开发程度为 31.5%，还有巨大的发展潜力。

　　热能与动力工程专业（水利水电动力工程方向）培养我国水电建设与水能开发的高级工程技术人才，现用教材基本上是 20 世纪 80 年代末、90 年代中期由水利部科教司组织编写的统编教材，已使用多年。近年来随着科学技术和国家水电建设的迅速发展，新技术、新方法在水力发电领域广泛应用，该专业的理论与技术已经发生了巨大的变化，急需组织力量编写和出版新的教材。

　　2008 年 10 月由西安理工大学、武汉大学、河海大学、华北水利水电学院在北京联合召开了热能与动力工程专业（水利水电动力工程方向）教材编写会议，会议决定编写一套适用于专业教学的"高等学校统编精品规划教材"。

新教材的编写，注重继承历届统编教材的经典理论，保证内容的系统性与条理性。新教材将大量吸收新知识、新理论、新技术、新材料在专业领域的应用，努力反映专业与学科前沿的发展趋势，充分体现先进性；新教材强调紧密结合教学实践与需要，合理安排章节次序与内容，改革教材编写方法与版式，具有较强的实用性。希望新教材的出版，对提高热能与动力工程专业（水利水电动力工程方向）人才培养质量、促进专业建设与发展、培养符合时代要求的创新型人才发挥积极的作用。

教育是一个非常复杂的系统工程，教材建设是教育工作关键性的一环，教材编写是一项既清苦又繁重的创造性劳动，好的教材需要编写者广泛的知识和长期的实践积累。我们相信通过广大教师的共同努力和不断实践，会不断涌现出新的精品教材，培养出更多更强的高级人才，开拓能源动力学科教育事业新的天地。

教育部能源动力学科教学指导委员会主任委员
中国工程院院士

2009 年 11 月 30 日

前　言

目前，我国大、中型水电厂已普遍采用计算机监控，具有高度自动化水平，并逐步实现了"无人值班"（少人值守）。然而，在多年的教学实践中，能源动力类专业的广大教师深感缺乏适应这一变化的本科教材。面对这样的形势，在教育部能源动力学科教学指导委员会的支持下，经过相关高校部分教师的认真讨论，决定编写本书，以作为能源动力类专业水利水电动力工程方向的教材。

书中大部分内容选自近年出版的科技文献，内容丰富、新颖，广泛涉及了计算机监控领域的新技术和新动向。同时也保持了传统教学内容的系统性和连贯性，把水电厂计算机监控系统的发展历程和应用技术作了明确的交待。

全书共分11章，包括水电厂计算机监控系统的发展概况以及演变的历史，系统的典型形式及基本要求，分层分布式监控系统特点，监控数据的采集和处理以及变换原理，监控系统的内部通信，水电厂自动发电控制和自动电压控制，监控系统抗干扰，监控系统软件的可靠性设计与实现，抽水蓄能机组监控技术以及梯级水电厂监控技术等。

全书由陈启卷教授担任主编。其中第1、2、4、5、7、8、9章由武汉大学陈启卷编写，第3、10、11章由华北水利水电学院李延频编写，第6章、第3章3.4节和第9章9.1节由武汉电力职业技术学院姜胜编写。全书由陈启卷统稿。

全书由武汉大学李植鑫教授审阅。在审阅中，李植鑫教授提出了很多中肯的修改意见，在此表示衷心的感谢！

本书在编写过程中得到了教育部能源动力学科教学指导委员会的大力支持，在此一并表示衷心的感谢！

本书包含了作者多年来对水电厂计算机监控系统的教学和科研成果，书中收集的有关实例资料以国内近几年的应用实例为主。由于现代计算机监控技术的应用水平不断提高，发展迅速，限于编者的水平和经验，书中难免存在不足，真诚希望本书读者和同行专家积极提出建议和意见，以利作者不断提高和改进。

书中参考和引用了大量文献资料，在此，谨向有关作者表示衷心的感谢。

编　者
2010 年 3 月

目　录

第1章

概　　论

1.1　概　　述

水电是世界上能够进行大规模商业开发的第一大清洁能源。随着世界能源需求增长和全球气候变化，世界各国都把开发水电作为能源发展的优先领域。目前水力发电满足了全世界约20％的电力需求，有55个国家一半以上的电力由水电提供，其中24个国家这一比例超过90％。

我国水能资源蕴藏量居世界首位，全国技术可开发装机容量5.42亿kW，经济可开发装机容量4.02亿kW，是仅次于煤炭的常规能源。可开发的10MW以上的水电站总数约11600多座，据不完全统计，目前已建成各类大、中型水电站近6000座。截至2008年底，全国水电装机容量达到1.72亿kW，居世界第一，年发电量达到5633亿kW·h，分别占全国电力装机容量的21.6％和年发电量的16.4％。水电作为优质清洁的可再生能源，将在国家能源安全战略中占据更加重要的地位。目前，我国水能资源开发程度仅为31％，远低于发达国家平均水平，发展潜力很大。根据国家可再生能源中长期发展规划，2020年全国水电装机容量将达到3亿kW，平均每年新增1200万kW。

计算机监控技术的不断发展，为水电站的安全可靠经济运行奠定了基础。国外于20世纪60年代开始在水电厂采用计算机监控技术。1978年我国科技大会召开后，迎来了科学的春天，各行各业积极开展技术革新。

我国水电站计算机监控技术的研究与开发起步于20世纪80年代初。当时的水电部安排了一批科研试点单位，开始在富春江水电厂进行计算机监控系统试点研究，于1984年11月正式投入运行，成为我国第一套水电厂计算机监控系统。

1994年电力部在东北太平湾水电厂召开会议，开始制定《水电厂"无人值班"（少人值守）的若干规定（试行）》，并确定了永定河、桓仁、葛洲坝二江、太平湾、长甸等5个水电厂为"无人值班"（少人值守）第一批试点单位。上述规定于1996年颁布执行，并扩大龚嘴、映秀湾总厂、万安、隔河岩、柘溪、葛洲坝大江、鲁布革、白山、紧水滩等9个水电厂为第二批试点单位。与此同时，电力部颁布试行了《一流水电厂的考核标准》。上述试点工作有力地推动了水电厂的自动化建设，调动了各水电厂建设计算机监控系统的积极性，把计算机监控系统当作全厂"创一流"工作的重点，以监控系统建设带动全厂的自动化改造，为监控系统工作的顺利展开营造了良好的气氛。在此期间，被誉为"五朵金花"的广蓄、漫湾、隔河岩、岩滩、水口等 5 座 1000MW 以上的大型水电厂，相继实现了"无人值班"（少人值守）的运行模式。

2000 年初，随着国内水电厂运行管理的目标进一步由"无人值班"（少人值守）向真正的无人值班发展，要求进一步完善计算机监控系统的功能，提高其可靠性，满足无人值班电站的要求。随后，开发工具软件进一步完善，基于以太网的对外通信得以迅速发展，出现了 PLC 直接上网技术，在 AGC/AVC 等高级应用软件的应用方面取得了较大进步。

随着三峡工程左岸电站首台机组于 2003 年 7 月发电，三峡右岸电站、龙滩、小湾、拉西瓦及金沙江上游等一批特大型水电站建设的全面展开，进入建设高潮，2007 年后陆续投产发电，标志着中国水电建设进入巨型机组特大型电站时代。由此，巨型机组特大型电站计算机监控系统的关键技术研究及开发成为各方面关心的焦点。与常规电站相比，巨型机组特大型电站计算机监控系统须进一步考虑更多问题：①由于巨型机组特大型电站在电力系统中的重要性进一步提高，其控制系统可靠性的措施更需加强，以避免由于控制设备的可靠性影响发电可靠性及电网安全；②巨型机组的强电磁场对控制系统电子设备的电磁干扰；③发电机、水轮机等重要设备的监测点急剧增加，如何提高监控系统的海量数据实时采集与处理能力；④由于机组及电站的重要性，控制系统的性能指标要求应进一步提高，如数据采集周期、事故处理响应时间、控制响应时间等；⑤海量报警信息的智能化处理与辅助运行技术水平应进一步提高。

我国水电厂计算机监控系统实施 30 多年来，在一代代水电工作者的努力下，水电建设事业得到空前的发展，以计算机监控系统为代表的自动化技术迅速推广普及，技术水平不断向世界先进水平迈进。

计算机应用之所以被引起如此的重视，其本质在于它具备有完成自动化功能的良好性能条件，即它具有大的存储容量、快的运算速度和高的精确度等。实践证明，水电厂应用计算机对提高自动化水平，保证安全运行，提高经济效益，改善劳动条件，促进技术进步都具有十分重要的意义。它用来构成自动化系统，与常规自动化设备相比有以下几方面的特点。

（1）它可以模拟各种复杂的控制规律，实现系统高质量的控制。同时，它可以不改变控制设备而方便地修改控制器的模型结构和参数。

（2）它具有记忆和判断的能力，使得它能综合生产过程中的多种情况，作出最佳选择，实现最优控制。

（3）它有分时操作的能力，可满足多个回路的控制任务，用以代替多台常规控制设备的功能。

（4）它能及早地发现生产过程中孕育着的各种故障和事故，不失时机地作出预报和处理。

（5）它能实时进行生产过程计划调度、经济核算、物料平衡等。

当今世界计算机科学仍在飞速发展，即将跨入以智能控制和专家系统为代表的一个新时期。可以估计，这将会对水电厂自动化技术带来新的变革，产生更为深远的影响。面对水电厂计算机应用繁重而艰巨的任务，人才培养和专业队伍建设显得十分重要。希望通过本教材内容的学习，能使其了解计算机在水电厂中应用的知识，掌握必要的理论基础，以及提高用于解决实际工作的能力，适应水电厂计算机监控发展的需要。

需要说明的是，由于计算机产品的不断推陈出新，水电厂自动化系统中采用计算机系统的配置尚难以完全统一。同时，由于篇幅所限，此教材不去详细讨论某一机型所构成系统的硬件内部结构和软件程序，而主要介绍应用计算机实现水电厂监控的基本原理和方法。为读者在具体工作中提供必要的知识。

掌握计算机监控技术必须具备一些基础知识。然而，对缺乏计算机软、硬件知识的读者，也能大致学懂并掌握书中的主要内容，从中得到应用计算机实现水电厂监控任务的启示，这也是编写本教材的期望之一。

1.2　国内外水电厂计算机监控系统的发展概况

安全经济运行是水电厂最根本的任务。随着国民经济的持续发展，电力需求迅猛增长，兴建的水电厂越来越多，其容量也越来越大，如即将全面建设完成的三峡水电厂，总装机容量高达22400MW。为了实现安全发、供电，需要经常监测的运行参数很多，需要实现的控制功能也越来越复杂。尤其是抽水蓄能电厂，机组的工况不仅有发电、调相，而且还有抽水，各种工况之间的相互转换，使控制功能进一步复杂化。为了实现水电厂本身或梯级水电厂的经济运行，需要进行大量复杂的计算。这些工作使原先在水电厂上广泛使用的布线逻辑型自动装置越来越难以胜任，需要采用更为先进的技术。

计算机技术日新月异，发展迅猛，其性能日趋完善，而价格日益下降，这为在水电厂取代常规的布线逻辑型自动装置提供了良好的物质基础。

早在20世纪70年代，计算机已开始应用于水电厂，起先用于各项离线计算和工况的监测，后来逐渐进入控制领域。它经历了一段从低级到高级，从顺序控制到闭环调节控制，从局部控制到全厂控制，从电能生产领域扩展到水情测报、水工建筑物的监控、航运管理控制等各个方面，从监控到实现经济运行，从个别电厂监控到整个梯级和流域监控的发展过程。出现了一批用微机构成的调速器、励磁调节器、同步并列装置、继电保护装置。多媒体技术的应用使电厂中控室的设计发生了巨大的变化。庞大的模拟显示屏正在逐渐被计算机显示器所取代；常规操作盘基本上已被计算机监控系统的值班员控制台所代替；运行人员的操作已从过去的扭把手、按开关转为计算机键盘和鼠标操作。运行人员的工作性质也发生了质的变化，从过去的日常监控和频繁操作转变为巡视，经常的监测和调节控制都由计算机系统去完成。运行人员的劳动强度大大减轻，人数也大大减少，逐步出现了"无人值班"（少人值守）的电厂。采用计算机监控已成为水电厂自动化的主流。

从20世纪70年代起，计算机监控在国外一些水电厂中取得了实质性的进展，出现了用计算机控制的水电厂。最初，由于计算机价格较高，全厂只用一台计算机实现对主要工况的监视和操作，通常不实现闭环调节控制。后来，随着计算机性能改善和价格下降，出现了采用多台小型计算机实现闭环调节控制的水电厂。随着高性能微机的出现，微机在水电厂监控系统中得到普遍的应用。现在，新投入的水电厂大都采用由多台计算机构成的计算机监控系统。世界各国的发展是不平衡的，难以对水电厂实现计算机监控的资料进行完整统计。就国家来说，美国、法国、日本和加拿大等国在这方面是比较领先的。

在我国，水电厂自动化应用计算机监控系统发展很快。较早的主要进行以数据采集为主的试验和研究工作。"六五"期间，开始了以重点对水电厂计算机监控、水轮发电机调速、励磁调节、水情自动测报等方面的科研和应用试点工作。如以浑江梯级及永定河梯级水电厂，富春江及葛洲坝水电厂为代表的计算机监控系统的试点；在个别电厂上进行的以微机调速和励磁调节的试点；黄龙滩的水情自动测报；第二松花江的水情自动测报及水库调度自动化的试点等，这些都取得了一定的成效。在"七五"期间又有了新的突破。1987年 10 月，原水利电力部在南京召开了全国水电厂自动化技术总结和规划落实工作会议，在总结经验的基础上，制订了《"七五"期间水电厂自动化计算机应用规划》。按照规划要求，"七五"期间，我国将有包括葛洲坝、鲁布格、白山、浑江、永定河等 30 个水电厂实现计算机监控和经济运行，其中 5 个水电厂梯级实现实时经济调度，一个水电厂试点无人值班。并且明确了通过"七五"规划的实现，促使我国水电厂自动化方面应用计算机技术从科研试验走上实用推广的战略目标。通过执行"八五"、"九五"、"十五"和"十一五"规划的近 20 年来，我国水电厂自动化水平又有了很大的提高，绝大多数大、中型水电厂实现了计算机监控，新建中的中、小型水电厂已基本上采用计算机监控系统。由此，对"无人值班"（少人值守）提出了更高的要求，这对从事水电事业的广大职工来说是一个光荣而艰巨的任务。

1.3　水电厂计算机监控方式的演变

随着计算机技术的不断发展，水电厂的监控方式也随之改变，计算机系统在水电厂监控系统中的作用及其与常规设备的关系也发生了变化，其演变过程大致如下。

1. 以常规控制装置为主、计算机为辅的监控方式（Computer‐Aided Supervisory Control，CASC）

早期由于计算机价格高，而且人们对它的可靠性没有足够的认识，因此，水电厂的直接控制功能仍由常规控制装置来实现，计算机只起监视、记录打印、经济运行计算、运行指导等作用。采用此方式时，对计算机可靠性的要求不是很高，即使计算机发生局部故障，水电厂的正常运行仍能继续，只是性能有所降低。采用这种控制方式的典型例子是伊泰普水电厂运行的初期（20 世纪 80 年代上半期）。当时采用这种控制方式的理由是，根据巴西和巴拉圭的国情，认为采用计算机监控系统的经验还不够成熟，缺乏相应的技术力量，故先采用能实现数据采集和监视记录等功能的计算机系统，而水电厂的控制仍由常规设备来完成。这样，可为后期实现控制功能作准备，同时可以减少前期的投资。后来，伊泰普水电厂已将它更新为具有复杂控制功能的、比较完善的计算机监控系统。

国内也有采用这种控制方式的例子，后来都已逐渐更新为能实现控制功能的比较完善的计算机监控系统。

这种控制方式的缺点是，功能和性能都比较低，并对整个水电厂自动化水平的提高有一定的限制，新建水电厂目前已很少采用。

对已运行的水电厂，特别是中、小型水电站，在常规监控系统的基础上，加一些专用功能的全厂自动化装置，如自动巡回检测和数据采集装置，按水流或负荷调节经济运行装置等，也可取得良好的技术经济效益，投资也不大，对运行管理水平要求又不高，这种 CASC 方式还是可以采用的。国外有不少这样的实例。

2. 计算机与常规控制装置双重监控方式（Computer - Conventional Supervisory Control，CCSC）

随着计算机系统可靠性的提高和价格的下降以及技术人员对计算机实现监控的信任度的提高，让计算机直接参加控制已能够被他们所接受，但对它还是不够放心，所以出现了计算机与常规控制装置双重监控的方式。在此，水电厂要设置两套完整的控制系统，一套是以常规控制装置构成的系统，另一套是以计算机构成的系统，相互之间基本上是独立的。两套控制系统之间可以切换，互为备用，保证其能可靠工作。采用这种方式还基于以下原因：

（1）对于大型水电厂，由于其运行可靠性要求高，对计算机系统的可靠性仍有较大的顾虑，总觉得计算机系统没有常规系统可靠，要设一套常规系统作后备。

（2）原来的水电厂运行值班人员习惯于常规设备的操作，不熟悉计算机系统的操作，要有一定的适应期。

（3）计算机系统检修时，常规系统可以投入运行，不影响电厂的正常发电。

（4）如果水电厂已有常规系统，加设计算机监控系统不影响电厂的正常运行。这一点对已运行水电厂的改造是有现实意义的。

采用这种方式的缺点是：①由于需要设置两套完整的控制系统，投资比较大；②由于两套系统并存，相互之间要切换，二次接线复杂，可靠性反而有所降低。

3. 以计算机为基础的监控方式（Computer - Based Supervisory Control，CBSC）

随着计算机系统的可靠性进一步提高和价格的进一步下降，出现了以计算机为基础的监控系统。采用此方式时，常规控制部分可以大大简化，平时全部采用计算机控制。因此，对计算机系统的可靠性要求就比较高，这可以采用冗余技术来解决，要保证系统当某一单元或某局部环节发生故障时，整个系统和电厂运行还能继续进行。

采用此种方式时，中控室仅设置计算机监控系统的值班员控制台，模拟屏已成为辅助监控手段，可以简化甚至取消。

4. 取消常规设备的全计算机控制方式

随着计算机技术的进一步发展和水电厂计算机监控系统运行经验的累积，出现了以计算机为唯一监控设备的全计算机控制方式，实际上它是 CBSC 方式的延伸。此时，取消了中控室常规的集中控制设备，机旁也取消了自动操作盘。中控室有时还保留模拟显示屏，但其信息取自计算机系统，不考虑在机组控制单元（计算机型的）发生故障时进行机旁的自动操作。此时，对计算机系统的可靠性提出更高的要求，冗余度也要进一步提高。

这种方式已逐渐成为主要的水电厂计算机监控方式。

1.4　水电厂计算机监控系统的功能

这里所述的内容是十分完善的计算机监控系统的功能，对于不同的水电厂，尤其是中小型水电厂，根据需要可用其中的一部分。水电厂计算机监控系统需要实现的功能与水电厂的装机容量、机组台数、在电力系统中的重要性及承担任务的复杂性（如发电、航运、防洪、灌溉等）等因素有关，具体需要的功能可根据上述因素来确定。

1. 数据采集和处理

水电厂各运行设备的参数需要经常进行巡回检测，检查它们是否异常（越限），并对数据库不断更新。这些参数通常按照被测量性质的不同，把它们分为模拟量、开关量、脉冲量、数码量、相关量、计算量等，其采集及处理方法各有特点。

（1）模拟量。模拟量是指电气模拟量、非电气模拟量和温度量等实测量，电气模拟量（常简称为电量）系指电压、电流及功率等实测值。非电气模拟量（常简称为非电量）主要指转速、位移、压力、流量、水位、油位以及振动、摆度等。温度量也属于非电气模拟量的一种，通过采集热电阻的变化来计算温度，虽然其变化速度一般较缓慢，但仍然是很主要的被测量，因此将其单列出来，称之为温度量。这些模拟量的处理主要包括信号抗干扰、数字滤波、误差补偿、数据有效性合理性判断、标度变换、梯度计算、越复限判断及越限报警、传感器失真和断线检测等，最后经格式化处理后形成实时数据并存入实时数据库。经处理后的模拟量可输出至模拟量表计，如电厂模拟屏及其他盘柜上的电流、电压表计等。

电气模拟量通常对交流信号直接采集而得，即对直接引入 TV、TA 的信号，通过采集电压、电流值及电压、电流之间的相位，经过计算求出所需要的各种电气量，如电压、电流、有功功率、无功功率、功率因数、频率及电能等，并通过通信接口实现其数据传送。交流采样的优点是省去了常规的变送器，简化了系统设计，减少了现场接线和设备的占地面积，降低了系统成本，并提高了测量精度，已获得了越来越广泛的应用。目前专用交流量采集装置功能已较完善，很多产品集采样、显示、波形记录、智能分析和报警于一体，实现了数字化、智能化、网络化。就其结构而言，有设计成通用仪表机箱、专用机箱或计算机系统内的专用交流量采集模块等多种方式，可满足不同应用场合的各种要求。

（2）开关量。开关量即现场开关的位置信号，经变换后可转换为 0、1 型的数字信号。开关量包括中断型开关量和非中断型开关量两种。电厂的事故信号、断路器分合及重要继电保护的动作信号等作为中断型开关量输入。计算机监控系统以中断方式迅速响应这些信号，并自动进入中断处理程序来进行处理并报警。所谓中断方式输入即采用无源接点输入、中断方式接收的方法引入事故信号。一旦这些信号发生变化，必须立即进行采集处理，并对断路器的位置信号、继电保护和安全自动装置的动作进行顺序记录（Sequence Of Events，SOE），以便事后对事故进行分析。除中断型开关信号以外的其他开关量，包括各类故障信号、断路器及隔离开关的位置信号、机组设备运行状态信号（停机、发电、调相、抽水等）、手动自动方式选择信号等作为非中断型开关量输入，这些信号的采集通常采用扫查的方式。这类开关量信号处理的主要内容包括光电隔离、接点防抖动处理、硬件及软件滤波、数据有效性合理性判断等，最后经格式化处理后存入实时数据库。

开关量输出主要用来进行控制调节，通常是用接点的方式进行控制，用脉宽的方式进行调节。计算机在输出这些信号前进行校验，同时在输出继电器采取防误措施，使控制调节命令能正确执行。为保证信号的电气独立性及准确性，开关量输出信号也常经过光电隔

离、接点防抖动处理等。

（3）脉冲量和数码量。脉冲量主要指有功及无功电能量，由于它采用脉冲累加的方式进行测量，因此称为脉冲量。脉冲量的输入为无源接点或有源电脉冲，采用即时采集即时累加的方式。对脉冲量的采集处理包括接点防抖动处理、脉冲累计值的保持和清零、数据有效性判断、检错纠错等，经格式化处理后存入实时数据库。

数码量指的是独立微机检测装置的数字信号输出，如水位测量装置的数字量输出等，可直接将现地数码量，采用通信的方式送入监控系统。对其处理方法主要有光电隔离、数字滤波、检错处理、码制变换等，最后经格式化处理后存入实时数据库。

（4）相关量、计算量、人工设定值。相关量是用来进行数据合理性、合法性检验的工具，一般通过计算而得，它可以是开关量输入信号（包括中断型和非中断型）的"非"信号，并与原始信号始终保持这种关系，如果这种相反的"非"关系一旦被破坏，则说明数据有错。

计算量是指那些非实测量，这些量是根据工程的需要通过计算后产生的，因此称之为计算量，如各种累加值，全厂总功率，每班、每日累计发电量，发电机、输电线的日、月、年发、输电量累加值，主变压器和厂用电量累加以及效率计算，特征值计算等。此外，在顺控流程中使用的部分量也是计算量，它有别于一般的实测开关量和模拟量，能使顺控流程保持较好的唯一性、易识别性等。

对于电站在建设初期或其他原因无法采集到的监测量，或某些必须由人工进行设定，并作分析处理的信号量，计算机监控系统允许对其进行人工设定，并可以区分它们或根据需要给出相应标志。

2. 设备的操作监视和控制

对全厂主要机电设备和油、气、水、厂用电等辅助系统的各种设备进行操作监视和控制。它们是机组工况的转换（如开机、停机、发电转调相、调相转发电、发电转抽水、抽水转发电等）、机组的同步并列、断路器和隔离开关的分合、机组辅助设备的操作、机组有功功率和无功功率的调整、变压器分接头有载调节等。

（1）开（停）机过程监视。开（停）机指令发出后，计算机监控系统自动显示相应的机组开（停）机画面。一般开（停）机画面显示的内容有：机组接线图；开（停）机顺控流程；机组主要参数 P、Q、I、V 棒图；异常事件列表等。开（停）机过程的流程图实时显示开（停）机过程中每一步骤的执行情况，提示在开（停）机过程受阻时的受阻部位及其原因，进行分步执行或闭环控制等。

此外，设备操作还可采用典型操作票和智能操作票等方式，典型操作票即将各种典型的操作全部列出操作票，以备调用，智能操作票则是根据当时的实际情况，因地制宜地开列出相应的操作票，供操作员参考使用。

（2）设备操作监视。当要进行倒闸操作时，计算机监控系统将能根据全厂当前的运行状态及隔离开关闭锁条件，判断该设备在当前是否允许操作，并自动执行该项操作。如果操作是不允许的，则提示其原因并尽可能地提出相应的处理办法。

（3）厂用电操作监视。当要进行厂用电系统操作时，监控系统根据当前厂用电的运行状态及设定的厂用电运行方式，以及倒闸操作限制条件等，判断某个厂用电断路器或隔离开关在当前是否允许操作，并自动进行操作，或给出相应的提示由人工进行操作。如操作允许则提示操作的先后顺序，否则提示其原因等。

（4）辅助设备控制及操作统计。水电厂的辅助设备一般采用两种方式控制，即"直接控制"或"干预控制"。前者是电站的辅助设备，直接由计算机监控系统进行控制，这主要适用于重要设备或大型设备。而一般情况下则是采用"干预控制"的方式，即正常情况下，由辅助设备的控制系统自主闭环进行控制，计算机监控系统不加干预，仅在特殊情况下才由计算机监控系统或人为进行干预，并由计算机监控系统进行操作统计。这些统计结果可用来分析设备运行的状况。

（5）紧急控制和恢复控制。机组发生事故和故障时应能自动跳闸和紧急停机。电力系统发生故障或失去大量负荷时（如频率过低或过高），能迅速采取校正措施和提高稳定措施，如增加机组出力、投入备用机组、将机组转入调相运行、切除机组等，使电力系统能及时回到安全状态。当系统稳定后，进行恢复控制，使电厂恢复到事故前的运行工况。

以上操作和控制还涉及控制权限的问题。设备的操作权一般分为远方、中控室及现地3级。远方操作命令来自上级网调、省调或梯调，根据电厂的实际情况而定，中控室操作属于电厂一级的控制，而现地控制则在机旁完成。控制权可以切换，一般在中控室设置。但现地控制具有优先权，以便于设备的检修和调试，当处于远方控制时，一旦发生事故或由于其他原因需人为干预时，控制权自动地切换到电厂端，以便事故的及时处理。控制权的设定包括两方面的内容：其一是操作员控制台允许操作的设定，通常计算机监控系统设置2～3个控制台，但某一段时间对于某台设备只允许一个控制台能操作，以免操作出错或命令冲突，即只有一个控制台为操作台，其余均为监视台，当操作完毕或操作员离开时，可将另一控制台设置成操作台；其二是操作员权限的设定，即根据系统管理员、维护人员、运行人员（又分值长、值班员等）的责任，对监控系统的掌握及熟练程度等分别给予一定的权限，以确保电厂设备及计算机监控系统的安全。

3. 设备运行安全监视

电厂运行安全方面的监视涉及正常工况、异常工况、紧急状况的监视，监视的内容包括越限、复限、故障及事故、异常趋势等。计算机监控系统为运行值班（守）人员、厂长、总工及运行主任对全厂各主、辅助设备的运行状态进行实时监视提供手段和工具。由于各级监视人员的职责不同，其监视的内容也各不相同。监控系统可以按照预先设定的职责设定监视的级别及范围，并随时对监视内容的设定进行更改。

（1）越限、复限监视。越限、复限监视主要是对异常情况进行监视，如过压、过流、温度异常升高等。监视的参数通常包括电量、非电量、温度量等。对这些参数设置允许运行的范围，如高限、高高限或低限、低低限等，一般情况下当参数超出高限或低限时，发出报警信号，而当出现超越高高限或低低限时，则作出跳开关或停机动作。在出现参数越限、复限后要进行的处理包括越限报警，越限、复限时的自动显示、记录和打印，对于重要参数及数据还将进行越限后至复限前的数据存储及召唤显示，启动相关量分析功能，进行故障原因提示等。

（2）事故顺序判别。当断路器异常跳闸、重合闸动作等情况出现时，监控系统将立即以中断方式响应并及时记录事故名称和发生时间，记录相关设备的动作情况，自动推出相关画面，必要时进行打印；并进行事故原因分析和提示处理方法。计算机监控系统能将发生的事故及相应设备的动作情况按其发生的先后顺序记录下来，记录的分辨率根据电厂要求一般为 1～5ms。

（3）事故追忆和故障录波。发生事故时，对一些与事故有关的参数的历史值和事故期间的采样值进行显示和打印，主要有重要线路的电压、电流、频率和机组的电压、电流等。

（4）故障状态显示。计算机监控系统定时扫查各故障状态信号，一旦发现状态变化，将及时记录故障名称及其发生时间，随之在画面上显示并发出音响报警。计算机监控系统对故障状态信号的查询周期一般不超过 2s。

（5）趋势分析。对发电机定子温度、轴承温度、主变压器油温等进行趋势记录和分析，正常情况下，这些量变化的速率应在一个给定的范围内。当趋势变化速率超过限值时发出报警信号。这实际上是一种预警信号，以便及时采取措施预防烧瓦等事故的发生。

4．自动发电控制

水电厂自动发电控制（Automatic Generation Control，AGC）的任务是，在满足各项限制条件的前提下，以迅速、经济的方式控制整个水电厂的有功功率来满足电力系统的需要。控制整个水电厂的有功功率应包括机组的合理启停，它包含了实现水电厂的经济运行。其主要内容如下：

（1）根据给定的水电厂需发功率，同时考虑调频和备用容量的需要，计算当前水头下水电厂的最佳运行机组台数和组合。

（2）根据水电厂供电的可靠性、设备（特别是机组）的实际安全和经济状况确定应运行机组的台号。

（3）在应运行机组间实现负荷的经济分配。

（4）校核各项限制条件，如机组空蚀振动区、下游最小流量、下游水位变化等，不满足时进行各种修正。

5．自动电压控制

自动电压控制（Automatic Voltage Control，AVC）是在满足水电厂和机组各种安全约束条件下，比较高压母线电压实测值和设定值，根据不同运行工况对全厂的机组作出实时决策（改变励磁），或改变联络变压器分接头有载调节位置，以维持高压母线电压稳定在设定值附近，并合理分配厂内各机组的无功功率，尽量减少水电厂的功率消耗。

6．运行日志及报表

当水电厂采用计算机监控之后，从运行管理上并不要求每天都打印或填报运行日志或各种报表，但生成这些日志和报表还是必要的，以备日后需要时打印或在屏幕上调阅。

（1）运行日志。电厂的运行日志用来记录每台机组当日运行参数，如发电机出口电压、定子电流、有功功率、无功功率、发电量、耗水量及效率等，此外还有线路的相关参数等。当前运行日志通常存于计算机硬盘或光盘中，不需要每天打印，只在需要查阅时在屏幕上调用或打印。

（2）操作记录。对于电厂中主、辅设备的操作和自动操作进行记录，包括开（停）机操作记录，断路器和隔离开关的分、合记录，油、水、气系统电动机或泵的启停记录，各种闸门的启、闭记录等。

（3）其他记录。除操作记录（或称操作一览表）外还有事故记录、故障记录、报警记录、保护动作记录、自诊断记录等，并由此汇总而成事件一览表，以便对比分析。

（4）设定值或参数修改记录。对于电厂中的各种参数，除主、辅设备的参数外，还包括监控的参数、保护设定的参数等，如有修改或变更，都记录下修改的时间和修改的内容，并存入数据库以备随时查询。

7. 事件统计

从运行情况评价及"无人值班"（少人值守）验收的要求来看，电厂各种事件的统计记录是非常重要的一个评价依据，如开、停机成功率的统计，无事故安全运行天数的统计（常称为安全记录），一年中发电或检修天数的统计等。

（1）开、停机成功率的统计。一次成功的开机指的是在完全没有人为因素的干预下，在计算机监控系统接到开机指令后在规定时间内能自动开机并接入电网发电的过程。有的电厂在统计成功率时，将由于主、辅设备原因而造成开机不成功的事件排除，因而开机成功率实际上变为监控系统的开机成功率，但这并未反映电厂实际开机操作的水平。

（2）事故或故障统计。事故或故障统计也是评价电厂运行水平的一个依据，记录统计的内容包括事故或故障的对象和性质、事故发生的时间、恢复的时间、一年（或月）中发生事故的次数等。

（3）参数越限、复限统计。参数越限、复限统计的内容主要包括参数的名称、越限的时刻和数值、复限的时刻及越限持续的时间长短以及在一段时间内越限出现的次数等。

（4）设备投退统计。这里包括设备与功能的投退统计，如发电机的投、退时刻及运行或退出的累计时间统计，AGC 的投、退时刻及运行或退出的累计时间统计等，由此可计算设备的投入率及累计运行时间。

8. 数据通信

水电厂计算机监控系统内部各设备之间都存在数据通信的问题，其通信的方式和速率与监控系统的结构模式有关；反之，通信方式和设备的选择又直接影响监控系统的性能指标，甚至影响到监控系统是否能正常工作，由于通信技术的快速发展，合理选择通信方式是监控系统选型或设计的重要内容之一。

监控系统应能与网调、梯调、水情测报系统、溢洪闸门控制系统、大坝安全监测系统、航运管理系统、厂内技术管理系统等实现通信。

监控系统内部通信，包括水电厂级与现地控制单元级之间及现地控制单元与调速器、励磁调节器、同步并列装置之间的通信。

9. 人机界面

人机界面通常用 CRT 显示器或 LED 显示器来实现，主要用于人机会话，操作员、程序员发令，CRT 屏幕对各种命令进行应答。虽然在实现水电厂"无人值班"（少人值守）后现场没有人员操作，但人机界面用来查询现场状况，进行故障诊断，设备检修后的功能测试以及人员的培训仿真等还是十分需要的，对于未实现"无人值班"（少人值守）的电厂则显得更为重要。除了上述各种功能外，还要进行频繁的日常操作。

在屏幕上显示画面的主要种类有电厂主接线，机组操作画面，线路操作画面，油、水、气系统图，厂房剖面图，各种显示表格等，采用的显示方式有单线图、棒图、曲线图、格状图及各种图元图标等。

人机界面是运行人员对全厂生产过程进行安全监控，维修人员对监控系统进行管理、维修、开发的必需手段。应包括以下内容：

（1）系统控制权的设置和切换。

（2）机组及重要设备的状态设置。

（3）测点和设备的投运。

（4）参数整定值和限值的修改。

（5）电厂运行方式的设置和切换。

（6）调用各种画面。

（7）各类打印和报表。

（8）操作票显示和在线修改。

（9）机组启停和工况转换操作。

（10）断路器及隔离开关的开断、关合操作。

（11）机组有功功率和无功功率的调整。

（12）AGC 和 AVC 功能设置和参数设定。

（13）故障和事件报警处理。

10. 自诊断和远方诊断

监控系统诊断功能主要包括自诊断和远方诊断两部分。监控系统应具备完善的自诊断能力，及时发现自身故障，并指出故障部位。还应具备自恢复功能，即当监控系统出现程序死锁或失控时，能自动恢复到原来正常运行状态。

远方诊断依赖于网络技术的发展，它可以在百里之外的地方进行诊断，这对于水电厂计算机监控系统是很有实际意义的。要求水电厂维修人员的知识面覆盖主/辅机、通信、其他厂用设备及监控等多个方面，是不切实际的，再加上分析、检测工具不很完备，要完全自行诊断有一定困难的，而生产厂家人员专业专注，设备、工具齐全，进行远方诊断有一定优势，从实际情况看，远方诊断能发挥很好的技术支撑作用，但同时也需考虑通信或网络的安全问题。

11. 多媒体功能

多媒体技术在水电厂监控系统中的应用是多媒体应用技术的一个进步，它在应用方式、应用风格、涉及的技术上均有突破，且与多媒体在出版、音像等领域的应用有很大的差别，可以说开辟了一个崭新的应用领域，将多媒体技术与工业电视结合，实现视频监视；将多媒体技术与报警结合，实现语音报警及远方电话查询；将多媒体技术与动画技术相结合，实现屏幕显示的动画功能；将多媒体技术与常规的人机界面结合，实现屏幕显示的实景化等主要应用功能。

12. 仿真培训

正常情况下，水电厂均由计算机监控系统进行监控，运行人员不需要进行任何操作，久而久之，他们对操作变得生疏，一旦需要，如监控系统发生故障，往往会不知所措，因此需要定期进行仿真培训，新来人员尤其如此。

仿真培训功能是在不涉及水电厂生产设备的情况下，对水电厂运行和检修人员进行基本知识技能、模拟操作和事故处理等方面的培训，以提高水电厂人员的素质，保证水电厂安全运行。利用计算机仿真技术作为培训手段在水电厂日益获得重视，在不少水电厂中得到应用。

13. 事故的自动处理

这是一项难度极大、目前尚处于研究探讨阶段、但潜在意义极大的功能。

水电厂发生事故后往往需要在极短时间（几秒或几十秒）内对事故情况作出正确判断，及时采取有效措施，防止事故扩大，并转入安全工况运行。目前，这些均由运行人员进行人工处理。人的反应能力有一定的局限性，不可能在这么短的时间内掌握并处理大量信息，并对事故情况作出正确的判断，更谈不上采取及时、有效的处理对策了。而事故处理的好坏在很大程度上又取决于运行人员的经验和临场处置的能力。特别在发生重大事故时，运行人员处于高度紧张的状态下，很容易发生操作失误，结果导致事故的进一步扩大，造成更为严重的后果。许多事例说明了这一问题的严重性。即使不发生失误，运行人员采取各项措施不一定都是最合适的。因此，需要建立这样一套科学的自动处理事故的方法，它能以科学规则和准则为基础，自动寻找最佳的处置策略，以期达到最佳的效果。这样的手段无疑是水电厂广大运行和管理人员极其欢迎的。

计算机的人工智能专家系统正是解决这类问题的良好帮手。它可以迅速地对收集到的每一个报警信息，根据其对事故的重要性和紧急程度进行相关处理和排除，把一些无关紧要的信息屏蔽掉，再对剩下的信息进行综合分析。根据存在计算机内的操作规程、事故处理规程、过去处理事故的经验和实例以及一些准则，推出相应的事故处理对策。

水电厂的事故是千变万化的，有关的信息量很大，时间又那么紧迫，因此，进行自动处理事故工作的难度当然也是很大的。可以分几步走，先易后难，逐渐取得经验，进一步加以完善。首先可以对一些较常出现的事故，事先拟定一些处理对策，存储在计算机内。当出现这类事故时，自动推出对策，提示运行人员，由他们采取相应的行动，实现所谓的开环指导。这项工作有待逐步深入，需要进一步的研究和开发。

1.5　实现计算机监控可取得的效益

水电厂采用计算机监控后的效益主要体现在以下几个方面。

1. 提高安全运行水平

安全运行是水电厂最重要的任务。为保证其能够安全运行，必须对水电厂的运行状况进行实时监视。

水电厂需要经常监测的信息量与水电厂容量和机组台数有关，一般中、小型水电厂的信息量可以多达数千个。因人的反应能力有限，靠人工监视难以及时发现问题，结果导致事故的发生。计算机能迅速采集和处理大量信息，弥补了人的能力局限性，因而能迅速发现异常，以便及时采取措施，防止事故的发生，这可大大提高水电厂安全运行的水平。这些是难以用量化的数据来表达的。

2. 减少运行值班人员

水电厂采用计算机监控以后，监测和操作大都由计算机系统进行，运行值班人员只是在旁进行监视以及进行少量的键盘和鼠标操作，工作量大大减少，劳动强度大大降低。因此，可以大幅度减少运行值班人员，有的水电厂甚至可以实现无人值班。主厂房一般可不设人值班，中控室只留一两人值班。

运行值班人员减少后，相应的生活建筑和社会文化设施也可减少，从而大大节约投资。此外，减少值班人员不仅具有经济效益，而且有一定的社会效益。

我国目前正在大、中型水电厂大力推行"无人值班"（少人值守）的方式。

3. 实现经济运行

水电厂实现自动发电控制以后，可以使水电厂经常处在优化工况下运行，以达到多发电、少耗水的目的。梯级水电厂实现全梯级优化运行后，可以进一步节约宝贵的水电资源，提高经济效益。已有国外学者对可获得的经济效益进行了计算，结果表明可提高水能利用率约 4%。我国的一些计算表明，平均效益约为 1%。具体效益的大小随水电厂的类型而异，具有调节性能强的水库和负荷曲线变化大的水电厂的经济效益尤为显著。梯级水电厂实现经济运行后的效益更大，可达百分之几。

1.6 水电厂的"无人值班"（少人值守）

无人值班是指水电厂内没有经常值班人员，即不是全天 24h 内都有运行值班人员。一般分两种方式：①在家值班和远方集中值班；②运行值班人员定期前往厂内巡视或有事应召前往厂内处理问题。

"无人值班"（少人值守）的值班方式引入了"值班"和"值守"两个不同的概念。"值班"是指对水电厂运行的监视、操作调整等有关的运行值班工作。主要包括运行参数及状态的监视，机组的开、停、调相、抽水等工况转换操作，机组有功功率、无功功率的调整及必要时的电气接线操作切换等工作。"值守"则指一般的日常维护、巡视检查、检修管理、现场紧急事故处理及上级调度临时交办的其他有关工作。

"无人值班"（少人值守）的值班方式是指，水电厂内不需要经常（24h）都有人值班（一般在中控室）。其运行值班工作改由厂外的其他值班人员（一般是上级调度部门）负责，但在厂内仍保留少数 24h 在值守的人员，负责上述"值守"范围的工作。这是一种介于少人值班和无人值班之间的特殊值班方式。

例如，法国绝大部分水电厂是无人值班的，470 座水电厂由 14 个控制中心（或水电厂）集中进行监控。监控方式分 3 种。

（1）第一类是大型水电厂、梯级水电厂群或抽水蓄能电厂。这类水电厂装机容量和调节能力在电网中是举足轻重的，因此控制中心不仅要密切监视来自它们的信息，还要随时修正发给它们的给定值（需发功率）。

（2）第二类是中型水电厂。控制中心向它们发送日负荷运行计划，由水电厂的监控设备在机组间分配负荷。

（3）第三类是容量和调节能力均较小的水电厂。控制中心可只对它们进行监视，不进行控制，由它们的监控设备自治运行。

无人值班水电厂在厂房内不设值班人员，但设有"强制在家值班"人员，负责一个或几个水电厂的紧急情况处理。值班人员必须留在离水电厂不太远的城镇的家中。水电厂发生事故时,水电厂监控设备通过电话系统接通在家值班人员的电话,用语音通报事故的性质和地点。如果需要的话,值班人员应赶到水电厂处理事故。发生事故时,第一类水电厂要求在家值班人员 8min 内赶到现场,第二类水电厂为 20min,第三类水电厂则为 1h。

我国已有以"五朵金花"为代表的一大批水电厂实现了"无人值班"(少人值守)的工作模式。

回顾过去,普遍认为实现"无人值班"(少人值守)的条件主要如下:

(1) 电厂主、辅设备安全可靠,能长期稳定运行。电厂有一套完整的科学管理制度。

(2) 具有性能良好的计算机监控系统。

计算机监控系统是实现"无人值班"(少人值守)的一个非常重要的系统,它通过采集水电厂机组、辅助设备、风水油系统、主变、开关站、公用设备、厂用电系统和各种闸门等的电气量、开关量、温度量、压力、液位、流量等输入信号,完成各种生产流程控制,如开/停机、分/合开关、运行设备倒换等顺序控制,机组有功功率和无功功率的调节,自动发电控制(AGC)和自动电压控制(AVC),以及其他设备的操作控制。同时,监控系统还具有丰富的人机界面、防误操作的措施和一定的反事故处理能力。

(3) 具有远程控制、调节功能。由于现地无人值班,监控系统不仅应具有现地的各种监视、操作、控制功能,而且还需具有可靠的与远方控制系统通信的能力,上送有关信息,接收远方控制系统的命令,实现远程控制和调节。

(4) 具有 ON CALL 功能。现场设备的运行难免会出问题,一旦出现事故或故障,就需要维护人员立即奔赴现场,了解事故或故障现象,分析原因并及时排除。要使维护人员甚至水电厂领导及时得到详细的事故或故障信息,可以通过电话、传呼机或手机发布呼叫信息或手机短信息,这就是无人值班水电厂计算机监控系统必须具备的 ON CALL 功能。

实现"无人值班"(少人值守)的主要方式如下:

(1) 由梯级调度所(或集中控制中心)实现对梯级水电厂或水电厂群的集中监控,各被控电厂可以实现"无人值班"(少人值守),如梯级调度所(或集中控制中心)就设在其中一个水电厂,则该厂为少人值班水电厂。

(2) 由上级调度所(如网调、省调、地调)直接监控的水电厂,也可以实现"无人值班"(少人值守)。

(3) 有些较小的水电厂可以按水流(水位)或日负荷曲线自动运行,不需要水电厂值班人员,也不需上级调度值班人员的直接干预。因此,这些水电厂也可实现"无人值班"(少人值守)。

1.7　"数字化水电厂"概念

随着国家"把水能资源的可持续利用作为我国可持续发展战略的重要组成部分"以及"节能降耗、保护环境"政策的实施,国内兴建了一大批世界顶级的水电枢纽(流域)工程,逐渐兴起了"流域、梯级、滚动、综合"开发水资源的新态势,极大地推动了水电生产过程技术和管理水平的发展。

国家电力体制改革的逐步实施，发电企业正面临着前所未有的深刻变化：电力市场化、业务流程重组、管控一体化。这些变化逐步改变了发电企业生产经营的基本规律，使其工作重点从传统的计划生产转向基于科学调度和竞价决策的市场化生产，使加强信息化建设、优化生产运行水平成为发电企业提升自身竞争力的迫切需求。

在水电厂进行"无人值班"（少人值守）建设和电力行业实现"厂网分开，竞价上网"的过程中，水电厂自动化水平有了长足的进步，出现了许多自动化监控及信息管理系统。但是，由于缺乏统一规划和设计，没有统一标准的数据信息模型，不同的自动化产品之间难以兼容，系统平台和设备管理繁琐复杂，生产过程数据分散，难以有效利用，生产维护和升级改造成本成倍增加，成为阻碍大多数发电企业快速发展的绊脚石。

有专家学者提出，通过对新形势下水电厂基本运行规律的研究和总结，结合国内水电厂计算机监控系统成熟的开发和使用经验，以在发电厂建设先进可靠的控制系统和安全高效的网络平台、实时数据平台、数据库平台为基础，基于最新的国际标准、国家标准和信息技术研究成果，整合发电厂生产管理和监视控制的实际需求，采用通用平台的设计思想，进一步提高监控系统的可扩展性、灵活性和可靠性，研制数字化水电厂监控系统，继而在该系统基础上插接各种不同的应用系统，使计算机信息技术与电力工业技术、现代管理理念有机融合，对全面提升水电厂的生产技术和经营管理水平、优化水电厂资源配置、提高生产效率和竞争力具有重大研究价值和现实意义。

1.7.1　"数字化电厂"概念模型

在引进国外发电厂设备和技术的过程中，伴随着信息化技术革命和网络化技术的普及，"数字化电厂"是一个动态发展的概念，目前并没有形成完善的统一体系，其实现过程还处于研究和摸索阶段。国外的研究也是从 20 世纪末才开始，目的是改造和提高发电厂自动化和信息化管理水平。

国内一些火电厂监控系统生产厂家提出了一个完整的"数字化电厂"概念模型，称为 5S 模型，即 DCS（分散控制系统）、SIMU（Simulation，仿真系统）、SIS（监控信息系统）、MIS（管理信息系统）、DSS（决策支持系统）。

这种解决方案的实现是以准确、可靠、全面的发电厂生产信息作为支持，在 DCS 及 SIS 的基础上融入现代化的管理思想，应用企业资源计划（ERP）系统，为发电厂的日常生产经营如检修管理、运行管理、设备管理等提供决策依据。

1.7.2　"数字化水电厂"监控系统层次结构模型

通过对 5S 模型的研究并结合水电厂的实际情况，可以构建一个具有 4 个层次、2 个支持系统的"数字化水电厂"监控系统层次结构模型，如图 1.1 所示。4 个层次分别是直接控制层（即 DCS）、管控一体化层（即 SIS）、生产管理层和经营决策层，后两者为DSS；2 个支持系统是数据库支持系统和计算机网络支持系统。

（1）直接控制层（即 DCS）。实现生产过程的数据采集和直接控制，包括单元机组、单元主变、单元线路以及油、气、水等辅助控制系统现地控制单元构成的 DCS。采用基于高性能数字信号处理器和嵌入式系统的前端控制装置，通过现场总线形成分布式监控与

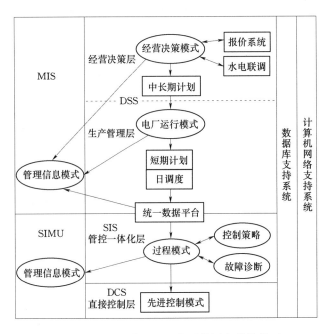

图 1.1　数字化水电厂监控系统层次结构模型

数据采集（SCADA）-DCS 系统。

（2）管控一体化层（即 SIS）。实现对厂级生产过程的监控，结合管理层的信息，对控制系统进行整体优化和分析，为过程控制层提供操作指导。该层是联系管理和控制的桥梁，是对传统控制系统概念的延伸，也是目前研究的热点。

（3）生产管理层。主要为全厂生产调度提供服务，以状态检修为中心，以设备为基础，以完成发电量为目标，优化水电厂各机组的生产计划和策略，实现全厂的安全、高效、经济生产。该层是"数字化水电厂"信息管理的基石。

（4）经营决策层。根据区域内电力市场信息，综合考虑防洪、航运等约束条件下的收益最大目标，以水库为对象，寻求整体最优，对水电厂的经营、生产、目标和发展规划提供决策支持。该层是"数字化水电厂"的系统入口和决策枢纽。

（5）数据库支持系统。由以关系数据库和实时数据库为基础的面向数据主题的水电厂数据仓库构成，实现"数字化水电厂"信息的分析、提炼、集成和应用，为水电厂的高级分析决策提供支持。

（6）计算机网络支持系统。以异步传输模式（ATM）和千兆以太网为代表的先进组网技术为核心，结合服务质量（QoS）保障、系统-网络-终端 3 级安全策略、目录管理统一认证等先进技术而构成。

1.7.3　建立"数字化水电厂"的关键技术

1. IEC61850 标准

IEC61850 协议试图提供一套机制，使其兼容设备具有自我描述能力。为此定义了一套以可扩展置标语言（XML）为基础的变电站配置语言（SCL），用以实现设备的定义描述。兼容设备之间的关系定义描述以及系统的描述。使用 SCL，各厂家计算机监控部分的通信定义均可由 SCL 描述的文件产生。用户甚至不需要选定厂家，计算机监控部分的定义就可全部完成，方便了系统的升级换代。

IEC61850 协议对于"数字化水电厂"监控软件平台的研制具有重要价值，不仅可以解决实时通信的兼容问题，还可以采用面向对象的方法和 XML 技术重新建模、描述数据库结构，最大限度地降低工程维护难度，增加系统的开放性和灵活性，适应功能扩展、应用互操作的要求。因此，"数字化水电厂"监控系统需要采用 IEC61850 标准指导系统建模和数据描述，建立与智能一次设备和网络化二次设备的网络通信，完成对被测控对象的实时监视和控制。

2. 面向服务的设计、中间件技术和监控系统通用平台

在工程实用化过程中，监控系统经常需要进行功能扩充，但是，往往由于底层数据结构的专用性、软件结构的局限性，给系统升级带来不便，甚至影响系统的正常运行。在水电大发展的背景下，这种不适应性就凸显出来。

面向服务的设计和中间件技术，目的是要有效地解决系统之间的交互和沟通问题，实现系统之间的"松耦合"，以及系统之间的整合与协同，使得系统可以按照模块化（组件）的方式来添加新服务或更新功能，以解决新的业务需要。

此外，将面向对象技术贯穿于整个软件开发中，采用分层软件结构设计，提高软件的重用性、兼容性，尽可能实现 UNIX/Windows 部分程序"源代码级"的跨平台，也是通用平台开发的一部分。

3. 使用大型商用数据库作为数据平台

大型商用数据库系统作为"数字化水电厂"数据平台的必要性毋庸置疑。实现商用数据库与监控系统实时数据库的无缝连接，充分发挥各自的特性和功能；丰富历史数据库的统计分析功能，实现分散数据的深入挖掘和充分利用；研究高效的数据存储与检索机制，维护数据的一致性和完整性；遵循统一的标准接口规范，实现数据平台的开放性；进一步开发管理工具软件，提高数据库系统的可维护性。

4. Web 技术与"数字化水电厂"监控系统

在异构的自动化系统中，要实现平台的集成、应用的集成、数据的集成，Internet/Intranet 和 Web 技术日新月异的发展为此提供了一种通用的平台。

采用浏览器/服务器（B/S）结构设计"数字化水电厂"信息平台，能实现不同人员从不同地点以不同的接入方式［局域网（LAN）、广域网（WAN）、Internet/Intranet 等］访问和操作监控系统平台信息的能力。

5. 遵循 IEC61970 标准的高级应用插件

IEC61970 是系统集成、异构和互操作的基础标准，制定了各应用之间的基于组件、模型和面向对象的接口规范，主要包括接口语义［公共信息模型（CIM）］和接口语法［组件接口规范（CIS）］，可以最大限度地降低用户成本，实现软件的即插即用。

监控软件平台作为"数字化水电厂"生产过程的核心控制系统，还要面对一系列问题，如系统分散数据的综合利用和统计分析、水电厂群的联合经济运行以及与其他数据平台之间的准实时数据传输等。

因此，需要遵循 IEC61970 标准，提供尽可能高效的 CIS，进一步完善数据趋势分析、经济运行优化、培训仿真等高级应用软件，作为系统插件，每个插件都可以作为独立的实体运行。

1.8 水电厂计算机监控系统的发展趋势

从 20 世纪 80 年代开始，我国水电厂开始引进国外计算机监控系统，随后国内科研机构也开始研制。到 20 世纪 90 年代中、后期，国内外水电厂计算机监控系统技术水平基本相当。到 20 世纪末、21 世纪初，国内监控技术及应用水平接近或达到国外水平。举世瞩目的长江三峡左岸、右岸监控系统就是最好的例证。由于长江三峡是世界上最大的水电站，左岸电站计算机监控系统，采用国外设备捆绑国内有实力的厂家联合承担的方式；右岸电站选择了国产计算机监控系统，标志着我国计算机监控系统的技术水平已经接近或达到国际先进水平。

未来的二三十年是我国水电发展的黄金时期，许多大型、巨型的水电站准备或正在兴建之中，并将陆续投产发电。因此，着眼于当前水电厂计算机监控系统技术的发展状况，探讨水电厂计算机监控系统技术的发展趋势，对于电站的规划、设计、设备制造与研制都将会有一定的积极意义，同时这也是从事水电站计算机监控系统相关行业人员关注的焦点。

计算机监控系统总的发展趋势是智能化、人性化、可选择性、用户二次开发。

所谓智能化，或者说傻瓜化，主要指系统的软件具有人类的一部分归纳、推理、判断的能力。水电站计算机监控系统的智能化水平是指：在一定条件下，它能更多地代替运行人员，在判断和归纳的基础上自动提示更多信息、自动进行一些操作，使机组运行在更安全的工况区域内。智能化水平越高的系统对使用人员的要求越低，不需要培训或进行简短的培训就可以使用操作，有问题翻阅一下说明书就可以解决，得像家电那样简单，接上电源就能使用。智能化水平越高的系统，能够根据使用的情况，对自身或控制设备的状态给出恰当统计、准确的诊断、适当的报警提示，以使用户时刻清楚监控系统的情况，时刻清楚监控系统及被控设备的状态。

所谓人性化，首先使用系统是方便的、简单的，其模式、布置、颜色、操作等可以满足大多数使用者的需要，并可以随时进行调整、修改。

可选择性也可以说定制性，也就是指系统功能的多少（在设计范围内）。投退可以选择，设备控制与报警，数据的流向，设备的状态具有选择性。使用人员可以方便、简单地改变系统的配置、功能的配置、信息的配置及表现方式，可以更好地满足使用者的需要和习惯。

用户二次开发。提供一系列方便、友好的工具软件，支持用户二次开发，使用户按照设备的变化情况和现场的需要随时方便、简单地对数据库、画面、报表、通信内容进行修改，使监控系统真正成为用户自己的系统，成为用户满意的系统。

上述内容主要体现在以下 10 个方面。

1. 从 AGC/AVC 发展到计算机值班员

AGC/AVC 是水电厂计算机监控系统中的高级应用程序。AGC 可以根据电网调度预先给定的有功负荷曲线或有功功率总给定或给定频率进行优化发电控制。AVC 可以根据电网调度预先给定的电压曲线或无功功率总给定或按照恒功率因数进行优化发电控制。AGC/AVC 运行的前提条件是机组处于正常运行状态。在正常运行状态下，运行值班人员对投入 AGC/AVC 的机组（常常称为机组在"成组"状态）不进行任何操作，因为上级调度给定曲线或给定值是自动下发的，根据要求 AGC/AVC 可以包含自动开停机、自动分合主变中心点刀闸的功能。

如果机组有故障、事故，已经成组的机组将退出成组。运行人员将时刻监视未在成组状态的机组，人为地对它们进行控制。当机组设备出现过负荷、过电压、过电流、过温、振动摆动过大等非正常状态时，运行人员将调整机组有功功率/无功功率，保证机组在安全区域或接近安全区域运行。有关研究认为，AGC/AVC 程序功能将进一步扩展，将会具有下述功能：在一定范围内，将机组非正常工况（过负荷、过电压、过电流、过温、振动摆动过大）拉回到正常工况或趋向正常工况，使水电站计算机监控系统成为"计算机值班员"，用"计算机值班员"软件代替原来运行值班人员的工作，保证电厂的设备安全稳定运行。比如在机组推力导轴瓦温度较高时，"计算机值班员"自动降低负荷使轴承瓦温降低。"计算机值班员"使用的主要手段是有功功率/无功功率调整，与 AGC/AVC 控制手段是一致的，当然也可以包括对其他设备的控制。如果"计算机值班员"逐渐推广使用，并且功能越来越强大，将使水电厂自动化水平提高到一个新的水平，也使水电厂计算机监控系统的智能化水平大大提高一步。

2. 全面的统计功能

现在一般的计算机监控系统，在数据库中只能查询到该点当时的状态及数值等少数参数，如果需要更多的信息，如该点在一定时段内动作次数、该点模拟量的曲线形态通常需要通过编程的方法实现。这样，不利于现场的修改、维护。现在的发展趋势是，一个点的数据中包括更多信息：当前的数值、当前状态、强制状态、强制数值、动作次数（0 态到 1 态）、复归次数（1 态到 0 态）、带时标的模拟量曲线、与其他点的关系等，对所有参数可以随时显示，可以方便地进行各种统计并形成表格，方便水电厂的生产管理，大大减轻运行人员的劳动强度。

3. 历史数据库向实时历史数据库发展

实时数据库是计算机监控系统的中心环节。为储存数据，近年来开始在监控系统中配置历史工作站，以存储连续性、带时标的模拟量，如现场的温度、压力、电压、电流、功率等，以及基于时间的连续的事件记录，如阀门开关、电机启停等开关量、手工数据，如水位、条码、试验报告等数据。同时它可能接收不同厂家的生产数据（水情、状态检修等），集中形成历史数据进行存储，以方便全厂人员查询、检索、分析。这些数据是海量的，而且为建立其他实时生产管理系统，如生产成本动态跟踪系统、生产实时调度系统、设备故障诊断、经济运行、产能优化、质量管理、生产过程可视化的各种曲线和图表，要求的实时性越来越高（可能达到 ms 量级），要求数据采集周期越来越小（可能达到 ms 量级），因此出现实时历史数据库的概念。

实时历史数据库要解决海量数据高效压缩（如死区压缩和归档存储压缩）、安全存储、安全恢复再现、数据的自动时钟补偿和更高的实时性（ms 量级），以保障数据分析的

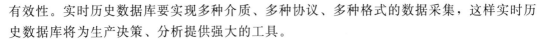

有效性。实时历史数据库要实现多种介质、多种协议、多种格式的数据采集，这样实时历史数据库将为生产决策、分析提供强大的工具。

4. 报警信号的任意定义与选择

报警信号是运行人员了解整个电站设备运行状况的重要信息，其作用如同人的脉搏一样。运行人员需要正确的、必要的机组和设备信息，他们主要关注机组及设备的异常信息，对于大量正常动作的信息，应加以过滤。有些信号在某个时段出现是正常的，而在其他时段出现就是异常的。

比如，停机过程中出现技术供水中断是正常的，不需要报警；而在机组正常运行时出现该信号，则应立即进行处理。又如，在断路器操作时出现断路器油泵动作信号是正常的，不需报警；如果断路器没有进行操作而出现油泵动作信号，断路器有关回路可能出现漏油现象，是非常严重的故障，应立即处理。这种对报警的可选择性，将会非常方便电厂的维护调试工作。在部分机组试验期间，可以在部分人机联系终端上屏蔽这些机组信号，可以有效地防止试验机组信号影响其他设备运行监控。

因此，报警信号实现由用户方便地选择、定义：逻辑条件、模拟量条件、时间条件等，做到报警信号既少又准且及时，将是发展一种趋势。这也是支持用户二次开发的一种体现。

5. 用户任意定制报表

水电站有大量数据、信息需要形成各种报表以供存档、上报、汇总、统计等管理需要。在水电站现场，报表的格式、样式、信息的数量经常需要变化。监控系统提供方便、简捷、友好的工具软件，用户可以根据自己需要任意定制生产所需的报表、修改、增/删条目，使用用户最熟悉的格式，如微软 Excel 格式，用户可在线交互作图，交互制表，实现完全组态，使报表完全符合生产的需要，是水电厂计算机监控系统发展趋势之一。

这也是支持用户二次开发的另一种体现。

6. 功能越来越强大的诊断技术的应用

计算机监控系统监视控制信号有几千点到几万点，反映大量设备的状况。当设备信号出现时，是否可以很快给出准确判断，有时取决于运行人员经验、经历。根据设备的各种信号及其变化趋势，计算机监控系统给出该设备诊断信息，将是计算机监控系统的智能化体现之一，也是水电厂运行人员迫切需要的功能。

诊断包括对监控对象故障状态、时间、位置、趋势、各种信息、推断等。

诊断包括对监控系统内设备自诊断、故障定位（硬件、软件）。

如根据压油泵启动次数增加、流量变化大、压力不稳定等现象，给出有关压油系统的异常状态提示，提醒运行人员"压油系统异常，加强监视"。

诊断技术的不断发展与应用，体现了计算机监控系统的智能化水平的提高，也会方便用户维护与使用。

7. 更深层次地应用面向对象技术

面向对象技术，从开发者角度看，它是一种软件开发方法；从使用者角度来看，它是一种软件的使用方式。在软件开发中采用面向对象技术，有利于大型软件升级开发、维护，有利于解决"变量危机"、"代码爆炸"等问题。

从使用角度看，面向对象技术要体现"所见即所得"的理念。这种理念的体现是：在人机联系的任何对象图符中，包含该对象一切信息和控制手段。具体地说，用鼠标单击一个对象图符，可以得到该对象状态（动作或复归、变化量数值）、在数据库属性（点号、点的长名、逻辑名等）、控制权限（现地控制、触摸屏控制、远方控制等）、控制状态（手动、自动等）、该点所在控制设备盘柜地址、端子号、回路号。这样在出现任何事故或故障时，运行人员在中控室，甚至远在几百公里、几千公里外的集中控制中心就可以清楚地知道故障所在的设备当前状态、当前参数、所在盘柜及端子号，可以大大缩短事故处理时间。另外，对于正常操作使用，对于同一设备，在任何看到它的画面上都可以操作，不需要在特定画面操作，这样操作使用监控系统将是比较简单的。

8. LCU 及自动化元器件电源的弱电化趋势

近年来 LCU 及现场自动化元器件电源呈现出弱电化的趋势，从以前较多使用 AC380/ 220 及 DC220V 电源，转变到电源电压逐渐降低，越来越多的设备使用 DC24V 作为电源。这些电源包括 PLC 电源模块、信号模块、信号电源等。电源的弱电化，使 LCU 对周围环境电磁场的影响越来越小，维护检修也更加安全。这种电源的弱电化，是以保证设备的可靠动作和防止误动作为前提，DC24V 电源能比较好地满足这两个条件。在实际使用中，应注意适当地采用冗余技术，注意电源模块、信号模块及二线制、三线制输入模拟量采用独立电源。

9. LCU 的远程分布与智能分布趋势

LCU 的远程分布：是指将 LCU 的 PLC I/O 机箱按照设备布置，如进水闸门、冷却水、温度等设置 PLC 机箱，机箱间通过专用高速电缆连接，其实时性、可靠性如同本地机箱，可以节省大量电缆、减少施工时间、减少日常维护工作量。

LCU 的智能分布：是指一个 LCU 将与它相关的设备控制，按位置、功能设置成一个一个控制子系统，适当的智能分布。如空压机控制系统、排/供水系统、油压系统、厂用电系统等组成控制子系统。在正常情况下，LCU 监视各子系统运行状态。当 LCU 发现它的"下属"子系统工作不正常时，直接进行控制。这样，整个 LCU 灵活性、可靠性都得到提高，不会因为 LCU 的投入及退出而影响子系统的运行，而且可以节省大量电缆、减少施工时间、减少日常维护工作量。

各个控制子系统，与远程分布分站相比，最显著的特点就是前者配置有 CPU，后者没有。LCU 的远程分布是一套程序、一套装置在空间上分散布置，好维护，便于管理。LCU 的智能分布是将与 LCU 相关的设备在空间上分散布置并各自独立组成子系统，灵活性好，可靠性高。对于一个实际水电厂，具体是采用 LCU 的远程分布还是智能分布，需要根据实际情况做出决定。

在水电厂计算机监控系统中越来越多地采用 LCU 的远程分布与智能分布，是水电厂计算机监控系统的另一发展趋势。

10. LCU 通信从串口通信发展到现场总线

对于 LCU 数据采集而言，主要有 3 种方式：PLC 直接 I/O 信号、串口通信、现场总线。

串口通信费用低、速率低、实时性差，需要编程，受编程人员水平的限制。通常认为，串口采集的数据只能用于数据显示，而不适合用于控制流程中。

现场总线需要一定费用，但通信速率高，实时性好，免编程，只需做配置，抗干扰性能好，可靠性高。其实时性与可靠性与直接 I/O 信号在同一数量级上，从具有现场总线接口的装置采集的数据，可以代替变送器采集的数据而直接运用于控制流程中。但不同种现场总线间不能直接进行数据交换。

在大多数电站中，一套 LCU 通常接有 2～6 个串口设备，许多信号既通过 I/O 进行采集，又经过串口再进行采集，造成一个元器件或设备的状态在数据库中有几个点表示，为进行区分，需要在数据库中标明"来自于 I/O"或"来自于串口"，有时两者不一致，给运行人员判断造成错觉。

少数电站应用现场总线而不采用任何串口实现 LCU 通信，如采用 MB＋总线、Profibus－DP 总线、CAN 总线等，还有比较多的电站是采用串口方案或混合方式。

造成这种状况不是费用问题，因为两者的费用差占自动化项目总投资的比例非常小。主要原因是认识问题和招投标或技术改造管理上的问题。

所谓认识问题，指的是对两者方式的差别尤其是对可靠性、实时性的差别认识不足，没有给予足够的重视。另外，在标书编制、方案制定中，也缺乏明确的规定。

所谓招投标或技术改造管理上的问题，指的是电站计算机监控系统、主要控制设备（调速器装置、励磁装置等）、保护装置、辅助设备（油压、气系统、水系统等）在标书编制上缺乏一致的要求，各系统招标存在随意性，造成各系统间的现场总线不相同，现场总线不能发挥作用。比较好的建议是，先进行电站计算机监控系统招标，确定后，按照计算机监控系统标书中的现场总线要求统一其他所有设备，这样同一电站现场总线就统一起来了。

下一步发展应当是 LCU 中串口通信越来越少，现场总线使用越来越多。

随着技术的不断进步和人们观念的不断变化，水电站对自动化技术会不断提出新的要求，技术应用将更集中于以下两个方面。

（1）以无人值班为目标的水电厂运行管理水平及相应的自动化技术将进一步发展。

无人值班是水电厂运行管理和自动化技术最高水平的标志。围绕现场无人值班，水电厂必备的自动化系统包括计算机监控系统、水情测报系统、通信系统、生产管理系统、闸门控制系统、辅机控制系统、图像监控系统、火灾报警系统、安全防盗系统等，其中计算机监控系统和通信系统是最重要的系统。首先水电厂的主设备必须稳定可靠，其次监控系统必须对水电厂进行全面的监视与控制，控制系统也必须稳定可靠，在发生任何故障时，应具有足够的备用冗余，确保水电厂设备的安全、不失控。因此，必须不断研究开发新型结构的监控系统，提高系统可靠性，开发新的分析功能，提高监控系统的智能化水平。

跨平台技术及信息标准化技术将进一步发展，与其他系统信息透明共享，各控制系统构成的信息孤岛之间的界线将逐渐模糊，向统一信息平台发展，透明水电厂、数字水电厂、智能水电厂将由概念逐步变为现实。

开放系统的概念将进一步拓展，自动化系统将与外界系统如 Internet 广泛安全可靠连接，现地无人值班的 SOHO（Small Office Home Office）的概念将逐步被发电生产企业所接受。

在遥远高山峡谷之间，高耸的大坝，寂静的厂房，机组默默地转动着，把水能转化为强大的电能。往日神秘的中控室没有了，忙碌的值班员也不见了，只有一台台计算机的屏幕在闪耀。值班员可悠然自得地在家，偶尔看看屏幕，敲一下键盘。需要时，自己可驾着轻盈的直升机去厂房巡视一下。这已不是幻想，离我们已经很近，通过大家的共同努力，这一天很快就会来到。

（2）以状态检修为标志的设备管理水平与相关检测、监测与分析诊断技术。

近几年来我国在一些水电厂开展状态检修技术的试点工作，兴建了许多状态监测系统，包含了振动摆度监测、气隙监测、绝缘局部放电监测等内容，并实现了远程监测分析。但大都停留在数据采集管理与常规分析阶段，对故障、故障成因、设备状态之间因果关系及机理等关键技术仍待进一步深入研究突破，有关专家分析决策系统远未达到实用要求，另外，缺乏对不同厂家、不同设备的寿命以及各种工况对设备寿命的影响等方面的基础研究。状态检修是设备管理水平的标志，是确保安全稳定运行、增加效益的重要途径，也是水电厂自动化技术发展的一个重要方向。目前的技术与应用仍处在初级阶段，许多基础性的工作有待长期艰苦的努力。

虽然水电行业在水电厂计算机监控领域取得了一些成绩，但距离水电站真正的无人值班、"关门电站"要求还有差距，在技术和管理方面都还有许多工作要做，以计算机应用为特征的信息化技术、通信技术、智能技术日新月异，有待大家继续努力，开拓思路，转变观念，不断探索创新，为水利水电自动化事业的不断进步做出新贡献。

思 考 题

1. 与常规自动化控制相比，计算机控制有什么优点？

2. 从水电厂计算机监控系统发展的历程看，主要经历了哪些监控方式？

3. 水电厂计算机监控系统应具备哪些主要功能？

4. 何为水电厂"无人值班"（少人值守）的值班方式？实现这种值班方式需具备哪些条件？

5. 什么是"数字化水电厂"？

6. 水电厂计算机监控的发展趋势是什么？

第 2 章

计算机监控系统的结构和形式

计算机监控系统是应用计算机参与监测与控制并借助一些辅助部件与被控对象相联系，以获得一定控制目的而构成的系统。这里的计算机通常是指数字计算机，可以有各种规模，如从微型到大型的通用或专用计算机。辅助部件主要指输入/输出接口、检测装置和执行装置等。与被控对象的联系和部件间的联系，可以是有线方式，如通过电缆的模拟信号或数字信号进行联系；也可以是无线方式，如用红外线、微波、无线电波、光波等进行联系。被控对象的范围很广，包括各行各业的生产过程、机械装置、交通工具、机器人、实验装置、仪器仪表、家庭生活设施、家用电器和儿童玩具等。控制目的可以是使被控对象的状态或运动过程达到某种要求，也可以是达到某种最优化目标。

与一般控制系统相同，计算机监控系统可以是闭环的，这时计算机要不断采集被控对象的各种状态信息，按照一定的控制策略处理后，输出控制信息直接影响被控对象。它也可以是开环的，这有两种方式：一种是计算机只按时间顺序或某种给定的规则影响被控对象；另一种是计算机将来自被控对象的信息处理后，只向操作人员提供操作指导信息，然后由人工去影响被控对象。

计算机监控系统由监控部分和被控对象组成，监控部分包括硬件部分和软件部分，这不同于模拟控制器构成的系统只由硬件组成。计算机监控系统软件包括系统软件和应用软件。系统软件一般包括操作系统、语言处理程序和服务性程序等，它们通常由计算机制造厂为用户配套，有一定的通用性。应用软件是为实现特定控制目的而编制的专用程序，如数据采集程序、控制决策程序、输出处理程序和报警处理程序等。它们涉及被控对象的自身特征和控制策略等，由实施控制系统的专业人员自行编制。

自从 20 世纪 70 年代初 Intel 公司生产出第一个微处理器以来，随着半导体技术的进步，微型计算机得到了飞速的发展，已从 4 位机、8 位机、16 位机、32 位机，发展到目前的 64 位机。微型计算机监控系统已成为工业控制的主流系统。

微型计算机监控技术是计算机、控制、网络等多学科内容的集成。

2.1 计算机监控系统及其组成

2.1.1 计算机监控系统

计算机监控系统就是利用计算机（工业控制机或 PLC 等）来实现生产过程自动控制

的系统。

1. 计算机监控系统的工作原理

为了简单和形象地说明计算机监控系统的工作原理，这里给出典型的计算机监控系统原理图，如图 2.1 所示。在计算机监控系统中，由于控制计算机的输入和输出是数字信号，因此需要有 A/D（模拟/数字）转换器和 D/A（数字/模拟）转换器。从本质上看，计算机监控系统的工作原理可归纳为以下 3 个步骤。

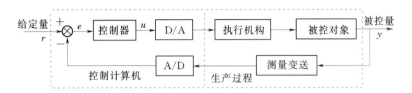

图 2.1　计算机监控系统原理

（1）实时数据采集。对来自测量变送装置的被控量的瞬时值进行检测和输入。

（2）实时控制决策。对采集到的被控量进行分析和处理，并按已定的控制规律，决定将要采取的控制行为。

（3）实时控制输出。根据控制决策，适时地对执行机构发出控制信号，完成控制任务。

上述过程不断重复，使整个系统按照一定的品质指标进行工作，并对被控量和设备本身的异常现象及时作出处理。

2. 在线方式和离线方式

在计算机监控系统中，生产过程和计算机直接连接，并受计算机控制的方式称为在线方式或联机方式；生产过程不和计算机相连，且不受计算机控制，而是靠人进行联系并作相应操作的方式，称为离线方式或脱机方式。

3. 实时的含义

所谓实时，是指信号的输入、计算和输出都要在一定的时间范围内完成，亦即计算机对输入信息，以足够快的速度进行控制，超出了这个时间，就失去了控制的时机，控制也就失去了意义。实时的概念不能脱离具体过程，一个在线的系统不一定是一个实时系统，但一个实时控制系统必定是在线系统。

2.1.2　计算机监控系统的组成

计算机监控系统由工业控制装置和生产过程两大部分组成。工业控制装置是指按生产过程控制的特点和要求而设计的计算机，它包括硬件和软件两部分。生产过程包括被控对象、测量变送、执行机构、电气开关等装置。图 2.2 给出了计算机监控系统的组成框图。图中的控制装置可由工业控制机或 PLC 等构成，而生产过程中的测量变送装置、执行机构、电气开关都有各种类型的标准产品，在设计计算机监控系统时，根据需要合理地选型即可。

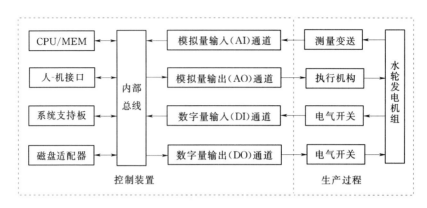

图 2.2　计算机监控系统的组成框图

2.2　计算机监控系统的典型形式

计算机监控系统所采用的形式与它所控制的生产过程的复杂程度密切相关,不同的被控对象和不同的要求,应有不同的控制方案。计算机监控系统大致可分为以下几种典型的形式。

1. 计算机数据采集系统

这是最早采用的计算机系统,其目的是帮助操作人员及时了解生产现场,监视运行设备情况,并系统地提供反映现场的资料。图 2.3 表示了数据采集系统的原理。

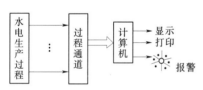

图 2.3　计算机数据采集系统原理

计算机对水电厂生产过程中数以百计的物理参数(包括电量和非电量)周期性地进行采集,并将采集的数据分别作必要的处理,然后将这些物理量以表格或以图形形式显示在屏幕上;计算机定时向打印机输出,把一些主要的运行参数打印制表记录下来;对于有关重要参数,计算机自动与预先设定好的上、下限值进行比较,当某一物理参数越限时即发出相应的报警信号,并给予登记。

随着计算机监控技术的发展,单纯的数据采集系统已经不多,而是变为在该系统上扩充以下几种功能的系统。

2. 操作指导控制系统

操作指导控制系统的构成如图 2.4 所示。该系统不仅具有数据采集和处理的功能,而且能够为操作人员提供反映生产过程工况的各种数据,并相应地给出操作指导信息,供操作人员参考。

该控制系统属于开环控制结构。计算机根据一定的控制算法(数学模型),依赖测量元件测得的信号数据,计算出供操作人员选择的最优操作条件及操作方案。操作人员根据计算机的输出信息,如图形或数据、打印机输出等去改变调节器的给定值或直接操作执行机构。

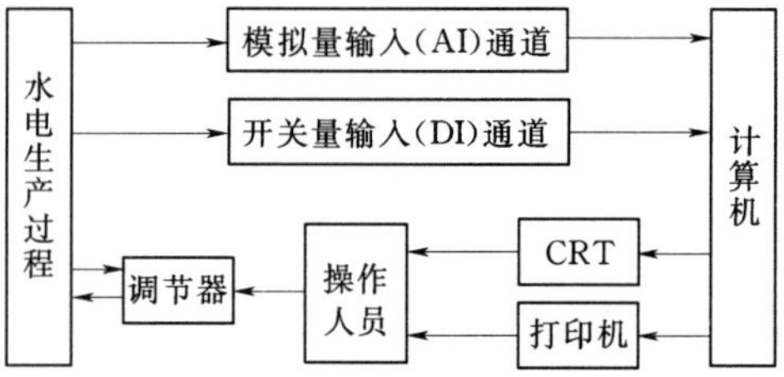

图 2.4　操作指导控制系统

操作指导控制系统的优点是结构简单，控制灵活和安全。缺点是要由人工操作，速度受到限制，不能控制多个对象。

3. 直接数字控制系统

直接数字控制（Direct Digital Control，DDC）系统的构成如图 2.5 所示。

计算机首先通过模拟量输入通道（AI）和开关量输入通道（DI）实时采集数据，然后按照一定的规律进行计算，最后发出控制信息，并通过模拟量输出通道（AO）和开关量输出通道（DO）直接控制生产过程。DDC 系统属于计算机闭环控制系统，是计算机在工业生产过程中最普遍应用的一种方式。

由于 DDC 系统中的计算机直接承担控制任务，所以要求实时性好、可靠性高和适应性强。为了充分发挥计算机的利用率，一台计算机通常

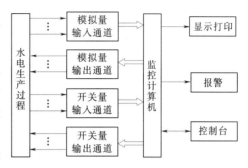

图 2.5 直接数字控制系统

要控制几个或几十个回路，那就要合理地设计应用软件，使之不失时机地完成所有功能。

水电厂自动化采用计算机直接数字控制，可以用来完成以下功能：

（1）作为调速器，对水轮发电机组进行有功和频率的调节。

（2）作为励磁调节器，对机组无功和励磁电流进行调节。

（3）同期并列操作。

（4）设备运行的保护。

4. 监督控制系统

监督控制 SCC（Supervisory Computer Control）中，计算机根据原始工艺信息和其他参数，按照描述生产过程的数学模型或其他方法，自动地改变模拟调节器或以直接数字控制方式工作的微型计算机中的给定值，从而使生产过程始终处于最优工况（如保持高质量、高效率、低消耗、低成本等）。从这个角度来说，它的作用是改变给定值，所以又称设定值控制 SPC（Set Point Control）。监督控制系统有两种不同的结构形式，如图 2.6 所示。

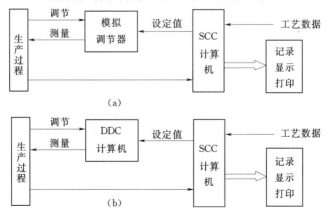

图 2.6 监督控制系统两种不同的结构形式

（a）SCC＋模拟调节器系统；（b）SCC＋DDC 系统

（1）SCC 加上模拟调节器的控制系统。该系统是由微型计算机系统对各物理量进行巡回检测，并按一定的数学模型对生产工况进行分析、计算后得出控制对象各参数最优给定值送给调节器，使工况保持在最优状态。当 SCC 微型计算机出现故障时，可由模拟调节器独立完成操作。

（2）SCC 加上 DDC 的分级控制系统。这实际上是一个二级控制系统，SCC 可采用高档微型计算机，它与 DDC 之间通过接口进行信息联系。SCC 微型计算机可完成工段、车间高一级的最优化分析和计算，并给出最优给定值，送给 DDC 级执行过程控制。当 DDC 级微型计算机出现故障时，可由 SCC 微型计算机完成 DDC 的控制功能，这种系统提高了可靠性。

5. 分散型控制系统

分散型控制系统（Distributed Control System，DCS），采用分散控制、集中操作、分级管理、分而自治和综合协调的设计原则，把系统从上到下分为分散过程控制级、集中操作监控级、综合信息管理级，形成分级分布式控制，其结构如图 2.7 所示。

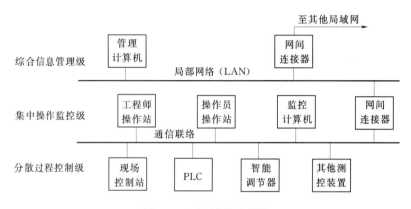

图 2.7　DCS 结构示意图

6. 现场总线控制系统

现场总线控制系统（Field Bus Control System，FCS）是新一代分布式控制结构。20 世纪 80 年代发展起来的 DCS，其结构模式为"操作站—控制站—现场仪表"3 层结构，系统成本较高，而且各厂商的 DCS 有各自的标准，不能互联。FCS 与 DCS 不同，它的结构模式为"工作站—现场总线智能仪表"二层结构，FCS 用二层结构完成了 DCS 中的 3 层结构功能，降低了成本，提高了可靠性，国际标准统一后，可实现真正的开放式互连系统结构。

2.3　水电厂计算机监控系统的一般结构

水电厂计算机监控系统执行控制任务包括以下 3 个方面。

（1）正常运行控制。如控制水轮发电机组的启动和停机操作，以及运行方式改变的操作（如发电转调相、调相转发电等）；自动发电控制（AGC），即按照电力系统调度的指令增减电站负荷，以维持系统频率在整定值容许的偏差范围内；自动电压控制（AVC），即在系统无功或电压发生变化时,能迅速改变各台机组的励磁电流,以维持电站高压母线电压在规定范围内,并在机组间合理分配无功负荷。

(2)紧急控制。当系统和设备发生异常情况时,监控计算机能作出判断,并采取相应的处理措施;当系统受到扰动时,能迅速地采取校正对策,以保证运行的稳定。

(3)恢复控制。当事故发生后能尽快地处理,恢复到正常运行的状态,以尽可能缩小事故的范围和损失。如调整机组的出力,将解列的机组重新并列等。迅速和正确地恢复控制对安全和经济运行都是十分必要的。

计算机监控系统的结构,即系统的布局问题,它涉及的因素很多,诸如电站的装机容量和机组台数,电厂在电力系统中的地位,计算机在电厂自动化中的功能,选用的计算机机型及性能等。按照水电厂自动控制的设计水平,已经能够实现在中央控制室统观全厂的运行状态,发布操作的命令启停水轮发电机组,进行有功和无功的自动调整。然而,计算机监控系统结构布局的具体实现,必须充分考虑多方面的因素,作出科学的论证,以保证运行的安全和经济、管理和维护方便等。这里,从工业自动化计算机监控系统的一般划分,并依据目前水电站的实际情况,归纳为以下几种结构形式。

2.3.1 集中式监控系统

在计算机应用的早期,由于其价格昂贵,计算机在水电厂监控中的应用还处于研究和探索阶段,为了充分发挥一台计算机的潜力,一般只设一台计算机对全厂进行集中监控,称作集中式监控系统。集中布置的计算机承担整个水电厂的全部监控任务。水电厂的全部运行参数和状态信号、控制回路及执行继电器等几乎都集中在计算机及其外围设备的输入、输出接口上。全厂的数据采集和处理、异常状态报警等任务均由计算机分时执行。这种系统的基本特点是结构较为简单、不分层(不设采用计算机的现地控制级设备),较易于实现。此时,由于只有一台计算机,一切计算处理都要在此进行,所有信息都要送到这里,所有操作、控制命令都要从此处发出,因而只要计算机一出故障,整个控制系统就瘫痪,只能改为手动控制运行,性能大大降低,这是集中监控系统的致命弱点。其次,由于所有信息都要送到这台计算机,现场需要敷设很多电缆,机组台数越多,电缆也越多,这不但增加了投资,且降低了系统的可靠性,电缆及其接头容易发生故障,通信也是薄弱环节。

为了克服过分依赖一台计算机的缺点,可以增设第二台计算机作为备用,以提高整个系统的可靠性。这样,就出现了下面 3 种备用方式。

1. 冷备用方式(Cold Standby)

指正在运行的主计算机发生故障后,另一台具有相同功能但未加电的备用计算机通过上电并启动操作系统及应用程序顶替已发生故障的主计算机运行。

此时,一台计算机为工作计算机,或称主计算机,另一台为备用计算机。平时备用计算机不参加生产过程的控制,只担任一些离线计算和程序开发等任务。一旦主计算机发生故障,备用计算机就启动,接管故障的主计算机的控制权限,对生产过程进行控制。但由于取代有一段过程,可能丢失一部分信息,在这一段过渡时间内,控制系统实际上处于停滞状态,这对实时控制是不利的。但它的优点是,备用计算机可以做一些别的工作,从资源合理利用角度来看，可能有一定的价值。

2. 温备用方式（Warm Standby）

指正在运行的主计算机发生故障后，另一台具有相同功能且已加电的备用计算机通过启动应用程序顶替已发生故障的主计算机运行。

在这种方式下，备用计算机是经常运转的，正常情况下只承担一些离线任务。它的存储器周期性地被来自主计算机的实时数据所更新，这可以通过周期性连接数据库、事件表和档案库来实现。

由于备用计算机不需启动，切换取代时间比较短，丢失数据的范围就比较小，但还不能完全避免。此外，还存在下列危险，即可能接收切换前主计算机处理的错误数据。

3. 热备用方式（Hot Standby）

指两台计算机以主备用方式运行，当主计算机发生故障后，备用计算机在不中断任务的方式下自动顶替已发生故障的主计算机运行；或者，指两台计算机以互为备用方式运行，当某一台计算机发生故障后，另一台计算机在不中断任务的方式下自动顶替已发生故障的计算机运行。

此时，两台计算机是并列运行的，执行同样的程序。在计算机刚通电时，由于两机是互锁的，通过相互竞争自动选择主机。而来自生产过程的数据由两台计算机独立地进行处理。它们之间的差别是，只有主计算机的输出真正接至生产过程。如果主计算机发生故障，备用计算机可立即取而代之。这样就解决了丢失信息和接收错误信息的问题。但为此付出了一定代价，即备用计算机不能再承担离线任务。这种方式用在对系统可靠性要求比较高的场合。

随着计算机价格的下降，这种热备用方式用得比较普遍。如果不特别说明，主备用运行方式就是指的这种热备用运行方式。集中式监控系统示意图如图 2.8 所示。

总地来说，集中式监控系统虽然投资较少，但可靠性较低，在大、中型水电厂已不采用，仅可用在机组台数较少、控制功能简单的中、小型水电厂。

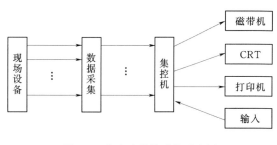

图 2.8　集中式监控系统示意图

2.3.2　功能分散式监控系统

随着计算机价格的下降和水电厂对监控系统可靠性要求的提高，为了克服上述集中监控系统存在的缺点，出现了功能分散式监控系统（Decentralized System）。此时，计算机实现的各项功能不再由一台计算机来完成，而由多台计算机分别完成。各台计算机只负责完成某一项或一项以上的任务，结果出现了一系列完成专项功能的计算机，如数据采集计算机、调整控制计算机、事件记录计算机、通信计算机等。这是一种横向的分散、功能的分散，如果某一台计算机出现故障，只影响某一功能，而其他功能仍然可以实施，可靠性在某种程度上有所提高。由于功能分散，每台计算机的负载可以减少，一般均可由微机来承担。这样，就出现了多微机系统，即可用多台微机来完成原先由一台高性能小型机完成的任务，经济上也是合算的。

分散式处理计算机监控系统也是在多计算机系统出现后得到应用的一种系统，其控制对象的特点是：地理上分散在一定的范围内；相互之间的联系较薄弱，很少存在处理或计算上的因果关系。在讨论"分散"时，是相对于"集中"而言的，主要是强调了位置上的分散。

图 2.9 所示为采用功能分散式监控系统的一个例子。水电厂监控系统设有 3 套由微机组成的专用功能装置，即参数检测记录装置、事件顺序记录装置和控制调节装置。机组的控制仍由常规自动装置完成。各部分的功能如下。

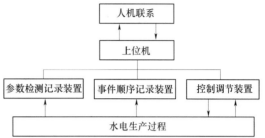

图 2.9 分散式计算机监控系统结构示意图

（1）参数检测记录装置。它具有下列功能：正常参数的监测、打印和制表；越限或异常参数的监测、打印和制表；参量分析，如测量误差检出和报警；参数历史性记录、事故追忆；图表显示；电能脉冲量计算和转发；与上级计算机信息交换。

（2）事件顺序记录装置。它具有下列功能：及时反映生产过程中出现的事故、故障的性质、开关动作顺序和发生时间；显示事故、故障的复位信号；显示和记录正常操作的性质和时间；显示系统主接线，用色彩区别电压等级和机组运行工况；制订交接班记录等。

（3）控制调节装置。它的主要功能是接收上位机下达的控制命令，向各台机发出开机或停机命令，调整各台机组的有功功率和无功功率。

功能分散式计算机监控系统仍没有解决集中式监控系统的所有问题。如某个功能装置计算机故障，则全厂的这部分功能均将丧失，影响较大；而且仍然没有解决要将所有信息集中到一处（用电缆）所带来的问题；系统可靠性仍然不很高。因此，功能分散式监控系统目前已经很少采用。

2.3.3 分层分布式监控系统

上述信息过于集中的矛盾可以用分布处理的方式来解决。水电厂采用的处理通常是与分层控制结合在一起的，因而它实质上是一种分层分布式监控系统。

分层控制理论是 20 世纪 80 年代发展起来的一种新理论，它是控制理论的一个分支，是从控制论的角度来研究多个互相影响的系统的控制方法。对于大多数大、中型水电厂，其发电、输电生产是一个综合复杂的过程，从控制论的角度，按其命令的产生、命令执行结果信息的反馈流向、被采集的信息上送关系、各级的操作权限等来看，是一个典型的正置三角形的中央-地方式的、带有一定程度中央集权性质的系统。因此，将水电厂的监控系统构成一个分层控制结构是合理的。从水电厂必须执行的操作，如执行网调的调度命令、正常及事故时电厂操作员的操作控制、全厂各台机组的成组控制以及现地闭环控制等来看，采用分层控制结构是符合水电厂的生产特点的。与水电厂控制相应的层次可以分为梯级调度层、厂站监控层、机组操作层、辅设控制层等，其中梯级调度层仅适用于梯级水电厂，一般电厂仅有后 3 个层次。

采用分层结构后使多台计算机便于管理，不同层次不同任务的计算机的容量、规模可配置得比较合理，如在全厂控制一级常采用规模相对较大一些的计算机，而在控制第一线的计算机可采用规模相对较小，但抗干扰能力强、可靠性高的微机等。

与集中控制方式相比，分层控制方式有下列优点：

（1）凡是不涉及全系统性质的监控功能可安排在较低层实现，这不仅加速了控制过程的实现，即提高了响应性能，而且减轻了控制中心的负担，减少了大量的信息传输，也提高了系统的可靠性。

（2）在分层控制系统中，即使系统的某个部分因发生故障而停止工作，系统的其他部分仍能正常工作，分层之间还可以互为备用，从而大大地提高了整个系统的可靠性。

（3）采用分层控制方式时，对控制设备和信息传输设备的要求可适当降低，需要传送的信息量减少，敷设的电缆也大大减少，主计算机的负担也减轻，这些均导致监控系统设备投资的减少。

（4）可以灵活地适应被控制生产过程的变更和扩大，可实施分阶段投资，这些都提高了系统的灵活性和经济性。

（5）由于分层控制方式通常采用多机系统，各级计算机容量和配置可以与要实现的功能更为紧密地配合，使最低一层的计算机更为实用，整个系统的工作效率更加提高。

但分层控制方式有以下缺点：

（1）采用分层控制方式时，整个系统的控制比较复杂，常常需要实行迭代式控制。迭代式控制指的是，达到最终需要实现的工况（最优工况）往往不能仅靠一次计算控制，而要依靠多次迭代计算来完成。因而降低了整个控制的实时性，这是指全局性控制而言的。

（2）多机系统的软件相当复杂，需要很好地协调。

但总体来说，分层控制方式的优点还是主要的。现在除了一些小规模的控制系统外，大都采用分层控制方式。

在实现分层控制时，合理地确定层次和在各层次之间合理分配功能，对保证系统可靠而又灵活地运行是至关重要的。分层时要考虑以下各点：

（1）加强协调可以增进系统的性能，但与此同时增加了系统的集中程度，这种集中程度的增加降低了系统的可靠性。加强协调还意味着系统复杂性的增加，这可能带来麻烦，因此，协调要适当。总的原则是，只要系统性能可以得到满足，就要减少协调。

（2）通信设备和计算设备在系统内各层的配置要进行权衡。将计算设备较多地集中在上面，固然可以减少下面计算设备的重复设置，从而减少计算设备的总投资，但通信设备要增加投资，而且整个系统的可靠性要降低。因此，系统内通信设备和计算设备的上下配置要恰当。

分布式计算机系统包含有多个独立但又有相互作用的计算机，它们对一个共同问题进行合作。最基本的要求是：多个分布的资源；统一的操作系统；资源独立而又相互作用。这里主要要求资源物理上的分布而不强调是地理上的分布。

分布式计算机系统技术仍在发展，尚没有完全统一的定义。

归纳起来，分布式处理系统具有以下特点。

（1）具有多个分布的资源。这里的分布是指物理上的分布和地理上的分布，而资源是指计算机系统硬件、外部设备、各种程序及数据库等。

（2）具有统一的操作系统。全系统要求有一个高级操作系统，对整个分布式计算机系统进行统一的控制和管理，指导各分布资源完成共同的任务。整个系统以尽可能少使用系统集中资源的方式工作，有一个统一的操作系统管理。

（3）分布的资源独立而又相互作用。分布的各资源独立地完成其被指定的功能，同时相互间又以一定的方式配合，相互间协调地工作。

（4）在分布式系统中没有明显的主从关系，各资源之间以较平等的方式工作，"系统内部不存在层次控制"。

分布式系统大体上可以分为 3 种类型，即按功能分布、按对象分布及按上述两种方式的结合分布。

按功能分布的结构目前多用于水电厂监控系统的全厂级设备或上位机部分，它一般有一台或两台计算机（或工作站）构成单个或冗余系统，完成指定的功能，如操作员工作站、通信工作站以及在某些情况下配置的事件顺序记录工作站等。在这些功能群的内部，可以采用单机独立运行、双机冗余运行或 3 机冗余运行的方式工作，而在这些功能群之间一般是相对独立的，在功能上不能替代。但也有例外，如操作员工作站出故障时，可用工程师工作站来顶替其工作，使监控系统仍能维持正常运行。

按对象分布的系统，特别强调在产生数据的地方，就近分析和处理数据，其目的是减少通信的信息量，充分利用现场能采集到的各种信息进行综合分析后，再向上级传送结果或中间结果，即所谓"熟数据"。这种方式通常适用于机组级控制终端，其具备的功能含有综合的特征，如包括数据采集、分析处理、事件分辨、机组顺控、有功和无功功率调节以及与上位机之间进行通信等。按被控对象分布的优点是：各控制终端相互独立，一个现地子系统或控制终端（LCU）故障只影响一台水轮发电机组，提高了全系统的可用性及可靠性。此外，由于现地子系统或控制终端具有相当大的独立性，本身又具备较完整的处理功能，即使上位机部分或全部故障，它也能维持被控对象的安全运行，也很适合于水电厂机组分期安装的情况。

复合型分布处理有以下两种情况。一种可说是上述两种分布方式的结合，即上位机采用按功能分布的方式，下位机采用按被控对象分布的方式，这样结合起来的系统就是复合型分布式系统，实际上这种系统在水电厂的应用是比较多的；另一种是在电厂级控制中心和机组级控制终端均采用按功能分布处理的结构，即指 LCU 也采用了多微机（多单片机或嵌入式微机）的按功能分布结构。而上位机也采用了远程值守站、厂长、总工终端等配置，因此整个系统可说成既是按被控对象分布，又是按功能分布，从目前的情况看已显示出这种应用趋势，但典型工程实例还不多见。

在开放系统出现以后，又出现了"全分布"的概念。这就是说，以往在谈分布时，往往是着重在"处理"上的分布。而开放系统出现的同时也强调了"数据库"等的分布，可以说这是一种更完全的分布，而这些正是符合前述的分布系统定义的。

从以上分析可知，"分层"与"分布"实际上是说的一个事物的两个方面。从计算机系统结构来分析，强调了一个"分布"的概念；从控制理论的角度，是强调一个"分层"的概念；两者完美地在水电厂计算机监控系统这个实体中结合起来了。例如，在上述实现"分层"控制的水电厂计算机监控系统中，其中控室的控制台、计算机室的厂级计算机或

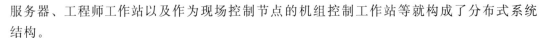

服务器、工程师工作站以及作为现场控制节点的机组控制工作站等就构成了分布式系统结构。

这就是为什么"分层"和"分布"这两个看来相互矛盾的概念能用来共同说明水电厂计算机监控系统结构模式的原因。

分层分布式监控系统在地域上是分散的，即按控制对象进行分散。水电厂的控制对象是水轮发电机组、开关站、公用设备、溢洪闸门等。按控制对象设置单独的控制单元，称作现地控制单元，它们是由微机或可编程控制器等构成，组成了现地控制级（或称现地控制层）。电厂控制级（层）也设计算机，它负责一些全厂性功能。电厂控制级本身也可以是一个功能分散的系统，由多台计算机组成。此时，某个机组控制单元发生故障，只影响这一台机组，而不影响整个电厂的运行。由于信息进行了分布处理，即各台机组的信息由各台机组控制单元进行处理，就不必敷设许多电缆将信息送到一处集中处理了，可以节省相应的投资。由于以上两方面的原因，整个系统的可靠性也得到显著的提高。

由于分层分布式监控系统有以上优点，它已取代其他两种类型而成为水电厂监控系统的主要类型。这些年来新投运的水电厂监控系统几乎都采用分层分布式的。中华人民共和国电力行业标准 DL/T 578—2008《水电厂计算机监控系统基本技术条件》中明确指出："监控系统宜采用分层分布式结构，分设负责全厂集中监控任务的电厂级及完成机组、开关站和公用设备等监控任务的现地控制级。"

以上讨论的集中式、分散式和分布式 3 种概念仅是就计算机监控系统的结构而言，并未涉及控制方式。从电厂值班员的角度看，上述 3 种方式中控制地点在地理上都是集中的。

2.3.4　开放式系统

1. 开放式系统特点

随着水电能源的大力开发，水电厂的装机容量越来越大，要实现的功能越来越多，计算机系统的规模也就越来越大。由单一厂商包揽控制系统的全部硬件和软件已变得越来越困难。不得不采用由多个厂商提供的硬件和软件。它们之间如何接口、如何协调工作就变得非常关键。随着生产技术的发展，原有计算机监控系统的规模和功能也需要扩充，新增加的硬件设备如何与原有系统接口就是个大问题：随着系统的扩充，有时需要开发一些新的软件，原有软件怎么办，能不能保留，如何接口，都是需要解决的问题。由于过去各厂商之间的硬件和软件接口不标准，使扩充工作很困难，导致不得不废弃原来的一些硬、软件，甚至更新整个系统，造成了投资的大大增加。这些问题急需解决。

随着计算机技术的发展，特别是精简指令集计算机（Reduced Instruction Set Computer，RISC）技术的出现，使上述问题的解决变得较为容易了。开放式计算机系统也应运而生。开放式系统可以定义为以下的结构：不同厂家的设备可以通过其设备特征以对系统是透明的方式在功能上实现集成。这种系统的特点如下：

（1）体系结构模块化。需要先将整个系统划分成若干子系统或功能模块，使模块内功能和数据都相对集中，而模块间的信息交换较少，从而便于标准化。

（2）模块接口标准化。接口的标准化简化了模块的连接，增加了各模块的相对独立性，为系统的局部更换奠定了基础。

（3）功能处理分布化。利用标准的接口或介质，将功能相对独立的模块分布到若干个处理器上，既可大幅度提高整个系统的处理能力，又使系统的可扩展性增强，使局部升级得以实现。新开发的一些开放式系统，大都以 LAN 为核心骨架，连接作为人机系统的一系列工作站以及负责数据采集和监控 SCADA（Supervisory Control And Data Acquisition）、网络分析处理的一系列服务器。这种模式也称作大模块横向分布式体系结构。

（4）应用软件的可移植性。当硬件和操作系统，即一种计算机平台更换时，用户所开发的应用软件仍能移植到新的计算机平台上，因而用户的软件资源可以得到保护。

（5）不同系统之间的相互操作性。在多厂家计算机组成的网络系统中，用户可以共享网络中的各种资源，包括硬件、软件、信息等，在这种共享操作中不需要用户进行特殊识别和转换等处理。

这些开放式系统的特点使供货厂商和用户都获得了好处，他们可以使用第三方产品来减少开发和实现周期，可以靠使用最佳性能价格比的产品优化配置。系统的更新将不再是完全替换，硬件和软件投资者的利益均得到了保护，系统可以不断升级和发展以融入新的先进技术。

开放式系统在一些水电厂已得到应用，今后将成为主要模式。典型的例子有由中国水利水电科学研究院自动化所研制开发的 H9000 系列计算机监控系统（东北白山梯级，青海龙羊峡，湖南东江梯级、凤滩、浙江乌溪江梯级、紧水滩、新安江，贵州东风、乌江渡，陕西安康，广西西津，新疆库尔勒梯级，北京密云蓄能电站等大型水电站）以及面向巨型机组特大型水电站监控系统 H9000 V4.0（三峡右岸电站、三峡左岸电站、三峡梯级调度中心），南瑞集团公司开发的 NARI - NC2000 计算机监控系统（湖北葛洲坝大江电厂和二江电厂、云南澜沧江流域梯级电站、广东清溪水电厂、贵州红枫一级电站和红枫梯级调度中心等）。

2. 开放式分层全分布系统

以往的分层分布系统中，都有一个或多个（冗余系统）主计算机用于存放监控系统的数据库。监控系统中各个子系统，诸如操作员工作站、现地控制单元等，虽然通过网络连接，具备了共享信息的条件，但由于系统数据库是集中式的，网络中各节点的工作往往对系统数据库有相当的依赖性，一旦主机出现故障，全系统功能将受到影响。以分布式数据库为特征的开放式分层全分布系统是监控系统的一种新结构模式，在此系统中，网络上各节点具有一定的功能，而且在各节点上分布着与该节点功能相关的数据库。该系统中的厂级计算机也只是网络上的一个节点，其数据库只是为了实现该节点对应的全厂统计、AGC、AVC 功能，而不是全厂唯一的总数据库。这样，在网络上各节点之间可进行所需信息的交换，而不再依赖于厂级计算机。例如，操作员工作站可以在厂级计算机未投入运行的情况下，从各现地控制单元采集数据、更新画面，也可将运行人员在工作站上下达的操作命令通过网络直接传送给现地控制单元去执行，而不需厂级计算机转发。整个系统中各设备都遵循 IEEE、ISO、IEC 等有关标准接入一个全开放式总线网络，采用以 UNIX 操作系统为基础的操作系统。

2.4　水电厂计算机监控系统的主要性能指标

水电厂计算机监控系统的性能指标主要包括系统可靠性、实时性、可维护性、实用性、安全性、可扩充性、先进性等方面。

1. 可靠性

可靠性对电力系统来说是至关重要的。采用计算机监控后，对计算机监控系统提出了很高的可靠性要求。表明系统可靠性的指标有事故平均间隔时间（Mean Time Between Failures，MTBF）和平均停运时间（Mean Down Time，MDT），常见的还有平均检修时间（Mean Time To Repair，MTTR）。通常用 h 计。

主控计算机（含磁盘）的 MTBF 应大于 8000h。

现地控制单元的 MTBF 应大于 16000h。

MTTR 由制造单位提供，当不包括管理时间和运送时间时，一般可取 0.5～1h。

在实际应用中，需遵守以下一般性准则：

（1）单一控制元件（部分）的故障不应导致运行人员遭受伤害或设备严重损坏。

（2）单一控制元件（部分）的故障不应使电厂的满出力严重下降。

（3）当部分过程设备的功能丧失时，系统应防止发电能力的全部丧失。也就是说，要将事故限制在一定范围内。

（4）不应有不能进行检查、维护或更换的控制元件。

与可靠性紧密相关的是可用性（Availability），这是表征控制系统在任何需要时间内能够工作的指标。希望可用性尽量接近 100%，它与 MTBF 和 MDT 的关系如下：

$$A = MTBF / (MTBF + MDT)$$

可用性是计算机控制系统的一个重要指标，为了提高整个系统的可用性，不仅要求组成系统的各组件有很高的内在利用率，而且要求一旦发生故障时能迅速进行检修或更换。DL/T 578—2008《水电厂计算机监控系统基本技术条件》中规定，监控系统在电厂验收时的可用性指标分为 99.9%、99.7% 和 99.5% 共 3 档。

关于机组控制单元的可用性，上述标准没有规定。国外有的采用以下指标：机组控制单元不可用性应比机组本身的不可用性低一个数量级；机组不可用性通常取 8%，则机组控制单元的不可用性应小于 0.8%。

为提高系统的可靠性/可用性，可以采取以下措施：

（1）增加冗余度。

（2）改善环境条件。

（3）抗电气干扰。

（4）减少元件数量。

（5）设置自诊断，及时找出故障点。

（6）在设计时要特别注意增加系统结构的可靠性。

2. 实时性

水电厂计算机监控系统要对水电厂的生产过程进行实时的监视和控制，因此，要求有足够快的响应速度，也就是要有好的实时性。设备发生异常时，要很快地检测出来；发生事故时，要能以很快速度记录下各项事件的先后顺序；运行操作人员从控制台发出命令后，应能快速得到响应和执行；实现自动发电控制和自动电压控制时，计算机需进行大量计算，希望能很快得到计算结果，实现控制。其主要内容如下。

（1）电厂控制级的响应能力应该满足系统数据采集、人机接口、控制功能和系统通信的时间要求。

（2）现地控制级装置的响应能力应该满足对生产过程的数据采集和控制命令执行的时间要求。

（3）电厂控制级计算机的计算能力和控制的响应时间应满足机组控制的实时要求。

（4）电厂计算机监控系统要采用同步时钟校正实时时钟。

DL/T 578—2008《水电厂计算机监控系统基本技术条件》中对此作出了以下规定：

（1）现地控制级装置。

1）数据采集时间。状态和报警点采集周期不大于1s；模拟点采集周期，电量不大于2s，非电量为1～20s；事件顺序记录（SOE）分辨率，1级：不大于10ms，2级：不大于5ms，3级：不大于2ms。大型水电厂的计算机监控系统应满足3级或2级要求。

2）现地控制级装置接受控制命令到开始执行的时间应小于1s。

3）供事件顺序记录使用的时钟同步精度应高于所要求的事件分辨率。

（2）电厂控制级。

1）电厂控制级数据采集时间包括现地控制级数据采集时间和相应数据再送入电厂控制级数据库的时间，后者应不超过1～2s。

2）人机接口响应时间分类如下：

a. 调用新画面的响应时间：不大于2s。

b. 在已显示画面上实时数据刷新时间从数据库刷新后算起不超过1s。

c. 操作员执行命令发出到现地控制单元开始执行的时间不超过1～2s。

d. 报警或事件产生到画面字符显示和发出音响的时间不得超过2s。

3）电厂控制级联合控制功能的执行周期分类如下：

a. 有功功率联合控制任务执行周期一般可取3～15s，并可调整。

b. 无功功率联合控制任务执行周期一般可取6s、12s、3min，并可调整。

c. 自动经济运行功能处理周期时间一般可取5～15min，并可调整。

4）电厂控制级对调度系统数据采集和控制的响应时间应满足调度的要求。

5）双机切换时间：热备用时保证实时任务不中断；温备用时不大于30s；冷备用时不大于5min。

3. 可维护性

系统中的故障要便于发现，有故障的模件要便于更换。为了便于维护，通常要求控制系统由种类不是很多的硬件组成，这样可以减少备件的储备。设计上应要求能在控制系统不间断其运行的情况下更换有故障的模件。

系统应具有自诊断和故障定位程序，按照现场可更换部件水平来确定故障位置；应有便于试验和隔离故障的断开点；应配置合适的专用安装拆卸工具；互换件或不可互换件应

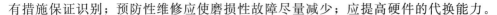

有措施保证识别；预防性维修应使磨损性故障尽量减少；应提高硬件的代换能力。

4. 系统安全性

在考虑系统安全性时应遵循以下原则：

（1）正常情况下水电厂计算机监控系统的主控级计算机、现地控制单元 LCU 均能实现对主要设备的控制和操作，并保证操作的安全和设备运行的安全。

（2）计算机系统故障时，上一级的故障不应影响下一级的控制和操作功能及安全，即主控级故障时，不应影响现地控制单元级的功能。

（3）当现地控制单元级故障，甚至整个监控系统均同时故障时，监控系统不具备正常的控制和操作功能，但仍应有适当措施来保证主要设备的安全，或者将它们转换到安全状态。

系统的安全包括操作安全、通信安全和软、硬件安全。

应有下列保证操作安全性的措施：对系统每一功能和操作提供校核；当操作有误时能自动或手动地被禁止并报警；自动或手动操作可作存储记录或作提示指导；根据需要在人机通信中设操作员控制权口令；按控制层次实现操作闭锁，其优先权顺序为：现地控制级最高，电厂控制级第二，远程调度级第三。

应有下列保证通信安全性的措施：系统设计应保证信息中的一个信息量错误不会导致系统关键性故障（使外部设备误动作，或造成系统主要功能的故障或系统作业的故障等）；计算机监控系统与调度系统的远程通信的信息出错控制应与通信规约一致；电厂控制级和现地控制级装置的通信包括控制信息时，应该对响应有效信息或没有响应有效信息有明确肯定的指示。当通信尝试失败时，发送站应能自动重新发出该信息，直到超过重发计数（一般为 2～3 次）为止。当个别通道超过重发极限时，应发出适宜的警报；为证实通道正常，应该定期地通过测试信息检查或通过正常使用进行校核；计算机监控系统内部通信的信息错误码检测能力及编码效率应有较高的指标。

应有下列保证硬件、软件和固件安全的措施：应有电源故障保护和自动重新启动；能预置初始状态和重新预置；有自检查能力，检出故障时能自动报警；设备故障自动切除或切换并能报警；系统中任何地方单个元件的故障不应造成生产设备误动作；硬、软件中相关的标号（如地址）必须统一；CPU 负载应留有适当的裕度，在重载情况下其最大负载率不宜超过 70%；在正常情况下，控制网络负载率不宜超过 50%；磁盘的使用时间应尽可能低，正常情况下，在任一个 5min 周期内，其平均使用率应低于 50%；系统设计或系统性能应考虑到重载和紧急临界情况。

5. 可扩充性

水电厂的设备配置与不同的自然条件有很大的关系。由于自然条件不同，设备的配置就有很大的差别，这要求控制系统的设计要能适应这种较大的差别。也就是说，设计只作部分的修改就能适用于不同的电厂。再者，电厂要实现的控制功能和控制系统的规模也可能随时间而变化。起初一般要求实现的控制功能不多，后来要求增加，就要求控制系统能适应这种扩充的要求。有的电厂运行一段时间后，要求扩充容量，增加机组，也就要求控制系统能方便地加以扩充。为实现这种可适应性（可扩性），模件化和采用总线结构都是有效的措施。不仅硬件可以模块化，软件也可以模块化。每个模件具有简单的功能，复杂的功能可以依靠若干个模件的组合来完成。实现模件化后，可进行批量生产，制造质量可提高，从而使可靠性得到提高。软件模件化可以大大减少开发软件所需的工时。采用总线制，便于系统的扩展，当需要增加模件时，只需在总线上插入必要的插件即可，不必重新接线，接口可大大简化。

为了便于扩展，系统设计时要留有一定的裕度，电厂控制级计算机的存储容量应有40%以上的裕度，通道的利用率宜小于50%，接口应有一定的空位。

另外，主控级计算机 CPU 和现地控制单元 CPU 的负载率，在正常情况下应小于40%，重载情况下不超过50%。

6. 可变性

对电厂控制级和现地控制级装置中点设备的参数或结构配置应容易实现改变。对点的可变性要求：点说明的改变；模拟点工程单位标度改变；模拟点限值改变；模拟点限制值死区改变；控制点时间参数改变。

7. 简单性和经济性

在能完成要实现功能的前提下，系统应力求简单。系统越简单，可靠性越高，价格也越便宜。一个控制系统要有生命力，一定要在经济上是合理的，没有必要追求最先进、最复杂的计算机和其他控制设备。

8. 使用寿命

监控系统的使用寿命可以有两种不同的含义：一种是物理上的使用寿命，即不能再继续使用了，这种使用寿命比较长；另一种是道义上（Moral）的使用寿命，此时，系统运行一段时间后，虽然还能继续使用，但性能已经下降，或者已经不适合新的要求，也就是技术上比较陈旧，再使用下去已经不合算了。也有一种可能，运行若干年后，由于技术上落后，制造单位不再生产这方面的备件，而原有备件用完了，控制系统也就不再能运行了，不得不更换新的系统。美国的大古力水电厂就遇到这种情况，20 世纪 70 年代研制的监控系统采用的是几十台小型计算机，后来这种计算机不再生产了，原有备件也用完了，不得不在 20 世纪 80 年代更新采用新的计算机监控系统。这种道义上的使用寿命比物理上的使用寿命短。

设计计算机监控系统时，必须考虑到所采用的系统不会很快被淘汰，也就是要有一定的使用寿命，也就是说，采用的技术不能太陈旧，要有一定的先进性。

标准中对此没有规定，国外有的采用 15 年，有的更短。

思 考 题

1. 简要说明过程控制计算机的硬件和软件组成及其各部分作用。
2. 计算机监控系统有哪些典型形式？
3. 分散控制系统 DCS 与现场总线控制系统 FCS 有何区别和联系？
4. 水电厂计算机监控系统的一般结构有哪些？
5. 什么是开放式计算机监控系统？它有哪些特点？
6. 分层分布式计算机监控系统有哪些特点？
7. 水电厂计算机监控系统的主要性能指标是什么？

第3章

水电厂分层分布式计算机监控系统

大、中型水电厂往往采用分层分布式计算机监控系统。

分层是指将计算机监控系统按功能分成若干层次。对于常规水电厂，可将其分为现地控制层和主站控制层；而对于梯级水电厂或水电站群，一般将其分为现地控制层、主站控制层和调度控制层。现地控制层的功能是实现现地数据的采集并上送给主站控制层及调度控制层，根据指令或自启动执行顺控流程。监控系统的实时性主要由现地控制层来保证，因此它要具有非常好的实时性和很高的可靠性。主站控制层根据监控系统运行情况，由运行人员对现场设备发出控制命令，也可根据负荷曲线或根据电网频率变化自动进行控制。主站控制层要求具有良好的人机联系手段，完善的功能，较高的运算速度，长期稳定运行的性能，较强的与其他系统连接或通信能力。调度控制层是主站控制层的延伸，在梯级电站或电站群监控系统中才会设立，负责所有管辖电站的经济运行和统一调度。

分布是指将现地控制层根据现场设备分成若干个单元，每个单元建立相对独立的现地控制单元（即LCU）。在水电厂监控系统中，水轮发电机组、开关站、厂用电、公用设备、溢洪闸门、廊道排水等依据控制设备的多少、设备的布置特点及资金情况设一个LCU或若干个LCU。分布式监控系统功能得到分散，各层有各层的功能，根据各层功能要求配置各层设备，使不同层计算机设备的性能得到充分发挥。分布式现地设备的控制彼此独立，有利于其独立运行、方便维护检修。

在分层分布监控系统中，如果某个机组控制单元发生故障，只影响这一台机组，而不影响整个电厂的运行。由于信息进行了分布处理，即各台机组的信息由各台机组控制单元进行处理，就不必敷设许多电缆将信息送到一处集中处理了，可以节省相应的投资。由于以上两方面的原因，整个系统的可靠性也得到显著提高。

由于分层分布式监控系统有以上优点，它已逐渐成为水电厂监控系统的主要类型。这些年来新投运的水电厂监控系统几乎都采用分层分布式的，如三峡水电站、隔河岩水电站、广西龙滩水电站、黄河李家峡水电站和拉西瓦水电站等。中华人民共和国电力行业标准 DL/T 578—2008《水力发电厂计算机监控系统基本技术条件》中规定："监控系统宜采用开放的分层分布式结构，分设负责全厂集中监控任务的电厂控制级及完成机组、开关站和公用设备等监控任务的现地控制级。"

3.1　水　电　厂　分　层　控　制

水电厂计算机监控系统可分为几个不同的层次，如图 3.1 所示。一般由高到低把水电厂分为 4 层：电厂控制层、机组控制层、功能控制层、现场设备驱动层。电厂控制层一般称为厂级计算机系统，机组层以下的各层次统称为现地控制层。

（1）现场设备驱动层。控制设备是现场的各种控制模件或基本控制器，控制对象是现场的机械、电气设备，如各种泵类、阀门、开关等。过去，现场的驱动设备通常为电机、电磁阀或电磁驱动机构，计算机监控系统往往不能直接驱动这些设备，需要通过中间放大机构才能控制这些设备。随着智能驱动装置的发展，以微机为基础的智能控制装置被广泛应用，使驱动层的功能更加强大，与监控系统的连接更加方便。

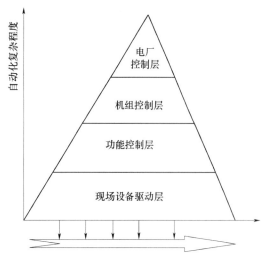

图 3.1　水电厂监控系统的分层

（2）功能控制层。功能控制层是处于机组控制层和现场设备驱动层间的一些自治性自动控制子系统，如机组的调速系统、励磁系统、同期装置等，这类系统或装置可以独立工作，不依赖于监控系统来完成一些特定功能。DL/T 5065—2009 中规定，励磁调节、调速、继电保护、水力机械保护、事故录波等功能一般不由监控系统承担，而由另设的专用装置完成。监控系统仅以简单的信息交换方式与之联系。

（3）机组控制层。这一层用来实现机组的直接控制操作与信息采集处理，包括机组的开停机、工况转换、有功与无功调节、机组运行状态监测以及与厂级间的通信。机组控制层的功能由现地控制单元的 I/O 装置、PLC 或智能控制器和专用的自动化装置来完成。

（4）电厂控制层。水电厂监控系统的最高层。用于整个水电厂的运行管理、协调控制各台机组的发电与工况转换、建立数据库，并向上（电网监控层）传递数据。电厂控制层是整个电厂信息汇集总站、机组操作控制的平台和通信联络的总站。

3.2　水电厂监控系统电厂控制级

3.2.1　电厂控制级的功能

在水电厂计算机监控系统的总体功能任务中，电厂控制级的任务主要是完成对整个电厂设备及计算机系统的集中监视、控制、管理和对外部系统通信等功能。电厂控制级的具体功能可包括下列各项。

1. 数据采集

周期或随机地自动采集下列数据：

（1）通过计算机网络通信自动采集各现地控制单元的电厂设备运行数据。

（2）通过与外部系统通信接收电网调度命令、电厂或枢纽中其他系统送来的数据。

2. 数据处理

对采集的数据进行分析处理并生成数据库，包括下列内容：

（1）对采集的数据进行可用性识别（包括数据合理性及采集通道可用性鉴别），对不可用数据给出标志并进行系统处理。

（2）对采集的模拟量进行越限检查，越限时产生报警报告并记录。

（3）对报警的数字量产生报警报告并记录，包括事件顺序记录。

（4）根据控制或管理要求对采集的数据进行各种计算，包括累加和统计计算、趋势或梯度分析。

（5）进行相关记录或事故追忆记录。

（6）将有关数据生成数据库，如实时数据库和历史数据库。

3. 控制和调节

它包括由计算机系统自动启动的控制和调节，以及由运行人员通过计算机系统进行的集中控制和调节。举例如下：

（1）机组的开/停操作、各种运行工况的转换、有功功率和无功功率的调节。

（2）断路器、隔离开关及电厂公用设备的控制。

（3）电厂自动发电控制（AGC）、自动电压控制（AVC）。

电厂控制级在控制和调节方面的功能还包括操作条件的检查、命令或设定值的发布及下送至现地控制单元、控制或调节过程监视及不正常处理等。

4. 人机接口

向运行人员提供对全场设备及计算机系统进行监控和管理的接口。包括下列内容：

（1）运行状态或参数显示、事故或故障报警记录显示、运行管理的各种记录和报表的显示。

（2）各种记录、记事、报表、操作票等的打印。

（3）事故、故障的音响或语音报警、电话报警或查询。

（4）通过 CRT、鼠标或键盘等输入设备，向计算机系统发布电厂设备的监控命令，对计算机系统进行各种操作，如画面和报表的调用、报警认可、系统结构操作或参数设定、监控状态设置等。

（5）提供编辑、软件开发和操作员培训的接口。

5. 通信功能

通信功能包括下列内容：

（1）电厂控制级和各现地控制单元之间的通信。

（2）与外部系统或远方监视站的通信。

6. 编辑、软件开发、培训和系统管理

它包括画面、报表、数据库的编辑，应用软件的维护或开发，系统结构的维护管理，提供运行培训功能等。

7. 系统自诊断和故障处理

完成对系统设备的自诊断，包括对硬件和软件、在线和离线的自诊断。故障处理包括对故障设备的隔离，对冗余设备的故障自动切换，非冗余设备在故障消失后的自恢复等。

8. 时钟同步

接收同步时钟信号使电厂控制级计算机时钟与标准时钟同步。电厂控制级还可以通过系统网络向各现地控制单元传送时钟同步信号，使现地控制单元时钟同步。

9. 专家系统功能

为提高水电厂监控和管理自动化水平，根据电厂要求，电厂控制级可设置各种专家系统软件，如事故或故障分析和处理指导、故障预测、运行指导、设备维护管理分析和指导等。

水电厂集中监控和管理功能任务中的某些部分，由于技术上或管理上的原因，目前仍未列入水电厂计算机监控系统的监控内容范围，如电厂火灾报警及消防自动控制、工业电视、电量计费等系统，一般仍设计成独立于计算机监控的系统。随着技术的进步和水电厂管理水平的提高，上述某些系统中的集中监控功能，正逐渐融合到水电厂计算机监控系统中。如操作员工作站在采用多媒体技术后，也可以对工业电视系统进行集中监控。其他系统，如火灾报警，目前也有些水电厂采用计算机监控系统进行集中监控。电厂控制级的功能任务，正随着计算机和网络技术的进步在逐渐拓宽。

3.2.2 电厂控制级的结构

电厂控制级的功能主要是通过在电厂控制级网络上设置的功能节点来完成。网络上的各个节点具有独立的通信地址，可以通过网络进行通信，并独立地完成指定的功能，故称之为功能节点。一个功能节点一般由一台计算机及其外设构成。

电厂控制级功能节点的设置，一般可有功能集中式和功能分布式两种结构形式。

在功能集中式的电厂控制级结构中，电厂控制的功能全部集中由连接至网络上的一个或两个以主备方式运行的功能节点来完成。这是目前在中、小型水电厂或自动化程度要求较低的水电厂中常用的结构方式。在这些水电厂中，电厂控制级需要处理的信息量较少，可以由一两台计算机来完成。

在大型水电厂或自动化水平要求较高的水电厂中，计算机监控系统需处理的信息量都相当多，大型水电厂中计算机监控系统的输入信息可多达数千甚至上万个，控制输出点数以千计，电厂管理功能复杂繁多。这些水电厂的电厂控制级功能，难以由集中式的一两台计算机来完成，或由于此时的计算机负担过重、软件复杂而影响系统工作的可靠性和实时性。故对大型水电厂，一般采用多台计算机来承担电厂级的功能任务，即采用功能分布式的电厂控制级结构，如图3.2所示。

上面所述的电厂控制级的各个功能任务，它们对系统工作的实时性、可靠性和可用性等方面的要求是不尽相同的。

电厂控制级采用功能分布结构时，一般是将这些具有不同要求的功能分设于不同的节点中，并根据各节点的功能来确定节点的配置。节点的数量则根据电厂需处理的信息量，

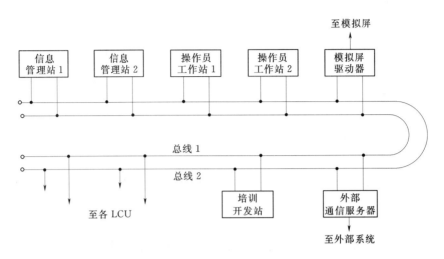

图 3.2　功能分布式电厂控制级结构

对系统可靠性和实时性等性能要求确定，并应使系统有合理的性价比。对那些可靠性、实时性要求较高的功能任务，可采用冗余节点的结构形式。

功能分布式的电厂控制级功能节点的具体配置，一般考虑设置工程师工作站、厂级工作站、操作员工作站、通信工作站、语音处理及打印服务等设备。大、中型监控系统一般还配置 GPS 卫星时钟系统。

1. 工程师工作站

担负电厂控制级功能中的培训、开发功能。与电厂设备监控无直接联系，不存在对电厂设备监控的实时性和可靠性要求，该任务可以单独设置一个功能节点来完成，称为培训开发站。配置一台计算机及相关外设，并配置各种应用软件，如用于监控的各种监控应用软件、各种编辑软件、电厂机组及其辅助设备或其他主设备的仿真软件、培训仿真数据库和人机接口等软件。培训仿真系统一般与承担电厂设备监控的节点没有信息交换，或仅采用电厂实时数据库对仿真系统的数据库进行初始化。开发系统应有在线或离线修改监控系统其他节点的某些应用软件的功能，如画面、报表、数据库或某些控制程序。对某些大型水电厂，也可以根据需要将培训和开发各设一个功能节点，此时由于培训站与设备监控系统可以无任何信息交换，故它可以独立于监控系统而单独设置。

2. 厂级工作站

担负电厂运行管理及某些监控功能，如报表的生成、历史数据的记录、趋势分析、统计或累计分析、AGC 和 AVC 中的电厂控制级功能、专家系统功能、外部通信功能等。这些功能任务的执行需对大量数据进行计算、分析处理和存储，往往需要占用计算机较多的机时和存储单元。这些数据处理或功能的执行所要求的实时性，低于设备实时监控对数据处理的实时性要求，如 AGC 的有功控制执行周期一般为数秒钟或更长，历史数据的计算通常是以数分钟为周期。因此，在功能分布式的电厂控制级结构中，可将这些功能由单独设置的功能节点来完成，一般称为信息管理站（或主机）。它接收各现地控制单元（LCU）及外部系统送来的信息，按监控和管理要求进行数据处理，并与其他节点进行信息交换。信息管理站一般设置有实时数据库、历史数据库、AGC、AVC、对外通信等应用软件及其数据库，以及其他需由信息管理站完成的功能所对应的应用软件。信息管理站可以采用单一节点或冗余节点。冗余节点一般采用主备运行方式，此时仅主节点接收输入信息和输出监控系统所要求的信息，并由主节点负责对备用节点的数据库进行更新，当主节点发生故障时，备用节点自动转为主节点运行。

3. 操作员工作站

担负控制台功能，是电厂操作的平台，是全厂集中监视和控制的中心，是操作员与计算机的接口。在功能分布式电厂控制级结构中，均设置作为电厂发电设备实时监控用的节点，一般称为操作员（值班）工作站。该站完成电厂发电设备的实时监视、操作和调节，包括由运行人员进行的集中监视、发布操作和调节命令，由监控系统自动完成的实时操作和执行闭环调节等功能。该节点的应用软件一般设置有实时数据库、人机接口软件、各种实时监控软件和实时性要求较高的专家软件。操作员工作站接收各现地控制单元（LCU）的电厂设备实时信息，并与其他功能节点交换信息，如从信息管理站取得有关数据。操作员工作站的工作直接关系着电厂安全可靠运行，要求该站具有高的可靠性、可用性和满足监控系统所要求的实时性。故该站一般均采用冗余节点设置方式，两节点配置完全相同，对某一 LCU 而言，冗余的两节点为主备工作方式。两节点均接收各 LCU 的实时信息，但仅 LCU 的主节点可对该 LCU 进行输出，操作员仅能在 LCU 的主节点上对该 LCU 发布控制命令或设定等。某一节点故障时，系统自动将该节点监控的 LCU 转由另一工作节点监控。根据电厂运行方式的需要，冗余的两个操作员工作站节点也可以设计成对所有 LCU 为主、备的工作方式，以简化软件的设置。冗余的两个工作站节点应进行数据同步信息交换，以保证两节点数据的一致性。操作员工作站也可不设实时数据库，实时监控所需的数据，如控制用数据、当前显示的 CRT 画面动态数据，由操作员工作站通过网络通信直接从各现地控制单元的实时数据库中取得。当电厂的 LCU 较多，操作条件或 CRT 画面动态数据涉及全厂或多个 LCU 的数据时，这种设置方式将影响某些监控的实时性。

4. 通信工作站

担负电厂对外通信的任务，在大范围内可用于与网调、省调、梯调的联系，在小范围内可实现与水情测报系统、闸门控制系统等的信息交换。电厂监控系统的对外通信，目前大多数均由电厂控制级的外部通信功能节点来完成。该节点对外部系统输送的信息，一般取自信息管理站。该功能节点主要完成与外部网络数据交换的接收、发送及通信管理，该节点一般称对外通信服务器。通信服务器一般以单一节点设置，对实行"无人值班"（少人值守）的水电厂，可考虑以冗余节点设置，冗余节点可以采用主备或同时工作方式。外部通信也可以采用从信息管理站的串行口引出的结构方式，当信息管理站采用冗余结构时，外部通信可经接至两站的切换装置与外部系统通信，并使通信数据取自主节点。对于有大量信息交换的外部系统，可以采用直接接至电厂控制级总线的路由器通信方式。

5. 远程监控站

担负电厂外对电厂的监控任务，如厂长、总工监视站、在家值班监控站等，根据监控站的功能要求和装设地点的远近，可作为电厂控制级网络上的节点或从通信服务器引出。一般而言，若距离较近、远程站监控功能多、信息量大，可将主控级网延伸至远程站，远程站作为网络节点设置，或通过网桥与远程站连接，以避免远程站对电厂控制级的干扰。

对距离较远的远程站，宜通过通信服务器引出。

对采用语音报警、电话查询、电话报警的系统，可单独设置一个节点来完成相应的功能，或与通信服务器共用。

对要求设置模拟屏的水电厂，当模拟屏信息由计算机监控系统提供时，可设模拟屏驱动器节点，所需数据可从电厂控制级有实时数据库的节点中取得。需设大屏幕时，可从操作员工作站引出。打印机等外设一般均接至各工作站，也可以在网络上设打印服务器节点或网络打印机节点。

当电厂控制级与现地控制单元的通信采用经前置机的结构方式时，前置机也作为电厂控制级的节点，并一般地采用冗余结构。两个前置机节点对某一 LCU 而言为主备工作方式，两个节点均可接收输入信息，但仅主机可以向外输出。主机故障时备用机自动升级为主机运行。前置机一般不承担设备监控的数据处理功能。

以上是水电厂控制级功能节点配置的一般考虑，根据水电厂的情况及自动化的要求，上述某些节点可以合并或改变其某些功能配置，容量越大的水电厂，厂级需要处理的信息量越大，各类工作站的设置就比较齐全，而且还可以采用更多节点，如大型水电厂可考虑设 3 个操作员工作站或使培训开发站兼作备用的第 3 个工作站。小型水电厂则在满足基本功能的基础上尽量简化配置，以节省投资。如有的小型水电站厂级只设一台计算机，兼作操作员站、工程师站和打印服务任务等。

3.2.3　电厂控制级的软、硬件

3.2.3.1　软、硬件的一般考虑

电厂控制级各功能节点、网络硬件和软件的配置，需根据具体电厂对计算机监控系统功能任务要求和对性能指标的要求进行选择，包括计算机和网络设备形式、性能参数、系统和应用软件等的选择配置。由于计算机和网络通信技术发展迅速，硬件和软件产品繁多，对一个具体的水电厂可有诸多配置方案供选择。另外，由于水电厂设备运行的连续性和长期性，要求计算机监控系统有高度的可靠性和良好的可维修性，并可随着技术发展或水电厂对自动化水平要求的提高，进行系统改造或升级。合理的方案应是在满足水电厂对系统功能和性能指标要求的前提下，使用户的系统总成本最低，即系统造价和长期运行维护或更新的费用最低。通常，系统的合理造价采用系统的性能价格比进行评价，在系统性能相当的条件下选取价格较低者，或在价格相当的情况下选取性能较优的系统。另外，在系统设备选择配置时，采用符合开放系统的硬件和软件产品，将可保证系统有较好的性能指标，包括可靠性、可用性、可维护性和可扩充性，并使系统在今后长期的运行中具有较低的运行成本，包括对系统的维护、扩充或更新。

3.2.3.2　开放式监控系统中电厂控制级设备的配置标准

电厂控制级应采用开放式计算机系统。在开放式计算机系统中，系统的各个部分，如计算机系统结构、系统总线、操作系统、用户接口、数据库和网络等，都应是符合与制造商无关的统一的国际标准，使计算机系统之间具有"可移植性"和"可互操作性"。

开放软件基金会（Open Software Foundation，OSF）和由计算机制造厂商组成的 X/OPEN，是制定开放系统标准的较为权威的国际性组织，从 1988 年起已提出了一系列的

开放系统标准。X/OPEN 的目标是根据国际标准和事实上存在的标准去定义一个 X/OPEN 的公共应用环境（CAE），它已提出了可移植性指南 XPG3 版本及最近的 XPG4 版本。OSF 的目标是为开放软件环境制定一套应用环境规范（AES）。

其中，ISO 9945—1 是计算机环境的可移植操作系统界面，是 UNIX 操作系统接口标准。ISO 9945—2 是计算机操作系统环境的 Shell 和实用程序的应用界面，是 UNIX Shell 命令和工具。这两项标准是 ISO 和 IEC（国际电子技术委员会）以 IEEE1003.1 和 IEEE1003.2 为基础，并以 POSIX.1 标准颁布的作为操作系统的国际标准。IEEE1003.1 和 IEEE1003.2 是美国电气和电子工程师协会 IEEE 为制定可移植操作系统以及整个开放系统应用环境标准而成立的 P1003 委员会，于 1988 年为使 UNIX 标准化而制定的标准。

用户接口环境规范中的 X Windows，是 MIT（美国麻省理工学院）与 DEC、IBM 等计算机厂商联合开发推出的面向网络的窗口系统，它具有高性能、高层次、与设备无关的图形操作功能，可运行于本地应用程序又可调用远程资源，目前已成为几乎所有计算机工作站厂商所接受的计算机窗口系统的工业标准，并作为其操作系统的标准配置。OSF/Motif 是 OSF 颁布的建立在 X Windows 基础上的图形用户界面标准，目标是提供具有公共用户界面的用户环境。

网络规范中的 TCP/IP，即传输控制和互联网协议（Transport Control Protocols/Internet Protocol），是用于局域网、广域网和互联网中实现异种机、异种网的单一机制通信的协议。开发于 20 世纪 60 年代，后由美国国防部高级设计研究署（DARPA）发展为 TCP/IP 网际协议。经过几十年发展，现已有丰富的适用于各种计算机的应用软件，供各行业使用，并已被广大制造商及用户认可，市场上其硬件和软件产品十分丰富。TCP/IP 的特点是具有网络技术的独立性，它以传统的报文分组交换技术为基础，却独立于任何厂家硬件；它具有万能互换性，可使入网的任一计算机互联；它提供端对端确认，为作为报源和报宿的两台计算机提供确认功能，实现节点对节点的通信；它提供基本网际服务即无连接报文分组传送服务（IP）和可靠性数据流传输服务（IPC），并提供应用层服务，如电子邮件、文件传输、远程登录等通用标准服务。

OSI（Open Systems Interconnection）是国际标准化组织 ISO 于 1998 年以 ISO7498 文件公布的"信息处理系统－开放系统－基本参数模型"的国际标准（Information Processing System - Open Systems Interconnection - Basic Reference Model），即 OSI 七层参考模型（由低至高分别为物理层、链路层、网络层、传送层、会话层、表示层、应用层）。该标准是用来协调现有的和将来的系统互联标准的开发。它并不规定开发系统互联的业务和协议，只规定了互联系统的层次结构及每层的功能。在参考模型中，每一层的作用都是为它的更高的层次提供某种服务，而这些更高层次不必过问这些服务在其较低层次中如何实际执行。七层参考模型最低层的物理层的任务是提供传递信息比特流的物理介质，传送电信号并对数据电路的物理连接进行控制；链路层提供透明的（内容、格式和编码无限制）、可靠的数据传送的基本服务；网络层功能是在接点间传送数据分组；传送层是实现网络中点对点的可靠信息传递；会话层功能是为实现用户之间的数据交换提供手段；表示层向应用层提供如何使用信息的表示方法；应用层的任务是支持终端用户的应用进程（程序）。OSI 七层参考模型的各层均制定有相应的协议，这些协议也规定了每层向其更高一

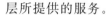

层所提供的服务。

开放系统环境规范中的数据管理规范 SQL，是 ISO 规定的关系型数据库的数据管理语言，1987 年由 ISO 定为国际标准。

开放系统是计算机工业最重要的发展趋势，各个计算机和网络设备公司产品都在向开放系统发展，不同厂商的产品已逐渐地有较好的互换性和可移植性，尽管距开放系统的互换性和可移植性仍有差距，但随着开放系统标准的进一步统一和完善，以及计算机和网络产品的进步，计算机系统也将具有更好的开放性。

3.2.3.3　电厂控制级计算机参数的选择和配置

电厂控制级各功能节点的计算机，目前一般可选工作站、服务器、小型机或工业控制微机等。这里叙述对这类计算机性能参数的一般描述方法和评价，以及选择配置时的一般考虑。

1. 计算机的性能评价

为取得性价比合理的计算机，需要对计算机的性能做出正确的评价。计算机性能除了可靠性、可用性、可维修性及开放性等性能外，在实际选用时用户特别关心的是计算机处理问题的能力或速度。下面主要叙述对计算机处理能力的评价方法。

计算机的 CPU 时钟频率在一定程度上反映了机器的速度，一般而言主频越高速度越快。但相同频率、不同体系结构的计算机，其运算速度可能相差很多倍，因此不能仅以 CPU 时钟频率来评价计算机性能。

早期的性能评价指标有数据处理速率 PDR（Processing Data Rate）值、等效乘法速率 EMR（Equivalent Multiply Rate）和 CPU 每秒平均执行指令数 MIPS 等，这些指标一般仅是针对 CPU（或包括主存）综合性能的评价，不能反映现代计算机中高速缓冲（Cache）、流水线、交叉存储等硬件结构对性能的影响。目前公认的较好的评价测试方法是基准程序法，它以 MIPS（CPU 每秒平均执行指令数）、PDR 值（数据处理速率）、MFLOPS 值（理论峰值浮点速度）、Kwip 值、Spec 值等多种基准程序对计算机性能进行综合评价。

2. 硬件的选择和配置

电厂控制级各功能节点的计算机硬件，在实际选择时主要是考虑 CPU、主存储器（主存）、辅助存储器、网络接口以及串、并行接口等的配置及其性能参数。

（1）中央处理器（CPU）。

中央处理器是计算机的核心部件，由它执行各种运算和指令，并统一指挥和控制计算机各个部件进行操作，控制程序的执行并完成对数据的处理。CPU 由运算器、控制器、寄存器、总线和时钟等组成。运算器负责完成计算机的算术逻辑运算；控制器负责分析和执行指令，并统一指挥和控制计算机各个部分进行操作；寄存器作为保存运算和控制过程中所需暂时保留的信息；CPU 总线使各部件相互连接；时钟作为整机时序脉冲来协调各部件的工作。

CPU 的性能参数在选择应用中主要考虑的是 CPU 位数（字长）、时钟频率、中断级和高速缓冲存储能力等。

CPU 字长（位数）是以 CPU 的数据总线的根数来描述的，它决定了中央处理器和计算机的其他部件每次交换数据的位数（并行传递数据的位数）。因此，CPU 的字长直接影响计算机的运算速度。一般而言，CPU 数据总线数与 CPU 的寄存器的位数相同。但也有例外，如某些称为 32 位的计算机，仅 CPU 寄存器为 32 位，而数据总线为 16 位，要传送32 位数据需经过两次传送，这类计算机（准 32 位）的运行速度与 16 位机基本相同。电厂控制级各功能节点计算机要求其 CPU 字长应有 32 位或更高。

CPU 时钟频率指 CPU 的时钟脉冲发生器中的晶体振荡器频率（MHz），它是计算机的时序脉冲的最高频率，在一定程度上反映了计算机的速度。对相同体系结构的计算机，CPU 时钟频率（也称主频）越高，计算机速度越快。但对体系结构不同而主频相同的计算机，其速度可能相差很大，故时钟频率不能作为异种机性能评价的参数。

中断是指当发生与计算机工作有关的需立即处理的事件时，立即将计算机 CPU 当前正执行的程序暂停或挂起，转向另一服务程序去处理这一事件，并在处理完毕后再返回源程序。引起中断的事件称为中断源，如电源中断、主机设备故障、非法指令、运算溢出、时钟中断等，这些由计算机内部事件产生的中断，一般称为内部中断，由外部设备如生产过程事件（如发电机事故等）、计算机外围设备（键盘、打印机、辅助存储器等）向 CPU申请的中断，一般称为外部中断。外部中断一般均需由计算机硬件支持（输入接口）。在同时出现几个中断的情况下，CPU 需要按次序对中断源进行响应。为此，需对每个中断源规定其中断优先权，有同样中断优先权的中断源组成一个中断级。CPU 对各中断级中断源响应的优先级次序称为中断分级。将中断源分级，使 CPU 可将各种事件分轻重缓急来处理，以保证系统资源满足最紧急的、实时性要求最高的事件处理的需要，是保证系统对事件响应实时性最有效的方法。对实时性要求高而中断源较多的系统，一般应要求有较多的中断级别，在水电厂计算机监控系统，一般要求硬件中断分级应有 16 级或以上。

高速缓冲存储器（Cache）是设在 CPU 与主存储器之间的存储速度高但容量较小的高速存储器，用以解决高速运算的 CPU 与读写速度较慢的主存储器之间的不匹配的矛盾，以提高计算机的速度。在 Cache 中存储的内容，是在读写过程中逐步建立的，是主存储器中部分内容的复制。程序在运行过程中 CPU 需要取指令或数据时，首先在 Cache 中查找是否有此内容，若无才从主存中取出并同时送 CPU 与 Cache。由于 Cache 的读写速度很高，基本上可与 CPU 速度相匹配，使 CPU 的高速运算能力得以充分发挥。一般而言，Cache 存储容量大，所存主存的复制内容也多些，更有利于 CPU 运算速度的发挥。Cache 存储器可分为片上与板上两种，它已属 CPU 的一部分。某些 RISC 计算机（精简指令集计算机）为了提高速度，对片上 Cache 采用了两类存储器，即指令 Cache（I - Cache）和数据 Cache（D - Cache）。使取数与取址可同时进行，互不干扰。

（2）主存储器（主存）。

主存储器是用来存放当前正在执行的程序以及被程序所使用的数据（包括运算结果），主存的技术参数主要是存储容量和读写时间。

存储容量是指存储器存放信息的总量，以字节为单位。存储器一般采用半导体存储器，存取周期一般为几十至几百纳秒，并有随机存储器（RAM）和只读存储器（ROM）。随机存储器是构成主存的主要部分，存储器的存储内容可根据需要读出或写入，读出时不改变存储器内容，写入后取代存储器中的原数据，断电后存储器内容消失。程序要运行必须将其送入随机存储器以便 CPU 取指令和数据，并将运行结果送到随机存储器。

只读存储器是一种以特殊设备，写入内容后在计算机运行时只能读出存储内容而不能写入的存储器，其存储内容在断电后不会被破坏。这种存储器在主存中占比例少，它主要用来存放固定的程序和数据，一般由计算机系统程序所占用，用户不能存入程序，如微机中的诊断程序、引导程序等均存在只读存储器中。

由于程序必须送入主存储器中才能运行，因此主存储器容量应能满足计算机各种程序运行所需容量的要求，并有足够的裕度。根据我国电力行业标准 DL/T 578—2008《水电厂计算机监控系统基本技术条件》，计算机内的主存储器应有足够的容量，存储器容量分配中应留有 40% 以上的裕量。

（3）辅助存储器。

辅助存储器用来存放当前不需立即使用的信息（程序或数据），这些信息在需要时再与主存储器成批地交换，故它是主存的后备和补充。辅助存储器的特点是存储容量大、可靠性高、价格低，在脱机情况下可以永久地保存信息。常用的辅助存储器可有磁表面存储器（硬磁盘、软磁盘和磁带存储器）和光存储器两种形式。

电厂控制级各功能节点计算机一般均应配备硬盘磁存储器或可重写光盘存储器，作为存储计算机的系统软件、应用软件和各种数据，以支持系统的实时性。另可配备软盘磁存储器或磁带存储器或光盘存储器，作为计算机系统管理用的输入、输出设备，如软件的装载、复制软件或数据的脱机备份文件，以备在硬盘磁存储器（或可重写光盘存储器）的文件或数据丢失时，用来恢复硬盘（或光盘）中的文件和数据。这些存储器还可以用来取得系统历史数据的脱机备份文件。各功能节点计算机硬盘磁（或光盘）存储器的容量，需满足该节点在存储系统文件、应用软件和电厂运行数据等方面对存储器容量的要求。电厂运行管理均希望在监控系统中存储大量的较长时期的运行数据（包括历史数据），因此，存放这些数据的信息管理工作站应考虑有较大容量的硬盘磁（或光盘）存储器。操作员工作站也应有足以存储监控应用程序、画面、报表等有关软件的硬盘磁（或光盘）存储器。

（4）显示器。

电厂控制级的操作员工作站、培训站、工程师站或作为操作员工作站后备的工作站等，一般均应配备彩色图形显示器作为人机接口设备，以满足电厂实时监控、培训和图形开发要求，其他功能节点的计算机可仅配置字符显示器。根据需要，一个操作员工作站可以配两个图形显示器。双屏运行时，仅其中一个作输入屏，可用光标对系统和电厂设备进行操作；另一个为输出屏，仅作监视用。

（5）输入设备。

电厂控制级各计算机均应配置人机接口的输入设备，常用为键盘、鼠标、跟踪球等。操作员工作站还可以采用专用功能键作为输入设备，用它来发布操作命令，使操作员如同常规控制那样通过计算机对电厂设备进行操作。这种设置方式正逐渐被用光标操作 CRT 上设置的输入键方式所取代。

键盘由一组键开关矩阵组成，通用键盘一般为 101 键（AT101 型）或 102 键，某键按下时，键盘驱动电路发出一串代码，由键盘的控制电路接收并向计算机 CPU 发出中断请求，请求 CPU 读出此代码。通用键盘主要是作为字符和数字的输入设备，也可以定义键盘上某些键作为专用功能键。电厂控制级各计算机均应配备通用键盘，以作为系统管理、维护和软件开发用。

鼠标器是手持式的屏幕光标控制器，常用的有机械式和光电式。操纵屏幕光标移动，并使计算机得到光标坐标信息。鼠标上一般配有 1～3 个按键，由软件定义其功能。

跟踪球与鼠标一样也是屏幕光标控制器，但它是固定于控制台或专用功能键盘上，同时配有由软件定义的按键。

（6）输入/输出接口。

计算机与外部设备的输入、输出接口依各功能节点的功能要求可有不同的配置。除一般均应有显示器、鼠标和键盘的接口外，尚需根据功能节点的结构配置，配备诸如计算机与电厂控制级网络的接口、打印机接口、时钟同步脉冲输入接口、双机切换和外部通信接口、外接辅助存储器接口、调试外接接口等。

输入、输出接口按输入、输出控制卡与外部设备驱动电路之间交换数据方式可分为串行接口和并行接口。并行接口用于高速的输入、输出设备与主机交换信息，如并行打印机、磁存储器等，一般为短距离的传送。串行接口用于远程通信和低速输入、输出的设备，如外部通信的调制/解调器、串行打印机、键盘、鼠标接口等。

硬盘磁存储器的接口标准一般采用 SCSI、SCSI－2、SCSI－3 通用标准，传输速率可达 10Mb/s 以上。这些接口标准还可用于软盘磁存储器、磁带存储器、光盘存储器等。另有 ST506、ESDI 等接口标准，前者用于低档温盘（温彻斯特硬盘，磁头不与盘片接触），传输速率为 5～7Mb/s；ESDI 用于高档温盘、磁带机或光盘存储器等，传输速率可达 10Mb/s。串行通信可有同步和异步通信方式，一般采用 RS－232C 标准接口，传输速率为 150～19200b/s。

计算机的网络接口和显示器接口一般在主机内已配置相应的接口卡（网卡和显示卡），这些卡插入主机总线槽中。显示卡提供专用接口并以专用电缆接至显示器，显示卡应与显示器和显示模式相匹配。网卡应根据网络形式配置，与总线连接的介质有同轴电缆（粗缆或细缆）、光缆或双绞线。

对要求有语音报警或电话查询的水电厂，当采用单独功能节点结构时，可选一台配有语音卡或电话语音卡的工业微机完成此项功能，电话语音卡提供与行政电话和调度电话的接口。

3. 计算机的操作系统

操作系统是计算机系统的一种用于管理计算机资源和控制程序执行的系统软件。系统资源包括硬件资源和信息资源，前者如 CPU、主辅存储器和输入/输出设备，信息资源包括程序和数据。从资源管理观点看，操作系统功能可包括处理器管理、存储器管理、文件管理、设备管理和作业管理等。处理器管理如中断处理、处理器调度等，处理器硬件只能发现中断事件并产生中断，但处理中断仅能由操作系统进行。存储器管理如资源管理，包括调度策略和保护措施等。文件管理支持对文件的存储、检索、修改和保护等。设备管理负责管理各类外围设备，包括分配、启动和故障处理等。作业管理包括作业调度和作业控制，为用户提供使用计算机系统资源进行作业的各种服务，这些作业包括用户编辑、运行程序及使用存储器或打印机等。某些操作系统尚提供网络支持软件。

操作系统按功能可分成单用户操作系统、批处理操作系统、实时操作系统、分时操作系统、网络操作系统、分布式操作系统等。单用户操作系统的计算机在同一时间内只能支持运行一个用户程序，执行一个任务，如 PC - DOS 或 MS - DOS 操作系统。批处理操作系统目前均为多道程序操作系统，批处理操作系统计算机将某一时间要求处理的一批作业按一定的组合和次序去执行，使计算机可执行多重任务。实时操作系统可以实时响应外部随机事件而进行处理活动，并具有完成处理任务的实时性，如 iRMX 操作系统属于实时多任务操作系统。分时操作系统可在短时间内对多个用户进行服务和响应，如小型机上的 UNIX 操作系统。网络操作系统是提供网络通信和网络资源共享功能的操作系统，使用用户可以使用远程计算机资源。分布式操作系统用于管理分布式计算机系统资源。

操作系统对处理器的管理主要是中断处理和处理器调度等。操作系统对中断事件的处理一般是：①保护未被硬件保护的一些必须处理的状态，如将通用寄存器的内容送入主存，以便中断程序使用；②识别各个中断源，即分析产生中断的原因；③处理发生的中断事件，进行各种处理操作；④恢复正常操作，如返回执行源程序。在多道程序操作系统中，一般是使程序分成若干个可同时执行的程序模块，每个程序模块和它执行时所处理的数据称为进程。操作系统对处理器的调度，主要是负责动态地把处理器分配给进程。调度策略可采用优先数法、轮转法和分级调度等。优先数法对每一个进程给出一个优先数，每次选择就绪的进程中优先数最大者占用处理器；轮转法是对每一进程规定一个时间片，各进程轮流地在处理器中按规定的时间片运行；分级调度是将就绪的进程分成多级，相应地建立多个就绪进程队列，分级调度方式是先从高级队列中选取进程，选不到后再从较低级队列中选取。采用轮转法可以使系统对用户有及时的响应。

主存储器的存储空间一般分为两部分：一部分是系统区，存放操作系统以及一些标准子程序、例行程序等；另一部分是用户区，存放用户的程序和数据等。在多道程序操作系统计算机中，主存储器的用户区为多道程序所共用。操作系统的存储器管理是对主存储器用户区空间的分配和去配（回收），实现主存储器的空间共享，对存储进行保护和实现主存储空间的扩充，即虚拟存储器。在多道程序操作系统中，操作系统对主存储器一般采用多连续存储管理，把主存储器空间分成若干个连续区域，使每个作业占用一个或几个连续区，分配方式可有固定分区方式、可变分区方式、对换方式、分页方式和分段方式等。固定分区方式适用于任务较固定的多道程序系统；可变分区是按作业大小来划分分区，在作业需要占用时，仅在主存有足够的空间时才能进入，否则需要等待，它采用动态定位装入作业并有多种分配内存空间的策略；对换方式一般用于分时操作系统，它是在主存储器中设置一个终端用户程序区，并给每个终端用户分配一个固定的输入、输出缓冲区和一个终端缓冲区，前者用来存放相应终端程序所要求的输入/输出数据，后者存放从终端输入的命令或其他信息，当主存中的终端用户程序运行满足规定的时间片后，或它暂时不能运行时，将它换出到辅助存储器上，同时从辅助存储器上将某个等待运行的终端用户程序换进主存的终端用户程序区运行，使计算机对各终端用户有较好的响应；分页方式是将主存分成大小相等的许多区（块），与此对应，编制程序的逻辑地址也分成页，页的大小与块的大小相等，在进行存储分配时，按装入主存的作业页数分配相应的块数，块可以不连续，避免了为得到连续存储空间而进行的移动，并有利于实现多个作业共享程序和数据，提高主存空间的利用率；分段方式存储是将每个程序分成若干段，存储管理为作业按段分配主存空间，每段的主存空间是连续的，各段之间可不连续，这种方式对用户较为方便。

虚拟存储器是将辅助存储器当作主存储器的扩充，构成虚拟存储系统，允许用户使用比主存空间大得多的地址空间来访问主存。在虚拟系统计算机中，程序的指令地址码称为虚拟地址或逻辑地址，程序员按逻辑地址编程，高级语言编译系统按逻辑地址进行翻译。程序运行时，将逻辑地址变换为主存的实存地址或称物理地址，并可以仅将程序的一部分调入主存，其余部分仍暂留辅助存储器中。操作系统对虚拟存储器的管理一般采用分页式、段式或段页式。

操作系统对其他管理内容的管理方式此处不再详述，可参考有关计算机操作系统的书籍资料。

电厂控制级计算机的操作系统，一般应采用实时多任务操作系统或分时操作系统或批处理多道操作系统，操作系统应具有对虚拟存储器进行管理的能力。操作系统可有分时或实时多任务调度或两者兼有，任务调度优先级不应小于 32 级，以保证监控系统对执行多重任务的实时性。操作系统尚应符合开放系统要求，并应提供网络支持、窗口图形支持、汉字支持、高级语言应用和用户程序开发所需的系统支持软件，提供系统软件（包括诊断和故障处理软件）。

计算机操作系统也随着技术的进步在不断发展。目前小型机或工作站的操作系统，一般均同时具有实时和分时调度或批处理多道调度功能，并支持线程调度机制。线程（Threads）是进程的细分，是操作系统可以调度的可并发地执行的最小程序体。进程可以由一个或多个线程组成，在支持线程机制的操作系统中，进程不再是最小调度程序体，而仅仅是系统资源分配的逻辑单位。线程调度机制可更有效地提高处理器的处理能力和对用户有更好的响应。

表 3.1 列出目前电厂常用的计算机操作系统，这些系统已被推荐为符合开放系统环境规范的操作系统。

Digital UNIX 是 DEC 公司为其 ALPHA 工作站配置的操作系统。操作系统兼具有分时和实时多任务调度功能，40 级分时优先级和 64 级实时优先级，具有虚拟存储器管理功能。操作系统支持线程调度机制；提供文件管理，网络支持包括对 TCP/IP 的支持；提供多种系统管理功能，包括系统文件、磁盘映象等；提供一组运行库函数及一组命令和实用程序，包括编程接口和命令。操作系统支持多种文字，其安全机制符合美国国防部可靠计算机系统评估准则 C2 级（可控安全保护）或 B1 级（标记安全保护）要求。

表 3.1   **常用的计算机及其操作系统**

计算机	SUN 工作站	DEC ALPHA 工作站	HP 工作站	工业控制微机
操作系统	SOLARIS (SUN UNIX)	Digital UNIX	HP - UX (HP UNIX)	SCO UNIX Windows NT iRMX

3.2.3.4 打印输出设备和同步时钟

1. 打印输出设备

电厂控制级应配置在线打印设备，以完成监控系统的记录功能，满足电厂设备监控、系统管理等的打印输出要求，如事故和故障记录、操作记录、报表和操作票的打印。由于电厂发生事故或故障是随机的，故要求电厂控制级应有若干台打印机在线待用。打印机与电厂控制级的连接方式，可采用与工作站主机连接或采用接在网络上的打印机服务器上。常用的打印机类型一般是点阵针式打印机或激光打印机。

2. 同步时钟

为使计算机系统时钟与标准时间同步，在电厂控制级配置同步时钟。由同步时钟输出的时钟同步信号使电厂控制级计算机和现地控制单元处理机的时钟与标准时间同步。同步时钟脉冲可以仅送至电厂控制级的主机，使主机时钟与标准时间同步，由主机通过计算机网络将同步时钟信号送至电厂控制级其他计算机和各现地控制单元，使整个系统与标准时间同步。同步时钟脉冲也可以在送电厂控制级主机的同时，直接送至各现地控制单元。

同步时钟一般采用卫星同步时钟（GPS）。GPS 是美国的卫星导航全球定位系统，目前已有 24 颗工作卫星在轨运行，空间卫星分布在升交点相距 $120°$ 的 3 条轨道面上，轨道高度 2000km，周期为 12h。这样在地球上任意点、任意时刻均能接收到 GPS 卫星发射的无线电信号，用户利用接收设备，便能获得三维空间信息、时间信息和速度信息等，实现导航定位和标准时间同步。GPS 时钟由 GPS 信号接收器、微机单元和输出接口电路等组成。信号接收器是一个专用模块，用于接收 GPS 信号并进行处理，提供时间秒信号输出和日期。接收器的天线为块式磁天线，应置于户外，一般它能同时接收多个 GPS 卫星信号（如 TF1581 型同步时钟接收器可同时接收 8 颗 GPS 卫星信号）。微机单元主要用来完成各种信息处理，保证信息输出及与其他系统设备进行联机等。输出接口电路负责对各种输出信号进行处理。

GPS 同步时钟可以有两种输出，即由 RS-232C 接口输出的标准时间信息和时间同步脉冲输出。时间信息可有日、时、分、秒、毫秒、钟差、频率差等，并可有多种组合输出。时间同步脉冲可有秒脉冲和分脉冲两种，秒脉冲相对标准时间的误差可达 $±1\mu s$，脉冲信号为直接输出方式，作为计算机的时钟同步信号。同步时间脉冲输出个数可根据用户要求提供，如 TF1581 型 GPS 同步时钟可提供 12 路同步脉冲输出，并可提供 12 路 RS-232C 的标准时间信息接口。

3.3　水电厂监控系统现地控制单元

3.3.1　现地控制单元的特点与功能

1. 现地控制单元的特点

现地控制单元为水电厂计算机监控系统的一个重要组成部分，它构成分层结构中的现地级。现地级一般包括机组现地控制单元、开关站现地控制单元、公用设备现地控制单元等，如果将泄洪闸门的控制纳入电厂计算机监控系统，则现地级还应包括泄洪闸门现地控制单元。现地级一方面与电厂生产过程联系、采集信息，并实现对生产过程的控制，另一方面与电厂级联系，向它传送信息，并接受它下达的命令。因此，可以说，现地控制单元是水电厂计算机监控系统的基础，而机组现地控制单元则更是机组能否安全运行的关键所在。

随着时间的推移，水电厂机组现地控制装置经历了几个不同的发展阶段。最早采用的而且目前有些老水电厂仍然在运行的是用继电器构成的机组自动屏。由于它是有触点装置，动作状态比较直观，在水电厂已经运行多年，因此电厂的运行维护人员对它非常熟悉，一般来说，还是可以完成基本功能要求的。但是由继电器构成的系统具有一系列严重的缺点。首先它能完成的功能比较有限，没有计算和存储的功能；其次是这种装置体积庞大，接线复杂，维护工作量大，可靠性差，与计算机连接需要许多中间接口设备。基于上述缺点，它不宜直接构成计算机监控系统的机组控制级。但是，在采用以计算机为主、常规设备为辅的水电厂控制系统中，当计算机监控系统发生故障时，利用它实现对机组的控制，可以提高机组运行的安全性。正是基于这一原因，目前有些水电厂控制系统仍然保留它作为备用手段。虽然这样的系统较易为电厂运行人员所接受，但就整个机组现地控制装置而言，其接线相当复杂，而且可靠性并不一定能得到提高。

后来，发展成采用固态元件构成的布线逻辑装置来完成机组自动控制功能的机组自动屏。有触点控制变成了无触点控制，可靠性得到了增强，维护工作量却减少了，实现的功能也可以有所增加。但是它还存在一系列严重的缺点，主要如下：

（1）缺少存储功能。电厂级向机组级采集信息是周期性进行的，由于这种布线逻辑装置不能随时向电厂级发送信息且又没有存储功能，因此，电厂级只能采集当时的信息，前、后两次数据采集之间的信息就不可能被注意，有些重要的事件可能被忽略。

（2）缺乏计算处理功能。电厂生产过程中大多数信息在两次查询之间没有显著变化，机组往上送的信息中有不少是与原先信息没有什么差别的。结果电厂级在数据库管理上浪费了许多时间用于更新这些"无用"的信息，很不经济，而且增加了通道的负载。通道中传送的信息量增大后，出错的机会也随着增加。

（3）增加电厂级计算机的负担。由于这种布线逻辑装置缺乏处理信息的能力，这些处理进程都移到了电厂级计算机或前置处理机，使它们忙于处理这些繁琐的进程，可能耽误其他更为重要的事件。

（4）布线逻辑装置普遍存在的缺点，如可扩展性差、灵活性差等。

随着计算机技术的高速发展和其性能价格比的不断提高，以及水电厂计算机监控系统技术的日益成熟，对于20世纪80年代末以来新建的大型水电厂，其控制系统中的现地控制装置相继采用了计算机结构，此时才有了现地控制单元这一专有名词。因此，从某种意义上讲，现地控制单元就是采用了计算机结构的现地控制装置。为了减少运行人员，降低他们的劳动强度，实现少人值班或"无人值班"（少人值守），降低电厂的生产成本，提高电厂设备运行的可靠性，一些老的水电厂已经做了或正在做这方面的改造工作。采用现地控制单元具有许多优点，主要如下：

（1）硬件接线的简化及计算机的模块化结构设计，使可靠性及可维护性大大提高。

（2）功能强，具有计算处理和存储功能。

（3）可变性及可扩充性功能增强。功能的修改和扩充可以通过改变程序的方法实现，而不像采用布线逻辑装置那样更换许多硬件，重新设计电路。在编辑和修改程序方面，不论源程序采用的是梯形逻辑图还是其他高级语言，修改起来均十分方便。

（4）由于微处理器特别是 PLC 在恶劣条件下运行的适应能力越来越强，可以直接布置在靠近生产过程设备的附近，这样，便可大大减少控制电缆的数量，节省投资。

（5）可以实现自诊断，及时发现控制系统中的故障，以便采取措施并加以排除，从而提高了系统的可靠性，保证电厂设备的安全运行。

（6）机组的正常开/停具有很大的灵活性，如在执行停机操作时，技术供水系统中的某些水阀可以不关，这样就可以节省下一次开机的时间。

（7）可以根据轴承瓦温或油槽油温的趋势分析，决定是否停机。

（8）在开机时，可根据相关的统计数据，对冗余设备实现自动选择和操作。在机组运行过程中，当冗余设备中正在运行的设备出故障时，能自动切换到备用设备上运行，不需要人工干预。

2. 现地控制单元的功能

水电厂计算机监控系统的现地控制单元一般应具有数据采集、数据处理、控制与调节、通信、时钟同步、自诊断与自恢复、人机接口等功能。

（1）数据采集功能。

1）应能自动（定时和随机）采集各类实时数据，数据类型包括模拟量、数字输入状态量、数字输入脉冲量、数字输入 BCD 码、数字输入事件顺序量（SOE）、外部链路数据。

2）在事故或故障情况下，应能自动采集事故、故障发生时刻的各类数据。

（2）数据处理功能。数据处理应对不同设备和不同数据类型的数据处理能力和方式加以定义。

1）模拟量数据处理，应包括模拟数据的滤波、数据合理性检查、工程单位变换、数据改变（是否大于规定死区）和越限检测、A/D 变换越限检查、RTD 断线和趋势检查等，并根据规定产生报警和报告。

2）状态数据处理，应包括防抖滤波、状态输入变化检测，并根据规定产生报警和报告。

3）SOE 数据处理，应记录各个重要事件的动作顺序、动作发生时间（年、月、日、时、分、秒、毫秒）、事件名称、事件性质，并根据规定产生报警和报告。

4）数据统计，包括主/备设备动作次数累计、主/备设备运行时间累计。

5）事故/故障记录。现地控制单元应具有一定的存储容量，用于存储相关的事故/故障信息。有了这些信息之后，即使在电厂级计算机故障退出运行期间，如果本现地控制单元所辖设备出现事故或故障时，运行人员仍可根据这些信息进行相应的事故/故障分析和处理。

6）通道板故障处理。当某一输入通道或输入板故障时，该通道或输入板应立即禁止扫查；当某一输出通道或输出板故障时，该通道或输出板应立即禁止输出。对于输入通道或输入板故障还应有自恢复功能。上述功能应含有报警和显示处理的相关部分。

（3）控制与调节功能。现地控制单元一般应设置以下两种控制方式。

1）设置现地控制单元级/电厂级控制方式。现地控制单元宜装设一个现地/远方控制切换开关来进行控制方式的设置。当切换开关在现地位置时，现地控制单元仅传送数据给电厂级而不接受电厂级的控制和调整命令；当切换开关在远方位置时，现地人机接口中的控制和调整操作功能应均被禁止。

2）设置运行设备自动/手动控制方式。当切换开关在手动方式时，所有控制和操作只能通过手动执行，自动控制和操作则被禁止；反之，手动控制和操作被禁止，所有控制和操作只能通过计算机执行。

现地控制单元对于接收的控制/调整命令，不论是来自电厂级还是现地人机接口，均应进行控制允许/给定值合理性校核，只有在控制允许/给定值合理性得到确认之后，才发出执行命令（譬如，一个隔离开关的合闸控制允许，要求与其相邻的断路器和接地刀闸必须是打开的，否则，对该隔离开关发布的合闸命令将被自动禁止）。

机组现地控制单元的控制调节功能包括以下4个方面：

1）机组现地控制单元在现地控制或电厂远方控制均应具有以下控制调节功能：

a. 机组顺序控制。包括机组开机顺序控制，机组正常停机顺序控制，机组事故自动顺序停机操作，开机过程中冗余设备（如技术供水、高压油泵等）自动选择，机组运行过程中当冗余设备（如技术供水、高压油泵、主备密封水等）中正在运行的设备出故障时自动切换到备用设备运行（譬如，机组主轴密封水一般采用二路水源，主用水源为清洁水，备用水源为机组技术供水，在机组运行过程中，当主用水源出故障时，机组顺控程序将自动投入备用水源，以保证机组安全运行），当采用气动剪断销并且剪断销剪断时，应能自动关闭气源。

b. 机组转速及有功功率调节。

c. 机组电压及无功功率调节。

d. 对单台被控设备操作。运行人员应能通过电厂级或现地控制单元级的人机接口设备，完成对单台设备的控制。

2）开关站现地控制单元应具备以下控制调节功能：

a. 应能实现对单台设备的操作。

b. 应能实现线路断路器关合（同步）操作。

c. 对需要进行倒闸操作的开关站，应能实现自动顺序倒闸操作。

3）公用设备现地控制单元应具备以下控制调节功能：

a. 应能实现对可操作的单台设备进行操作。

b. 应能实现主、备设备的自动备投操作。

4）大坝泄洪闸门现地控制单元可根据需要选择是否设置。

（4）通信功能。

1）与监控系统电厂级通信，包括下列内容：

a. 随机和周期性地向电厂级传送实时过程数据及有关诊断数据。

b. 接受电厂级下达的控制和调整命令。

2）与本现地控制单元相关的调速、励磁及保护系统进行通信（可选）。

（5）时钟同步功能。各现地控制单元级的时钟同电厂监控系统主站级的时钟应能进行同步控制，供事件顺序记录使用的时钟同步精度应高于所要求的事件分辨率。

（6）自诊断及自恢复功能。现地控制单元配置完备的硬件及软件诊断功能，内容如下：

1）周期性在线诊断。

a. 对现地控制单元级处理器及接口设备进行周期性在线诊断，当诊断出故障时，应自动记录和发出信号；对于冗余设备，应自动切换到备用设备。

b. 在现地控制单元在线及人机对话控制下，对系统中某一外围设备能使用请求在线诊断软件进行测试检查。

2）离线诊断。应能通过离线诊断软件或工具，对现地控制单元设备或设备组件进行查找故障的诊断。

3）掉电保护。

4）自恢复功能。包括软件及硬件的监控定时器（看门狗）功能。

（7）人机接口功能。现地控制单元应配置必要的人机接口功能，以保证调试方便。在电厂级出故障时，电厂运行人员能通过现地控制单元人机接口完成对所属设备的控制和操作，从而达到保证电厂设备的安全及生产的正常运行。必要的人机接口功能是保证现地控制单元能够独立运行的重要条件。

人机接口功能的配置可根据现地控制单元硬件配置的不同而有所区别。一般来说，现地控制单元如果采用了工控机结构，则人机接口功能可考虑配置完善一些；否则，人机接口功能的配置可考虑简化一些，但必须确保现地控制单元调试方便及能够独立运行。

人机接口功能除了要满足实现单项设备控制、闭环控制及顺序控制要求外，还应具有顺序控制等软件的编辑、编译、下载功能，以及现地数据库编辑、下载功能等。

3.3.2　水电厂现地控制单元的结构类型

根据现地控制单元的功能，现地控制单元一般应由数据采集处理装置、信息显示装置、顺序控制装置与过程控制装置组成。数据采集与处理可由 PLC 的开关量输入模块与模拟量输入模块承担，也可由专用的智能数据采集装置来承担；顺序控制可由 PLC 的输出模块或专用智能装置的输出模块担负；过程控制与自动化调节则由自动化装置如励磁调节装置、同期装置等来承担。现地控制单元的数据库及信息显示则要由现地控制单元的计算机来承担。因此，水力机组的现地控制单元应由 PLC 或专用智能 I/O 装置、控制计算机（可省）、自动化装置 3 大类设备构成。

目前，水电厂计算机监控系统的现地控制单元级硬件设备配置，大致可以分为以下几种设备构成的结构类型：

（1）以高性能 PLC 为基础。

（2）以工控机或微处理器为基础（带一般 I/O 或智能 I/O）。

（3）工业微机加 PLC。

下面将主要就上述几种设备构成的机组现地控制单元逐一进行讨论。

1. 以高性能 PLC 为基础

采用高性能 PLC 构成的机组现地控制单元配置情况如图 3.3 所示。

这种机组现地控制单元大致由控制器、智能 I/O 模块以及冗余现场总线、模拟量采集装置等几个部分组成。

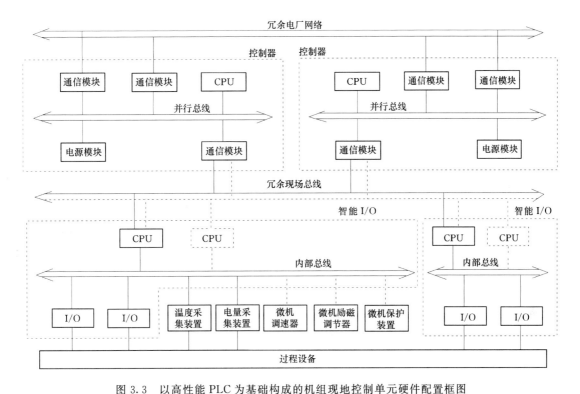

图 3.3　以高性能 PLC 为基础构成的机组现地控制单元硬件配置框图

注　DL/T 578—2008《水电厂计算机监控系统基本技术条件》规定了 PLC 类型的基本性能要求：①扫查率；
　　≤1.8ms/K；②存储器容量：≥32KB；③具有较强功能的指令系统；④具有局域网通信接口；⑤具有与
　　智能电子设备的接口；⑥必要时，应具有现场总线接口；⑦I/O 点的容量应大于实际可能使用容量，
　　且留有足够裕度；⑧当有 SOE 点时，应能实现时钟同步校正，其精度应与事件分辨率配合。

（1）控制器。控制器作为核心部件，负责过程设备的数据采集处理、控制和调整以及与电厂级计算机系统的通信。它大致包括以下几个部分：

1）CPU。CPU 的配置应以能保证监控系统功能要求为原则，对于大、中型机组，一般应采用双 CPU 冗余结构，双 CPU 以热备用方式运行；对于小型机组，则可考虑只配置一个 CPU。

2）存储器。每个控制器的 CPU 均应配置存储器，存储器容量配置以满足现地控制单元功能为原则，容量应尽可能配置大一些，用于应用程序编程的存储容量应不小于 80KB。

3）通信模块。一般每个控制器应配置两个通信模块，用于与计算机监控系统的冗余电厂网络接口，对于采用单总线网络的，则只配置一个通信模块。此外，还需配置与智能 I/O 模件接口的通信模块，通信模块与智能 I/O 模件是否采取冗余连接取决于现场总线是否冗余。对于大型机组，一般应采取冗余，以提高可靠性。

4）电源模块。为了保证可靠性，每个控制器应配置自己的电源模块。

（2）智能 I/O 模块。智能 I/O 模块应配置有自己的 CPU、相应的存储器及与现场总线连接的通信接口和各种 I/O 模板。如智能 I/O 模块采用的是双 CPU 结构，相应的电源也应是冗余的。对于小型机组，可以只采用单 CPU 结构。

1）电气量采集有两种方式。一种方式是通过加电量变送器将有关电气量信号转换成 4～20mA 或 ±5V 或 0～5V 或 0～10V 信号输入给 I/O 板的模拟量输入通道；另一种方式是采用微机电量采集装置，此装置通过数字接口直接连在 I/O 智能模块的内部总线接口上。由于第二种方式省掉了比较容易出故障的变送器这个中间环节，因此，这种方式越来越多地被水电厂计算机监控系统制造厂家采用。

2）温度采集也有两种方式。一种方式是通过加温度变送器将温度信号转换成 4～20mA 或 0～5V 或 0～10V 信号输入给 I/O 板的模拟量输入通道；另一种方式是采用微机温度采集装置（RTD 的信号线可直接连在装置的输入接口上），此装置通过数字接口直接连在 I/O 智能模块的内部总线接口上。由于温度变送器很容易产生漂移，甚至可能由于误测而造成停机，而且采用第二种方式还可以省掉大量的温度变送器和价格相对来说比较昂贵的模拟输入板（因为要监测的机组温度量信号一般比较多），因此这种方式也就越来越多地被广泛采用。第二种方式一般采用的是恒流源原理，当温度发生变化时，恒流源两侧的电压也随之变化，电压值经过工程转换即变成温度测量值。

3）与调速、励磁、保护设备接口。可采用过程 I/O 接口或数字接口两种方式。采用过程 I/O 接口的优点在于比较直观，不需要另外考虑通信程序的问题，其不足之处就是由于受这些设备输出点的限制，而不能获得尽可能多的信息，尤其是这些设备的计算机故障信息。

4）考虑到 SOE 点对于电厂事故分析的重要性，图 3.3 所示的结构中专门配置了一个高速 I/O 智能模块，以提高 SOE 点的分辨率及记录的可靠性。对于将采集 SOE 点的 I/O 智能模块直接连接到现场总线上这种方式，在以前由于某些厂家不能保证 SOE 分辨率，他们专门增加了一条通信链路用于将此模块直接连接到电厂网络上，以保证事故出现时电厂级能可靠地顺序记录下这些点，以满足 SOE 分辨率要求。

2. 以工控机或微处理器为基础（带一般 I/O 或智能 I/O）

以工控机或微处理器为基础构成现地控制单元的结构形式有两种：一种是工控机或微处理器加一般 I/O 加智能 I/O；另一种是工控机或微处理器加一般 I/O。下面就这两种结构形式加以讨论。

（1）工控机或微处理器加一般 I/O 加智能 I/O 的结构。这种结构一般由主控制器、子控制器和现场总线 3 部分构成，如图 3.4 所示。

1）主控制器。一般由 CPU（含存储器）、通信模板、I/O 模板等几个部分组成。

a. CPU。CPU 应至少 32 位，时钟频率不小于 33MHz。对于采用全计算机监控系统的电厂，CPU 应尽可能采用冗余配置，对于采用并非全计算机监控系统的电厂或单机容量较小的电厂，则可以考虑只配置一个 CPU。用于应用程序编程的存储容量一般应不小于 16MB。

b. 通信模块。用于电厂网络接口的通信模块一般应采用冗余配置。用于连接现场总线的通信模块可根据需要采取冗余或非冗余配置。

c. I/O 模板。用于连接过程设备的 I/O 模板，一般根据现地控制单元的 I/O 点数加以配置。

2）子控制器。子控制器可以是远程 I/O、微机调速器、微机励磁调节器、微机保护装

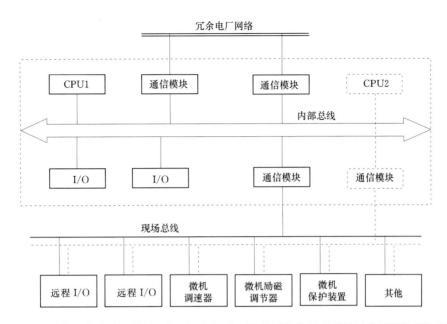

图 3.4 以工控机或微处理器加一般 I/O 加智能 I/O 构成的机组现地控制单元硬件配置框图

注 对工业控制微机类型的技术性能要求：①处理器字长：32 位；②时钟频率：≥33MHz；

③存储器容量：≥16MB；④硬件中断：≥8 级；⑤具有硬件 Watchdog；⑥机内总线标准化；

⑦具有局域网通信接口；⑧具有与智能电子设备的接口；

⑨必要时应具有现场总线接口。

置、微机温度采集装置和微机电量采集装置等，有关这方面的情况在这里不作深入介绍。

3）现场总线。现场总线用于将子控制器和主控制器连接在一起，它可以是双总线，也可以是单总线。为了提高抗干扰能力，现场总线可采用光缆。

（2）工控机或微处理器加一般 I/O 的结构。结构如图 3.5 所示。由于这种结构不提供智能 I/O 接口，因此，所有的 I/O 信号均经过 I/O 接口板直接与 I/O 板连接。所有模拟量信号均通过变送器连接模拟量输入通道，控制输出通过继电器隔离输出。

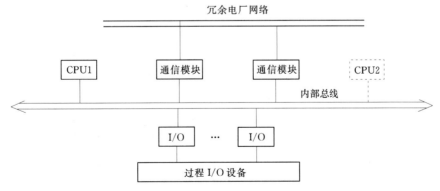

图 3.5 以工控机或微处理器加一般 I/O 为基础构成的

机组现地控制单元硬件配置框图

对于这种现地控制单元结构，国外研制开发水电厂计算机监控系统的过程控制公司采

取了直接上网的方式，而国内研制开发水电厂计算机监控系统的过程控制公司在 20 世纪
90 年代中期以前大都采取了加工业微机上网的方式（主要是由于以前开发的产品大都是
基于工业单板机结构之上，不能直接上网所致）。对于这种结构，为了防止由于工业微机
故障而造成现地级与电厂级通信中断，一般采用了冗余结构。工业微机冗余结构有下面两
种方式。

　　1）每个现地控制单元直接配置两台工业微机。

　　2）采取相邻的两个现地控制单元中的工业微机互为备用方式冗余。

　　工业微机冗余结构连接方式如图 3.6 和图 3.7 所示。

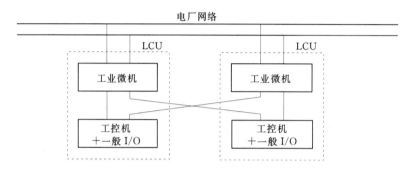

图 3.6　配置一台工业微机的现地控制单元结构示意图

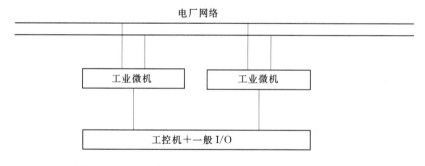

图 3.7　配置两台工业微机的现地控制单元结构示意图

3. 工业微机加 PLC

　　这种结构在外国采用的较少，而在国内采用的较多。这种结构的出现主要有两个原
因：一是当初人们对以微机为基础构成的现地控制单元不太放心，总感觉 PLC 比较可靠
且易于掌握；二是以前生产的 PLC 不能直接上以太网。由于 PLC 模拟量输入模板较贵，
因此，在这种结构中，一般采用微机电量装置采集电气量信号，采用微机温度测量装置采
集温度信号，微机电量装置和微机温度测量装置与工控机之间采用数据通信接口。有关硬
件配置如图 3.8 所示。

　　工业微机一般不配置 I/O 模板，除温度量和电气量以外的所有其他 I/O 信号一般均
通过过程 I/O 与可编程直接接口（与微机调速器、微机励磁调节器、微机保护装置的联
系既可通过过程 I/O 与可编程接口，也可以直接采用数字通信接口与工业微机连接，或
者两种方式都采用，以备用方式运行）。机组顺序控制由 PLC 完成，机组有功、无功调整

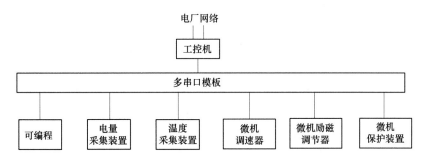

图 3.8 由工控机加 PLC 构成的机组现地控制单元硬件配置框图

功能一般分布在工业微机中（如果 PLC 能够直接采集到机组有功、无功模拟量信号，则调整功能也可直接由可编程完成）。

这种结构相对于只采用 PLC 构成的现地控制单元具有以下优点：

（1）能够采用当今流行的操作系统和高级语言来编程。

（2）现地人机接口界面可以做得较为丰富。

（3）现地数据库功能可以得到加强。

这种结构的不足在于以下方面：

（1）与只采用 PLC 构成的现地控制单元相比，这种结构多了工业微机这一道中间环节，当其故障时，将会导致现地控制单元失去与主站级计算机的联系，系统的可利用率和可靠性也会降低。

（2）由于温度测量装置直接与工业微机通信，因此，可编程无法对有关机组瓦温或油温上升趋势进行分析，这部分工作只能由工业微机来完成。当机组瓦温或油温上升趋势过快需要紧急停机时，只能由工业微机启动可编程的紧急停机程序来执行紧急停机，这样有可能影响停机的速度。

3.3.3 水电厂现地控制单元的硬件配置与组屏方式

水电厂现地单元常以现场的单元机组或设备类型为对象，组成现地单元的监控屏柜。一般有机组现地单元、开关站现地单元、公用设备（如辅助设备）现地单元等。

现地单元除了要接受生产过程中现场的各种数据，对现场设备进行监视和保护外，还要对现场设备进行操作、控制和调节。因此，现地单元要具有数据采集处理功能、顺序控制和一定的过程控制功能。为了实现这些功能，现地单元一般采用以计算机为基础的主控制器加专用自动化装置的方式组成现场单元的控制屏柜。机组的现地单元一般以工业控制计算机（IPC）、PLC 或 PCC 为基础，与微机自动同期装置、微机转速装置、微机温度巡测装置等组成现地单元。另外，各自动化设备制造厂家研制了不少专用的现地单元监控装置，为现地单元的组屏提供了极大方便，也使现地单元的功能更加强大。不同类型的机组、不同容量的机组，对现地单元的要求不同，现地单元的组屏方式与设备配置也不同，常用的组屏方式有以下几种。

1. IPC＋专用智能 I/O 模块＋自动化装置（同期、转速温度巡测等）的组屏方式

这种组屏方式（图 3.9）多用于大、中型机组，一般专用的智能 I/O 模块功能较强，

硬件及软件系列化和规范化。例如，南京南瑞集团公司开发的 SJ 系列机组自动化模块，由 SJ - 100、SJ - 400、SJ - 500、SJ - 600 等系列组成。除了 SJ - 100 用于中小型水电站外，SJ - 400、SJ - 500、SJ - 600 是用于大中型水电站的现地单元控制装置。例如，SJ - 600 现地监控单元系列是国电自动化研究院 20 世纪 90 年代末为在恶劣工业环境下运行而生产的国产智能分布式现地控制单元，由主控模块、智能 I/O 模块、电源模块以及连接各模块与主控模块的现场总线网组成。已在全国数十个大中型水电厂可靠地运行。SJ - 600（图 3.10）具有以下主要特点：

（1）其中的主控模块采用符合 IEEE1996.1 的嵌入式模块标准 PC104，具有可靠性高、现场环境适应性强等特点。

（2）32 位智能 I/O 模块。所有模块采用 32 位嵌入式 CPU，该 CPU 专门为嵌入式控制而设计，软件上采用板级实时操作系统和统一的程序代码，只是按模块的不同而运行相

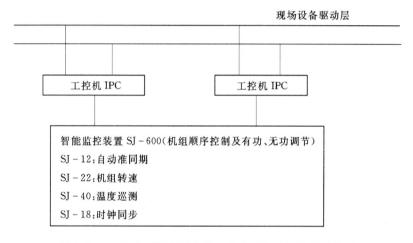

图 3.9　IPC＋专用智能 I/O 模块＋自动化装置的现地单元

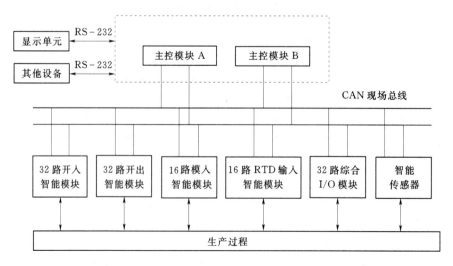

图 3.10　SJ - 600 型单元控制装置

应的任务。采用了大规模可编程逻辑芯片（EPLD）及 Flash 存储器，简化了系统设计，提高了可靠性。智能化的 I/O 模块除了可独立完成数据采集和预处理，还具备很强的自诊断功能，提供了可靠的控制安全性和方便的故障定位能力。

（3）具有现场总线网络的体系结构，系统采用两层网络结构：第一层是厂级控制网，连接 LCU 和厂级计算机，构成分布式计算机监控系统；第二层是 I/O 总线网络，连接主控模块和智能 I/O 模块（现地或远程），构成分布式现地控制子系统。所有 I/O 模块均配备两个现场总线网络接口，这些模块都可以分散布置，形成高可靠性的分布式冗余系统。

（4）LCU 直接连接高速网。网络已成为计算机监控系统中的重要部分，它涉及电站控制策略和运行方式。以前现地控制器多是使用专用网络与上位机系统进行连接，而不是符合开放性标准的网络。如 AC450 采用 MB300 网络与上位机系统连接，而与采用 TCP/IP 协议的系统连接只能通过专用模件以 VIP 的方式进行受限制的数据传输。

（5）提供了直接的 GPS 同步时钟接口，无需编程和设置。GPS 对时可直达模块级，满足了对时钟有特殊要求的场合，如 SOE 等。

（6）提供基于 IEC 61131—3 标准的控制语言，在保留了梯形图、结构文本、指令表等编程语言的基础上，开发了采用"所见即所得"技术设计的可视化流程图编程语言。支持控制流程的在线调试和回放，非常适合复杂的控制流程的生成和维护。

（7）针对水电厂自动化专业应用开发的专用功能模块。

2. 中型机组的现地单元：IPC＋PLC＋自动化装置的现地单元

把一体化工控机与 PLC、微机自动同期装置、温度巡测装置、微机转速信号装置等组合到同一机组单元控制屏，工控机与 PLC 之间使用 RS‐232 或 RS‐422 进行全双工通信，一体化工控机可以建立自己的实时数据库，与自动化装置组成独立的现地监控系统，如图 3.11 所示。现地单元的数据通过工控机处理后，通过以太网传送到厂级计算机系统。由于现地单元具有独立的实时数据库，因此具有完整的监控功能，适用于中型水电机组的现地单元。近年来工业触摸屏的性能不断提高，具备了一体化工控机的功能，且外形美观、操作方便，在中、小型机组的现地单元中被广泛采用。

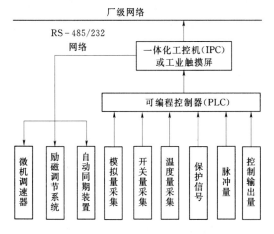

图 3.11　IPC＋PLC＋自动化装置的现地单元

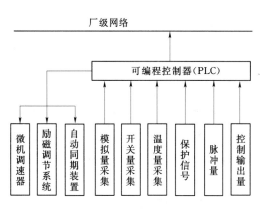

图 3.12　PLC＋自动化装置方式

3. 小型机组的现地单元：PLC＋自动化装置方式

当机组容量较小时，现地单元一般可不设工控机，直接由 PLC＋自动化装置组成现地监控系统，如图 3.12 所示。这种组屏方式的现地单元，现地没有显示设备，需要显示的信息要在厂级计算机的显示屏上显示。此外，现地单元也没有数据库，如果现地单元与厂级计算机之间出现通信故障，则现地单元的监控系统不能正常工作。为了弥补这种不足，在机组自动化控制屏上设简易光字牌与简易操作按钮，显示机组的基本信息，并进行开停机与增减负荷的基本操作。

3.3.4　水电厂现地控制单元的软件

1. 操作系统

现地控制单元根据硬件配置不同而采用不同的操作系统。对于采用工控机或微处理器的一般采用 UNIX、iRMX for Windows、Windows NT 和 MTOS 多任务实时操作系统中的一种。对于只采用 PLC 结构的，则一般不存在操作系统。

2. 数据库

由工控机或微处理器构成的现地控制单元，可配置比较完善的数据库功能，而仅由可编程构成的现地控制单元，则一般仅配置与过程有关的必不可少的实时数据库。

实时数据库与现场设备直接相连，它接受生产过程的数据，实时更新数据库的数据，同时向控制设备、显示设备、网络系统提供数据。目前常用的 DCS 系统称之为以实时数据库为核心的控制系统，可见实时数据库的重要性，如图 3.13 所示。

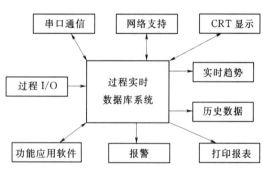

图 3.13　实时数据库

3. 编程语言

由工控机加可编程或微处理器构成的现地控制单元，可用任何一种高级语言、汇编语言编程，目前采用较多的是 C 语言、Fortran 语言或 VB、VC 等可视化语言编程。对于顺控软件，一般采用梯形图语言编程；采用微处理器的则一般采用由过程控制公司专门开发的编程软件包（顺控语言或功能块图形语言）进行编程；直接由 PLC 构成的现地控制单元，可采用由 PLC 厂家或过程控制公司提供的编程软件包进行编程。

4. 组态软件

人机接口设备中的组态软件，应尽可能基于 Motif、X－Window 图形用户界面等商用组态软件基础上。如果对现地控制单元人机接口功能要求不是太高，则可以直接通过高级语言编程，产生简单的人机界面。

5. 通信软件

应尽量采用满足 ISO 标准的 OSI 或 TCP/IP 网络通信协议。应用层通信规约子系统，也可由监控系统生产厂家专门定义。

6. 开发维护工具

现地控制单元应配置完善的开发维护工具，包括以下内容：

（1）应用程序的编辑、编译、链接、下装软件。

（2）数据库的编辑、生成下装软件。

（3）周期性在线诊断软件。

（4）离线诊断软件。

（5）调试软件。

（6）专用的安装拆卸工具。

3.4　水电厂监控系统数据库

3.4.1　数据库概述

数据库 DB（Data Base）是任何监控系统软件中必不可少的组成部分，甚至可以认为，数据库是整个监控系统软件的核心，因为监控系统几乎所有应用软件藉以实现其功能的数据基础就是数据库。抽象地说，数据库就是一组相关数据的集合，水电厂计算机监控系统的数据库实际上就是一组相互关联的具有确切含义的特殊数据的集合，主要包括与被监控对象有关的数据，如监控系统配置数据库、自动发电数据库、画面数据库、设备数据库、测点数据库等。

如果从数据库的存储方式进行考虑，水电厂计算机监控系统使用的数据库可以分为集中式数据库和分布式数据库。集中式数据库常见于以往的分层分布式监控系统中，一般由一个或多个（当采用冗余系统时）主计算机集中存放监控系统的总数据库，而监控系统中的各个子系统通过网络访问数据库，实现信息共享，因此，网络中各个节点的工作情况对系统总数据库和网络的依赖性相当大，一旦主计算机或网络出现故障，整个系统的功能都会受到影响。分布式数据库系统 DDS（Distributed Database System）是一种新的结构模式，也是开放分层式全分布监控系统的重要特征之一，在这种模式下，数据存放在网络的不同节点上，但在逻辑上仍然是一个整体，而网络上分布的各个节点都具有一定的功能，而且都拥有与本节点的功能相关的数据库，厂级主计算机也只是网络上的一个节点，其拥有的数据库不再是全系统唯一的总数据库，而是单独为全厂统计、AVC、AGC 等有效的高级功能而设立。分布式数据库与集中式数据库相比，其最大的优势就是网络上各个节点可以依靠自己的数据库完成一定的功能，也可以实现所需信息的相互交换，而不必只依赖于厂级主计算机的数据库，这样就大大提高了信息传送和处理的效率和可靠性。毫无疑问，分布式数据库及其所代表的开放分层式全分布监控系统是今后发展的趋势之一。

如果从数据库的实时性方面进行考虑，水电厂计算机监控系统使用的数据库大致可以分为 3 类：一类是实时数据库，包括主控层实时数据库和现地控制单元层实时数据库，它对实时性的要求最高，其实时性是整个监控系统实时性好坏的基础；另一类是历史数据库，只存在于主控层中，且对实时性的要求稍差；最后一类是与实时性几乎无关的数据库，如测点测量值的上下限值，基本上不需要发生改动，这类数据库可以认为是常数数据库。

下面对实时数据库和历史数据库进行较详细地介绍。

3.4.1.1　实时数据库

实时数据库是整个计算机监控系统中最重要和最基本的组成部分，它对实时性有明确的要求，是一种具有实时特性、能支持实时监控系统的数据库，其最大的特征就是满足监控系统对于时间方面的要求和限制条件，以尽可能提高实时监控系统的响应能力。为了获得更快的响应速度，满足实时应用的要求，可以选择内存而不是磁盘作为实时数据库的存储介质，即实时数据常驻内存，将实时数据库建立于内存中。

由上可知，在实时数据库设计中，除了要符合一些基本要求，如数据的完整性、可维护性、可扩展性等以外，还应满足一些特殊的要求，如实时性要好，响应时间要符合要求，数据库的结构和配置应满足快速数据交换的要求和便于事后故障处理等。

由于商用数据库的实时响应速度不够理想，因此计算机监控系统的实时数据库一般不采用商用数据库，而是由监控系统软件的设计者自行开发，如国电公司电力自动化研究院自控所（南瑞自控）开发的 NARI Access Plus（NC2000）计算机监控系统软件使用的 NARI Access 数据库。

对于具体的水电厂计算机监控系统而言，实时响应的要求可达到 ms 量级，而其实时数据库包含的数据记录类型主要有数字量输入/输出、模拟量输入/输出、脉冲量输入、事件顺序记录输入、计算点、模拟/数字测点的通道信息、采样周期控制信息等几种。

3.4.1.2　历史数据库

与实时数据库不同，历史数据库对于实时性的要求不高，因此常采用成熟可靠的商用数据库，如 Microsoft SQL Server 数据库以及 Oracle 数据库这些高性能关系型数据库。相应地，历史数据库一般建立于主控级计算机的硬磁盘或磁带中，而很少建立于内存中。

历史数据库存储的数据主要是一些需要长期保存的有统计和分析价值的数据，如机组开停机次数统计、机组运行/停止时间统计、测量值越限次数/时间统计以及其他生产管理所需的各种类型报表和趋势显示数据等。它的数据来源于实时数据库，按照采样间隔和功能的不同分为以下几种类型。

（1）短时点。一般用于调节控制中，在对未来数据进行跟踪时，用户往往想知道该点以前的变化情况。短时点具有采样间隔短的特点，因此数据量比较大，此种数据的计算间隔一般为 10s、15s 或 20s。

（2）中时点。保存了一段时间的历史数据，采样间隔长于短时点，一般为 1min。

（3）长时点。保存了较长一段时间的历史数据，一般用于历史趋势显示、打印班报、旬报、月报等情况，它的采样间隔一般为 5min、30min 或 1h。

图 3.14 描述了典型的基于 SQL Server 商用数据库的历史数据库的软件构成情况以及基本的功能，可以很明显地看出，历史数据库无论是用于了解水电厂以往的运行情况、考察生产经营的状况，还是用于分析事故和故障的起因，研究改进和改造的方法，都是非常必要的。因此在当前计算机监控系统的设计或改造中，基本上都设置了历史数据库，或者整合在监控系统内部，或者单独设立一个历史数据站，可见其重要性所在。

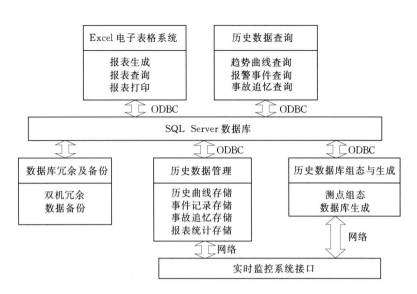

图 3.14 历史数据库的软件构成示意图

3.4.2 数据库系统概述

数据库本身实际上只是一些存放着各种数据的表格，只有对这些数据进行有效地管理，才能发挥它们应有的作用，而用于对数据库及系统资源进行统一管理和控制的软件称为数据库管理系统。数据库本身及其管理系统结合起来就组成了数据库系统，它是由能够实现有组织地、动态地存储大量相关数据，为多种应用提供数据服务，并提供多用户访问途径的计算机软、硬件资源所组成的系统。

数据库系统是在计算机文件管理系统的基础上发展起来的，数据组织模型亦即数据模型是数据库技术的核心问题，为了更好地实现以记录或数据项为单位的数据共享，数据库系统先后经历了以网状和层次型数据模型为基础的第一代层次型数据库系统，以关系型数据模型为基础的第二代关系型数据库系统和新一代的以面向对象的数据模型为基础的面向对象的数据库系统。

在体系结构上，数据库系统基本上都具有 3 级模式结构，即用户模式、逻辑模式和存储模式。其中用户模式又称为外模式，是数据库的使用者直接看到的数据库系统的界面，对应于用户级；存储模式又称为内模式，是数据库系统内部对数据的物理结构和存储方式的描述，对应于概念级；逻辑模式在层次上居于前两者之间，是数据库中所有数据的逻辑结构的描述，对应于物理级。这 3 级模式通过两层映象定义相互之间的对应关系，即用户/逻辑模式映象和逻辑/存储模式映象，正是两层映象功能保证了数据在数据库系统内部具有较高的独立性，在数据库系统外部具有较高的灵活性。

3.4.2.1 数据库管理系统

数据库管理系统 DBMS（Data Base Manage System）是数据库系统软件的核心，它在层次上介于操作系统和应用程序之间，将数据库中结构化的数据与操作系统和应用程序建立起联系，有效地实现数据库 3 级模式之间的转换，其实现的功能主要如下：

（1）数据库的定义，包括数据库结构的定义、存储结构的定义等。

（2）数据库的管理，主要是实现对数据库数据的基本操作，除了完成用户对数据库数据的访问和检索以及协调系统的运行外，还要保持数据库数据的安全性和合理性，以及数据库的完整性，防止数据遭到非法访问和修改。

（3）数据库的维护，包括数据库的生成和改造，以及故障后数据库的重组和恢复。

（4）数据库的通信，主要处理数据的流通、远程数据库接入和操作等。

3.4.2.2　数据库系统的特点

数据库系统需要可靠和有效地管理大量的关联数据，与文件管理系统相比，它具有以下特点：

（1）数据库的结构化。数据库系统在设计中必须为所有应用程序中要使用的所有数据设计一个合理的逻辑结构，既要考虑数据项之间的联系，也要考虑相关应用程序之间的联系，以方便数据库管理系统有效地存取各种数据，并供各种应用程序使用，达到整体应用效果的最优化。

（2）数据的冗余度小。数据库的整体结构化设计可以有效地降低数据的冗余度，不但减少了数据之间出现不相容和不一致的可能性，又节省了存储空间，缩短了存取时间，而且方便修改和扩充。

（3）较高的数据和应用程序之间的独立性。数据的定义、描述及存取管理统一由数据库管理系统完成，应用程序的编制只要按照标准的接口命令即可实现所需数据的调用，而不必考虑具体的存取细节，因此方便了应用程序的编制。

（4）统一的数据控制。数据库是典型的多用户共享信息资源，共享特性意味着数据库系统必须提供安全性（Security）控制，防止不合法的使用对数据库造成的破坏，同时还要提供并发（Concurrercy）控制，使数据库系统能够正确地处理和协调多用户同时存取，修改数据库的操作要求。最后，数据完整性（Integrity）控制也是必不可少的，它能够保证数据的正确性、有效性和相容性。

数据库系统是计算机科学领域的一个重要分支，内容非常广泛，这里仅就与水电厂监控系统相关的部分作简单的介绍，需深入了解的读者请自行参考有关专业书籍。

3.5　不同规模水电厂厂级计算机系统的配置实例

3.5.1　特大型水电厂的计算机监控系统

三峡工程是具有防洪、发电、航运等综合效益多目标开发的大型水利枢纽工程，其大坝位于宜昌市三斗坪镇，距下游葛洲坝枢纽约 40km。三峡电站由坝后式电站和地下电站组成，其中坝后式电站分为左岸、右岸两个，各装机 14 台和 12 台，单机容量 700MW，地下电站位于右岸电站右侧的山体内，距右岸电站厂房最近点距离约 100 m，装机 6 台，单机容量与坝后式电站相同。右岸 500 kV 母线设分段断路器，将右岸电站分为右一、右二两厂，正常情况下，两厂各自独立运行。右岸开关站与左岸开关站之间无电气联系。控制室设在右岸，并考虑可由左岸控制室统一控制。

三峡电站单机容量大，机组台数多，在全国跨大区联网的电力系统中处于核心地位，重要性十分突出，右岸电站是三峡电站的重要组成部分，要求控制系统不仅有非常高的可靠性，确保电站的安全可靠运行，并应考虑工程实施时间跨度大，不同的设备制造厂家及进度，现场机组投产施工期的灵活性，良好的可扩充性和可维护性，考虑电站建设期向稳定运行期平稳过渡。

三峡右岸电站举世瞩目，计算机监控系统是核心关键设备，首先在总体设计上应确保系统的可靠性和安全性，其次再追求先进性和经济性。

3.5.1.1 系统总体结构

三峡右岸电站计算机监控系统主要设备包括：2 套数据服务器，1 套共享磁盘阵列及外围设备，5 套三屏操作员站，4 套数据采集服务器，1 套培训站，2 套应用程序站，2 套调度网关，1 套生产信息查询服务器及数据服务器，1 套设备状态监测趋势分析服务器，3 台移动工作站，1 套工程师站，2 套厂内通信站，1 套语音报警站，1 套外设服务器及外设，2 套监测终端，1 套 GPS 时钟，1 套模拟屏驱动装置，2 套控制网网络设备，2 套信息网网络设备，1 套生产信息查询系统网络设备，12 套机组 LCU，2 套开关站 LCU，2 套厂用电 LCU，1 套辅助设备 LCU 及 1 套大屏幕系统。

1. 分层

根据三峡右岸电站的实际情况和分层分布的基本原则，右岸电站监控系统的上述设备，采用三网四层的全冗余分层分布开放系统总体结构，如图 3.15 所示。

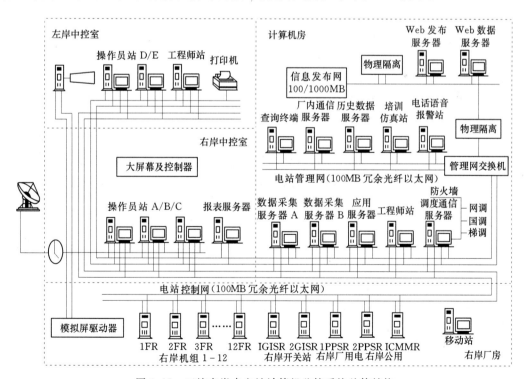

图 3.15　三峡右岸水电站计算机监控系统总体结构

三网即厂站控制网、厂站管理网和信息发布网 3 个网络。采用网络分层结构，使不同

性质的信息分类在不同的网络通道上传输，避免相互之间的干扰，确保系统控制的实时性、安全性和可靠性。

厂站控制网主要连接现地控制层和厂站控制层有关设备，选用赫斯曼 MACH3002 千兆级主干工业以太网交换机。与现场实时监控有关的信息主要由厂站控制网传输，如 LCU 上行信息和控制命令等。主交换机端口到各 LCU 的交换机通过光纤直接连接，各 LCU 呈星形分布。星形网具有网络速度快、现场光纤敷设施工简单等优点，双重冗余的光纤网络具有很高的可靠性，可以满足特大型水电站对自动化系统实时性、可靠性及可维护性的要求。

厂站管理网由双冗余热备交换机构成，选用 Cisco * Catalyst～4503 主干网络交换机，主要连接厂站控制层和厂站管理层有关设备，与生产管理特别是历史数据管理有关的信息主要由厂站管理网传输，如后台数据处理信息、历史数据备份操作、报表打印数据等，采用光纤或双绞线星形连接。

信息发布网主要连接信息发布层有关设备，采用 CISCO 3550 100M 网络交换机，信息发布层通过网络安全设备与厂站管理层网络连接。

另外对于 LCU 内部，则根据具体需要和选择的设备情况，灵活采用现场总线技术，如 Profibus - DP、S908、MB＋、RS485 等。

4 层即现地控制层、厂站控制层、厂站管理层和信息发布层。4 个层次的功能各有侧重，相互协调配合，完成电站计算机监控系统的全部功能。

现地控制层由各有关设备的现地控制单元构成，完成指定设备的现地监控任务。主要由施耐德 Unity Quantum PLC、工控机及 Proface 触摸屏、ABB SYNCHROTACT 5 系列同期装置、Bitronics 交流采样、变送器等构成。工控机既可作为现地监视窗口，又可作为现地操作控制台。Unity Quantum PLC 的两个 32 位 586 CPU 互为热备用，可无扰动自动实现主备切换，I/O 支持带电插拔，智能化 SOE 模块分辨率为 1ms，MB＋总线的通信能力也比较强，全部温度量由 PLC 的 RTD 模块采集，I/O 端子采用 Cable Fast 快速布线系统。

厂站控制层完成全厂设备的实时信息采集处理、监视与控制任务，由数据采集服务器、操作员站、应用服务器、厂内通信服务器及调度网关服务器等构成。硬件选用 Sun Fire 440 服务器或 Sun Blade 250 工作站，安装有冗余分布的 H9000/RTDB 实时数据库系统，确保系统实时性。

厂站管理层完成全厂设备运行信息管理和整理任务，由历史数据服务器、培训仿真站、语音报警服务器及报表打印服务器等构成。硬件选用 Sun Fire 490 服务器及共享磁盘阵列或 Sun Blade 250 工作站，安装由 Oracle 关系数据库系统构成的 H9000/HistA 历史数据管理系统。厂站信息层完成有关信息的发布与查询工作，由设备状态监测趋势分析服务器、Web 浏览服务器、浏览数据服务器及浏览终端等设备构成，采用 B/S 结构的 H9000/WOX 信息浏览与发布系统软件。

2. 分布

整个监控系统的功能分布在不同层次的不同设备之中，各设备的协调配合，完成全厂监控功能。具体功能分布情况如下：

（1）现地控制层各 LCU 按被控对象单元分布，如机组现地控制单元、开关站控制单元、厂用电控制单元及公用系统控制单元等，各控制单元完成其被控设备的数据采集、监视及控制功能。

（2）主站的监控功能分布在电站控制层及电站管理层各设备中。如数据采集服务器主要完成数据采集与处理任务，数据管理服务器完成实时数据库的管理，操作员站主要完成系统监控的人机联系功能，历史数据管理服务器完成历史数据管理任务等。

（3）由于三峡右岸机组多，数据采集与处理任务特别繁重，因此根据三峡右岸实际情况，右岸监控系统设 2 套数据采集服务器，即右一、右二数据采集服务器。今后还将根据需要，设其他数据采集服务器。

（4）全厂实时数据库分布在计算机节点中，各现地单元数据库分布在各个 LCU 中，系统各功能分布在系统的各个节点上，每个节点执行指定的任务。

（5）网络设备分为电站控制网、电站管理网和信息发布网，也是为了均衡网络负荷，确保控制的实时性和可靠性。

（6）通过功能的合理分布，确保系统各节点的负荷率满足设计要求，同时任何局部设备的故障，不影响系统其余部分功能的正常发挥。

（7）采用分层分布式时钟系统，每台 LCU 配置一台二级时钟，由主 GPS 时钟实现对二级时钟的对时。

3. 冗余措施

为了确保监控系统安全可靠运行，监控系统各环节采用各种有效的冗余措施，提高系统的可靠性。主要冗余措施包括以下几种：

（1）主站各节点设备采用双机热备冗余配置。如数据采集服务器（包括右一、右二）、数据管理服务器、操作员站、历史数据管理服务器、高级应用服务器、厂内通信服务器、调度通信服务器及 GPS 时钟等。冗余配置的双机系统同时运行相同的任务，备机一般不输出任何数据，互相检测，相互备用，当检测发现主机故障时，根据具体情况，备机可自动升为主机运行。

（2）电站控制网及电站管理网均采用双网冗余结构，两个网同时工作，相互备用。

（3）现地控制单元的各环节也均考虑采用冗余措施，如双 CPU、双现场总线、双电源、双采样电源。重要的 I/O 信号也采用冗余措施。同期装置采用自动准同期，同时手动准同期备用。

（4）主站电源采用双机热备配置，无扰动切换。

（5）右岸开关站 2 套 LCU 之间通过现场总线互联，实现信息共享及交换。

（6）为确保 LCU 可靠运行，采用 POWER ONE 公司生产的 CONVERT 作为控制器、I/O 的工作电源，可采用 AC 220V 或 DC 220V。当 I/O 与控制器距离较远时，在各 I/O 处均独立设置 CONVERT 电源。PLC 均采用双电源模块供电。

3.5.1.2 系统特点

系统总体设计考虑的重点是系统的可靠性和实时性，按以"计算机监控为主、简化常规设备控制为辅"的设计原则，为实现"无人值班"（少人值守）创造条件。系统在硬件方案的选择方面，充分考虑了目前水电站计算机监控技术的发展现状，注意避免国内目前大型水电站监控系统运行以来发现的不足之处，并采取有效的解决措施。该系统总体结构方面有下列特点：

（1）系统总体设计一次到位，根据现场进度分期施工的办法。与后续工程之间有明显的分界面。

（2）高可靠性冗余设计。除 PLC 的 I/O 模块外，监控系统全部重要设备基本上均采用了冗余技术，如数据服务器、操作员站、网络设备、各类电源、PLC 的 CPU、电源、总线等，确保系统高可靠性。

系统中全部冗余设备的检测及切换由软件自动或手动完成，不设硬件切换装置，减少系统新的硬件故障点，进一步提高了系统总体的可靠性。

（3）先进可靠的网络系统设计。系统网络采用电站控制网与信息网分离的模式，重要控制设备与控制网连接，管理辅助设备与信息网连接，避免了管理信息对控制网络的影响，确保系统控制功能的实时性、安全性和可靠性。

电站控制网主干网采用双冗余 1000MB 环光纤以太网结构，避免了单纯的环形以太网设备节点多、传输时延长的缺点，使系统网络具有很好的可靠性和实时性。

主要设备直接接入控制主干网，如全部计算机工作站及 LCU 的 PLC，速率 100Mb/s，可获得高速通信能力和资源共享能力。

（4）分层分布的系统结构，系统功能分布，某个设备故障只影响系统的局部功能。主控级发生故障，各 LCU 可独立运行，不会因主控级发生故障或其他 LCU 的故障而影响本 LCU 的监控功能。

（5）系统负荷的合理分布。系统的功能在主站与 LCU 之间、主站各节点之间、LCU 的各模块之间合理分配，通信负荷在不同网络、不同节点之间合理分布。

（6）系统采用模块化、结构化的设计，留有硬件及功能软件的扩充接口和容量。

（7）监控系统具有对外通信能力和接口，安全措施符合国网公司及经贸委有关自动化系统最新安全规范。

（8）系统硬件设备型号尽量一致，避免了由于硬件种类过多带来的互换性差、备品备件困难等缺点。

3.5.2 大型水电厂的厂级计算机系统

李家峡水电厂总装机容量为 2000MW，单机容量为 400MW，装机 5 台。电厂采取以计算机监控为主、常规控制为辅的方式，监控系统采用全开放分层分布式结构，系统分为电厂控制级与现地控制级两级。

电厂控制级由厂级站、操作员站、工程师站、通信服务站与 GPS 系统构成，网络采用双光纤以太网。设备配置如下。

1. 厂级站

由 2 台厂级计算机组成，配置 64 位 DEC3000/300X 机，互为热备用，承担全厂自动化设备的运行管理，包括自动发电控制（AGC）、自动电压控制（AVC）、全厂经济运行、历史数据保存和运行报表打印，如图 3.16 所示。

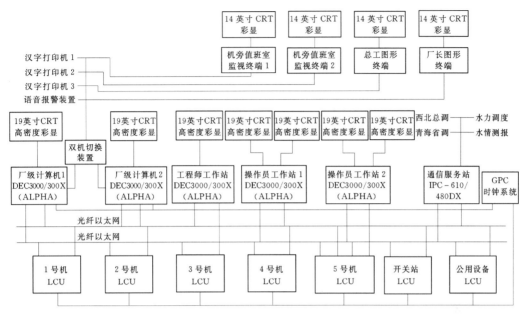

图 3.16　李家峡水电厂计算机监控系统

2. 操作员站

设置 2 个操作员工作站，配置 64 位 DEC3000/300X 机，作为运行操作的平台，完成实时监视与控制。

3. 工程师站

配置一台 64 位 DEC3000/300X 机，作为工程师站，进行系统的维护，兼有操作员站的全部功能。

4. 通信站

采用 IPC-610/480DX，负责与外界的通信联系。

5. GPS 时钟系统

6. 双机切换装置

3.5.3　中型水电厂的厂级计算机监控系统

中型水电厂计算机监控系统的配置与大型水电厂相比要适当简化，一方面可以把某些功能站合并，另一方面可以减少计算机的数量或冗余程度。一般来说，可把主机与操作员工作站合并，或把打印服务与通信服务合并。下面以装机容量为 60MW、装机 5 台的水电厂的监控系统为例进行介绍，如图 3.17 所示。厂级配置如下：

（1）主机兼操作员站 2 台，互为备用，配置 ALPHA X 工作站 2 台。

（2）工程师/培训站配置 DEC/研华工控机 1 台。

（3）通信站配置研华工控机 1 台兼模拟屏驱动。

（4）打印服务器 1 台，配置 DEC/研华工控机 1 台。

（5）专家系统工作站 1 套，配置 DEC/研华工控机 1 台。

（6）GPS 时钟系统一套。

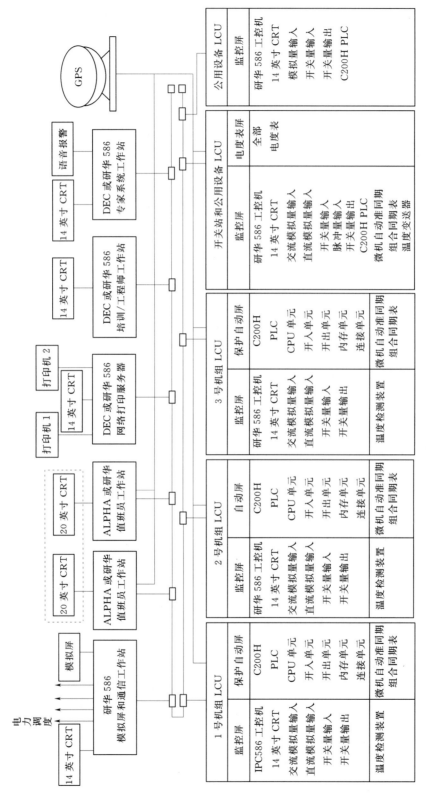

图 3.17　某中型水电站计算机监控系统典型系统结构

3.5.4 小型水电厂计算机监控系统

小型水电站的监控系统与电站的机组台数及单机容量的大小有关。一般情况下，单机容量较大和装机台数较多的电站仍采用分层分布式监控系统，而单机容量小和装机台数少的电站可采用集中控制方式。当采用分层控制方式时，厂级计算机系统的配置可采取单计算机作为主控机，也可采用双机作为厂级计算机系统。

单机监控系统的厂级计算机仅设一台，承担全厂的自动化运行管理、历史数据存储、生产报表打印、机组运行状态监测及 AVC、AGC 等多种功能，还可以兼作工程师站。一般地，当单机容量不大于 2000kW、机组台数不超过 4 台时可采取单机分层分布式监控系统。这种情况下，计算机网络可采用简单的 RS-485/422 总线模式，现地单元通过串口通信与主控机进行数据交换。监控系统如图 3.18 所示。对于单机容量大于 2000kW 的小型水电站，水电站监控系统仍可采用单机监控方式，但通信模式可采用总线结构，以增强系统的数据交换能力，监控系统如图 3.19 所示。

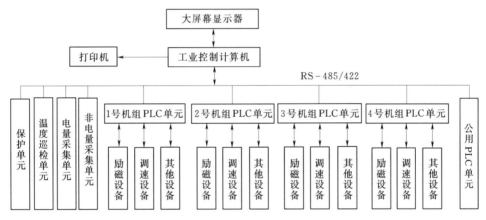

图 3.18 基于 RS-485 总线的单机监控系统模式

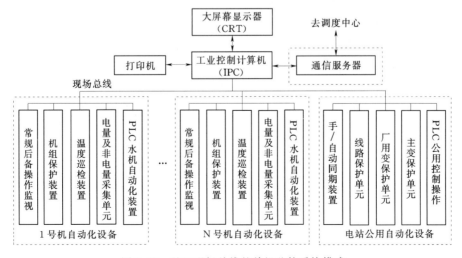

图 3.19 基于现场总线的单机监控系统模式

双机监控系统用于单机容量 2000kW 以上、且机组台数较多的小型水电站。厂级计算机系统由 2 台主控计算机构成，两台计算机互为备用，兼作操作员站与打印服务、报警等，网络宜采用以太网，以增强厂级计算机与现地单元的通信能力。双机分层分布式监控系统的结构如图 3.20 所示。

小型水电站监控系统厂级计算机选用一般的工业控制计算机即可。

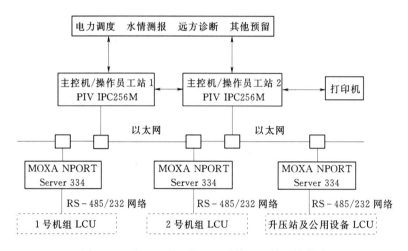

图 3.20　基于以太网的双机计算机监控系统模式

思　考　题

1. 简述水电厂分层分布式计算机监控系统的特点。

2. 水电厂控制级的功能有哪些？

3. 电厂控制级采用功能分布结构时，一般考虑设置哪些工作站？各工作站的作用是什么？

4. 现地控制单元有何特点？功能有哪些？

5. 水电厂现地控制单元的结构类型有哪几种？

6. 以三峡电站为例说明特大型水电站计算机监控系统的特点。

7. 以李家峡水电厂为例说明大型水电站计算机监控系统的特点。

8. 说明中、小型水电站计算机监控系统的特点。

9. 大、中、小型水电厂计算机监控系统有哪些差别？

10. 目前水电厂计算机监控系统中主要采用什么结构的数据库？

第 4 章

水电生产过程信号变换

水电厂中需检测的物理参数通常可分为两大类：一类是非电量，如水位、油位、流量、压力、位移、应力、转速、导叶开度、温度、噪声等；另一类是电量，如电压、电流、有功功率、无功功率、频率、相位、功率因数等。对于非电量的检测，一般都需要先把非电量转换成相应的电信号，再经过模/数变换后送给计算机进行处理。对于电量，也要将它们变换成标准的参数值，然后再进行模/数转换，最后送给计算机进行处理。水电厂计算机监控系统要求对电站的有关非电量和电量进行连续的测量，以便把反映水电厂运行状况的各种参数及时测量出来，由计算机进行计算、分析，使运行和管理人员能及时地掌握水电机组的运行状况，采取相应措施；同时，计算机还将检测结果通过计算机通信网络传送到上一级计算机系统。水电厂非电量及电量的检测，对水电厂的安全经济运行有着十分重要的意义。能把非电量转变为电量的器件称为传感器，而能把被测物理量（包括非电量和电量）直接转变为计算机采集要求统一标准变化范围的电量的设备称为变送器。目前国内、外对变送器输出范围统一规定一般是：电流为 $4\sim20mA$，电压为 $0\sim5V$ 等。

非电量的检测相对于电量检测来说要困难些，因为它必须对众多的物理性质不同的量值先转变为电量，一些非电量常常又不可能以仪表的形式直接转换为标准的电量，还必须对其进行二次处理，如热电阻输出毫伏量、液位或位移传感器输出的非标准电量等，还要添置必要的元件把其变为标准范围的信号。

4.1 水电厂信号源

4.1.1 数据分类

在水电厂计算机监控系统中，数据采集主要是实现生产过程以及与过程有关的环境监视和控制信号的采集、处理和传输。其主要数据包括以下几种：

（1）模拟输入量。指将现场的电量和非电量直接或经过变换后输入到计算机系统接口设备的模拟量。适合水电厂计算机监控系统的模拟输入量参数范围包括 $0\sim5V$（DC）、$0\sim10V$（DC）、$0\sim20mA$、$\pm5V$（DC）、$\pm10V$（DC）、$\pm20mA$、$4\sim20mA$ 等几种。

（2）模拟输出量。即通过计算机接口设备输出的模拟量。水电厂中经常采用的输出标准为 4~20mA 或 0~10V（DC）。

（3）数字输入状态量。指生产过程的状态或位置信号输入到计算机系统接口设备的数字量（开关量），此类数字输入量一般使用二进制的一位"0"或"1"来表示两个状态，有时在电力系统中为了安全起见，采用两位"10"或"01"表示两个状态。

（4）数字输入脉冲量。指生产过程经计算机过程通道的脉冲信息输入，由计算机系统进行脉冲累加的一位数字量，但其处理和传输又属模拟量类型。

（5）数字输入 BCD 码。是将其他设备输出的数字型 BCD 码量输入到计算机系统接口设备。一个 BCD 码输入量一般要占用 16 位数字量输入通道。

（6）数字输入事件顺序记录 SOE（Sequence Of Events）量。指将数字输入状态量定义成事件信息量，要求计算机系统接口设备记录输入量的状态变化及其变化发生的精确时间，一般应能满足 1~5ms 分辨率要求。

（7）数字输出量。指经计算机系统接口设备输出的监视或控制的数字量，在电厂控制中为了安全可靠，一般数字输出量要经过光电隔离。

（8）外部数据报文。是将生产过程或外部系统的数据信息以异步或同步报文通过串行接口与计算机系统交换的数据。

4.1.2　水电厂信息源及其特性

1. 水电厂信息源

水电厂信息源可按设备分布位置、设备对象或控制系统结构划分。按设备对象划分比较方便和普遍，可归纳为以下种类：

（1）发电机、电动机的信息有定子绕组及铁芯温度、推力轴承和导轴承温度、轴承油温、空气冷却器进/出口的水和空气温度、轴承油位、轴承油混水、轴振动、推力轴承高压油系统、机组消防系统、机组制动系统、冷却系统及继电保护系统等。

（2）发电机励磁设备的信息有励磁主回路测量、励磁设备监视、励磁设备保护等。

（3）发电机机端和中性点设备的信息有机组电气测量和机组运行监视信息。

（4）变压器的信息有主变压器电气测量、变压器绕组温度、变压器油温、变压器冷却系统、变压器抽头位置、变压器中性点接地等。

（5）机组/变压器、断路器和开关的信息有主断路器位置、隔离开关位置、接地开关位置、SF6 全封闭组合电器、GIS 气压监视、断路器操作设备监视、隔离开关操作设备监视等。

（6）水轮机和水泵/水轮机的信息有导轴承温度、导轴承油温、导轴承油位、轴密封水流、轴冷却水流、轴空气围带气压、轴振动、轴承油混水、导叶剪断销、导叶/喷嘴位置、锁定位置、浆叶位置、蜗壳水压、尾水管压力、尾水管水位、水轮机润滑系统等。

（7）调速器的信息有机组转速开关、过速保护、机组蠕动、机组转速测量、开度限制位置、导叶开度、开/停电磁阀位置、功率设定反馈、压油罐油压、压油罐油位、调速器运行方式、调速器设备监视等。

（8）引水系统设备的信息有进水口闸门位置、进水阀位置、压力管道压力、平压阀门位置、尾水门位置、上下游水位、引水管流量、引水系统控制设备控制信息等。

（9）厂用交/直流电源设备的信息有高压厂用变压器电气测量和监视、高压厂用断路器位置、高压厂用母线测量和监视、高压厂用电源备自投监视、低压厂用电源备自投监视、厂用直流系统监视等。

（10）全厂公用设备的信息有高压空压机系统监视、低压空压机系统监视、渗漏排水系统监视、检修排水系统监视、技术供水系统监视等。

（11）开关站设备的信息有线路和母线电气测量、断路器位置、隔离开关位置、接地开关位置、GIS气压监视、断路器操作设备监视、隔离开关操作设备监视、开关站继电保护设备启动和监视等。

（12）外部系统的信息有消防系统监视、上下游水文参数、泄洪设备状态及泄洪流量、上级调度系统的调度计划等。

（13）计算机监控系统提供的输出信息，主要是过程设备需要的控制信息。

2. 水电厂信息数据特征及分类

水电厂信息源包含大量信息，根据其特征可作以下分类。

模拟输入量可分成电气模拟量和非电气模拟量两大类。

电气模拟输入量，包括电流、电压、功率、频率的变换量。这类模拟量主要特征是变化快，对其测量应具有较快的响应速度。在运行管理中电气模拟量是直接的目标值，要求监测响应快，测量值准确，记录项详细。

非电气模拟输入量，包括温度、压力、流量、液位、振动、位移、气隙等，这类非电气模拟量可经各类变换器转换成电气模拟量。这些非电气模拟量在水电厂生产过程中大多变化较为缓慢，大部分是作为运行（过程）设备的状况监视，一般在运行监视中按变化范围设定报警限值。这样，对它们的测量响应大多不要求很快，测量精度也不必太高，记录项可详可简。

数字输入量按水电厂应用需求及其信息特征可分为5种类型，即数字状态点类型、数字报警点类型、事件顺序记录（SOE）点类型、脉冲累加点类型和BCD码类型，前3种类型共同之处是数字量均为设备的状态量，不同之处是在对信息和记录的处理要求上具有差别。其中，数字状态点为操作记录类型；数字报警点为故障报警记录类型，除状态变化记录外，还应有音响报警；SOE点为事件顺序记录类型，除状态变化记录外，还应包含分辨率项目和事故音响报警；脉冲累加点类型记录一位数字脉冲，按定时或请求方式冻结累加量并产生报文数据信息；BCD码类型取并行二进制数字量，为取值完整、准确，应按并行方式采集。

3. 水电厂信息点数

水电厂信息点数随各水电厂具体情况而变化。机组台数越多，机组容量越大，线路回数越多，电压等级越高，其监测的信息数据就越多。三峡右岸及右岸地下电站共18台700MW机组，数据测控点多达47584点。随着计算机技术、信息技术的发展和管理水平的提高，水电厂信息数据量也在不断增加。

4. 水电厂信息数据流

水电厂计算机监控系统已广泛采用分层分布式结构，实现了数据库分布和功能分布，数据采集也相应地按分布结构进行处理。首先是对过程控制信息就地采集处理，供现地控制使用；而主控层即电厂控制层则从现地控制层中采集或调用数据，并按分层分布数据库复制传送。

4.2　水电厂数据采集和处理要求

4.2.1　数据采集要求

水电厂数据采集是计算机监控系统最基本的功能，从中可以获取大量的过程信息。数据采集功能的强弱会直接影响整个系统的品质。为实现计算机监控任务，水电厂数据采集应该满足下列几方面的要求。

1. 实时性

（1）对电量采集实时性的要求。一般情况下，电量有效值的采样周期不应大于 1s，最好能提高到 0.2s，这更有利于提高系统的实时性。

为了保证能准确采集电量瞬时值或波形，采样周期一般应小于 2ms。

（2）对非电量采集实时性的要求。对那些需要作出快速反应的非电量，如轴承温度、轴振动、轴摆度、发电机气隙和流量等的采样周期应不大于 1s。其他大多数非电量的采样周期可在 1～20s 内选择。

（3）对数字量采集实时性的要求。数字状态点、数字报警点、脉冲累加点和 BCD 码的采样周期一般要求不大于 1s，尽可能提高一些将有利于提高系统实时性。

对于 SOE 点的采集应有快速的响应，宜采用中断方式。

2. 可靠性

在生产过程中采集的数据往往会附带各种干扰信号，这不仅使采集数据失真，严重时可能损坏系统，因此要求对过程通道、数字接口和接地设备等硬件系统采取有效的保护措施，可靠防止干扰，同时在软件上还要分别采取防错纠错的手段。下面是 DL/T 5065—2009《水力发电厂计算机监控系统设计规范》中规定的相应最低限度值。

（1）模拟输入通道的抗干扰水平应达到：

1）共模电压大于 200VDC 或 AC 峰值。

2）共模干扰抑制比（CMRR）大于 80dB（直流到交流 50Hz，测试信号从端子加入）。

3）常模干扰抑制比（NMRR）大于 60dB（直流到交流 50Hz）。

4）抗静电干扰（ESD）大于 2kV。

（2）数字输入通道的抗干扰水平应达到

1）浪涌抑制能力（SMC）大于 1kV。

2）抗静电干扰大于 2kV。

3）防止输入接点抖动应采用硬件和软件滤波，防抖时间约为 25ms。

4）还应防止硬件设备受电磁干扰的影响。

3. 准确性

在数据采集过程中，对模拟量数据而言，准确性就是测量精度，它是两个方面的综合值。一方面，是模/数转换精度，其中包含环境温度变化的影响；另一方面，是模拟量变换器的精度。其综合精度应满足生产过程监控的准确性要求。

对于数字量，数据准确性要求除状态输入变化稳定可靠外，对数字 SOE 点还需要有状态变化的精确时间标记，其基准时钟应满足记录精度要求。

4. 简易性

数据采集随数据类型、数据量的不同使其复杂程度有所不同，因此数据采集设备软、硬件的配置，应具有简易性，其中包括模件类型或容量增减方便，维护测试容易。

5. 灵活性

随着水电厂运行和管理模式的改变，对监控系统数据采集功能和性能可能会有不同的要求或有修改变化的要求，如改变周期采样、改变采样方式、改变报警级别、改变限制值、改变死区值等，数据采集系统应能灵活设置以满足上述变化要求。

4.2.2　数据处理要求

为满足对水电生产过程监控的要求，从对过程接口设备的操纵，到采集数据的传输或数据存储，都必须将采集的数据进行相应的处理。

1. 数字输入状态量的处理

一个数字输入状态量的数据处理一般应包括下列内容：

（1）地址/标记名处理。

（2）扫查允许/禁止处理。

（3）状态变位处理。

（4）输入抖动处理。

（5）报警处理。

（6）数据质量码处理。

2. 模拟输入量的处理

一个模拟输入量的数据处理一般应包括下列内容：

（1）地址/标记名处理。

（2）扫查速率处理。根据模拟输入量的类型和数量可以考虑选取不同的扫查速率。

（3）扫查允许/禁止处理。根据被测模拟输入量或输入通道的正常/异常状况，应能对其实现扫查允许/禁止处理。

（4）工程量变换处理。当模拟输入量变换成二进制码后，还须按实际工程量进行变换计算。

（5）测量零值处理。当模拟输入量为零值，其输入变送器或模/数转换模块的精度使测量值不为零时，经数据处理后测量值应为零。

（6）测量死区处理。在数据采集中被测量变化小到可以忽视时，往往采取设立测量死区，将被测量在测量死区范围内的变化视为无变化。

（7）测量上、下限值处理。测量上、下限值通常有二级，即上限、下限和上上限、下下限。当被测量超过限值时，应该进行报警。

（8）测量合理限值处理。测量合理限值一般取传感器上、下限值。当传感器或通道故障，被测量超过合理限值时，该点应禁止扫查。

（9）测量上、下限值死区处理。当被测量超过限值后，若其仍在限值上下很小范围内变化，将会造成频繁报警。设立测量上、下限值死区，使被测量只有返回到限值死区以外时才能退出报警状态。

（10）越限及梯度越限报警处理。根据被测量各类越限报警的重要程度，设定不同的报警级别，以及建立报警时间标记。

3. SOE 输入量的处理

一个 SOE 输入量的数据处理一般包括下列内容：

（1）地址/标记名处理。

（2）扫查速率/中断处理。

（3）扫查允许/禁止处理。

（4）防接点抖动处理。

（5）状态变位处理。

（6）时间标记处理。

（7）报警处理。

4. 数字脉冲输入量的处理

一个数字脉冲输入量的数据处理除包括数字状态输入量的处理功能之外，还要求有脉冲计数冻结处理和脉冲计数溢出处理。

5. 趋势记录处理

对模拟输入量的变化趋势进行处理有利于对运行设备的监控和维护管理，如对轴承温度、轴承油温、定子绕组温度、变压器油温、轴承油位、油罐油位等的变化趋势，可以按不同的时间间隔（采样时间）绘成趋势曲线。一般采用短趋势记录较多，如取 5s、15s、1min 为间隔时间，可做成 1h、8h 或 1d 的记录，此外也可以设置长趋势记录，按 1h 或 1d 为间隔时间，可做成 1 月或 1 年的记录。趋势记录的采样值可以取即时值、平均值等。对一个趋势记录还可以考虑做最大值、最小值或最大变化率的处理。

6. 追忆记录处理

追忆记录是对某些模拟输入量进行短时段的密集记录，它采用先进先出的记录方式，一旦遇到事故发生就将此记录保存下来。一个完整的追忆记录一般可以分为两个时段，即事故前时段和事故后时段，按照需要，这两个时段长短和采样间隔时间可以不同。一般，追忆记录采样速率为 1 次/s，记录时间长度不少于 180s，事故前 60s，事故后 120s。

7. 历史数据处理

水电厂的生产管理需要对实时数据进行统计分析，也就是要对实时数据做集中和计算处理，建立的历史数据可按以下分类定义：

（1）趋势类。包含采样速率、每个记录最大采样点数、趋势记录数。

（2）累加类。包含保持周期、每个记录最多点数、累加记录数。

（3）平均值类。包含保持周期、每个记录最多点数、平均值记录数。

（4）最大/最小值类。包含保持周期、每个记录最多点数、最大/最小记录数。

4.3 信 号 变 换

信号变换一般由传感器或变送器来完成。传感器和变送器尚无严格定义上的区别，它们都是将被测物理量转换成电气参量来实现对该物理量的检测。也许可以认为转换输出要求不同是两者主要区别。传感器的输出信号小，不考虑输出信号的传送和接口；变送器的输出电路设计则要考虑输出信号的传送和接口要求。

对于非电量的采集，在计算机监控系统过程通道和非电量测点之间，一般需要加入传感器或变送器，其非电量传感器和变送器的模拟输出应与计算机监控系统过程接口设备相匹配。

4.3.1 传感器的分类及基本特性

传感器由敏感元件、传感元件及转换电路3部分组成，如图4.1所示。图中敏感元件是传感器中直接感受被测量的元件。即被测量 x 通过传感器的敏感元件转换成一与 x 有确定关系的非电量或其他量。这一非电量通过传感元件后被转换成电

图 4.1　传感器组成框图

参量。转换电路的作用是将传感元件输出的电参量转换成电压或电流量。应该指出，不是所有的传感器都有敏感元件、传感元件之分，有些传感器是将二者合二为一的。

1. 传感器分类

传感器的种类名目繁多，分类不尽相同，常用的分类方法如下：

（1）按被测量原理分类，可分为位移、力、力矩、转速、振动、加速度、温度、流量、流速等传感器。

（2）按测量原理分类，可分为电阻、电容、电感、热电阻、超声波等传感器。

（3）按输入、输出特性的线性与否分类，可分为线性传感器和非线性传感器两大类。

2. 传感器基本特性

传感器的特性一般指输入、输出特性。它有静态、动态之分。传感器动态特性的研究方法与控制理论中介绍的相同，故不再赘述，需要者可查相关书籍。下面仅介绍其静态特性的一些指标。

（1）灵敏度（Sensitivity）。灵敏度是指传感器在稳态下输出变化值与输入变化值之比，用 K 来表示，即

$$K = \frac{\text{输出变化值}}{\text{输入变化值}} = \frac{\mathrm{d}y}{\mathrm{d}x} \tag{4.1}$$

式中　x——输入物理量；

　　　y——输出物理量。

对线性传感器，灵敏度为一常数；对非线性传感器，灵敏度随输入量的变化而变化。

（2）分辨率（Resolution）。分辨率是指传感器能检出被测信号的最小变化量。当被测量的变化小于分辨率时，传感器对输入量的变化无任何反应。

（3）线性度（Linearity）。线性度是指传感器实际特性曲线与拟合曲线之间的最大偏差和传感器满量程输出的百分比，如图 4.2 所示，可用式（4.2）表示，即

$$\gamma_{\mathrm{L}} = \pm \frac{\Delta L_{\max}}{y_{\max}} \times 100\% \tag{4.2}$$

式中　$\Delta L_{\max}$——非线性最大偏差；

　　　　$y_{\max}$——满量程输出。

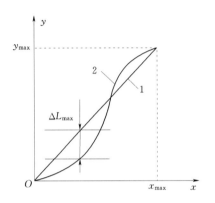

图 4.2　传感器线性度示意图

1—拟合直线 $y = ax$；2—实际特性曲线

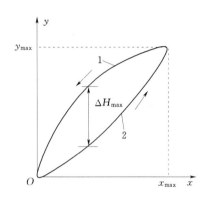

图 4.3　迟滞特性示意图

1—反向特性；2—正向特性

（4）迟滞（Hysteresis）。迟滞是指传感器正向特性和反向特性的不一致程度，如图 4.3 所示，可用式（4.3）表示，即

$$\gamma_{\mathrm{H}} = \pm \frac{1}{2} \frac{\Delta H_{\max}}{y_{\max}} \times 100\% \tag{4.3}$$

图 4.3 中正向特性曲线是指在输入量 x 从零开始逐渐增大到满量程情况下所得的曲线。而反向特性则与之相反。

（5）稳定性（Regulation）。稳定性包含稳定度（Stability）和环境影响量（Influence Quantity）两个方面。稳定度指的是检测仪器仪表在所有条件都恒定不变的情况下，在规定的时间内能维持其指示值不变的能力。

4.3.2　水电厂常用的非电量传感器和变送器

水电厂常用的非电量传感器和变送器有以下几种类型。

1. 温度传感器和温度变送器

温度传感器常用热电阻作为温度敏感元件，热电阻温度敏感元件是利用纯金属的电阻值随温度不同而变化的特性进行测温的。这些对温度敏感的纯金属主要有铂、铜、镍、铁等，这些材料的电阻值与温度的关系可用二次方程描述，即

$$R_{\mathrm{t}} = R_0 (a + bt + ct^2) \tag{4.4}$$

式中　R_0——材料在温度 $t = 0℃$ 时的电阻值；

　　　　t——温度；

　　a,b,c——由实验决定的系数。

几种常用的热电阻材料其电阻与温度变化之间的关系如图 4.4 所示。由图可见，铂热电阻的线性最好。它的物理化学性能极为稳定。铂是一种较为理想的热电阻材料。它主要是用来制作 $-200\sim1000℃$ 的测温元件，用于工业中温度的精密测量，但价格较贵。铜热电阻在 $-50\sim180℃$ 范围内稳定性、线性均好。

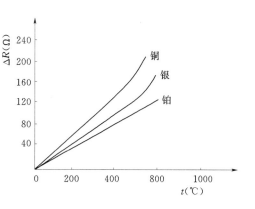

图 4.4 热电阻的电阻变化与温度的关系

在测温电阻变化的线性段，式（4.4）可写成线性表达式，即

$$R_t = R_0(1 + \alpha_0 t) \tag{4.5}$$

由理论计算可知，热电阻的阻值 R_t 不仅与温度 t 有关，还与温度在 $0℃$ 时的热电阻值 R_0 有关，即在同样温度下 R_0 取值不同，R_t 也不相同。目前国内统一设计的工业用铂电阻的 R_0 值有 50Ω、100Ω 等几种，并将 R_t 与 t 相应关系列成表格，称其为铂电阻分度表，分度号分别用 Pt50、Pt100 等表示。同样，铜电阻 R_0 值为 50Ω、100Ω 两种，分度号分别用 Cu50、Cu100 表示。计算机采集系统中是用式（4.5）的关系由 R_t 来算得 t 值的。

热电阻常用电桥作为测量线路。由于热电阻丝的电阻值很小，所以导线的电阻值不可忽视。例如，对阻值为 50Ω 的测温电阻，150Ω 的导线电阻就会产生约 $5℃$ 的误差，因此，为消除或减少导线电阻的影响，常用图 4.5 所示的三线式电桥接法。电阻 R_t 两端接电桥相邻两臂，因而可以避免因长线连接的导线电阻受环境影响而引起的测量误差。

热电阻主要用来测量轴承温度、发电机温度、变压器温度等。式（4.5）铂热电阻的温度系数约为 $3.9\times10^{-3}/℃$，铜热电阻温度系数为 $4.25\times10^{-3}/℃$。由于电厂设备温度都在 $100℃$ 以下，正常运行一般都不超过 $50\sim70℃$，由此用铜热电阻是能满足要求的。

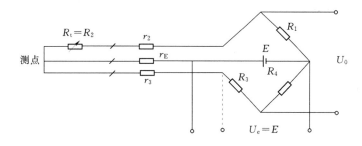

图 4.5 热电阻测温接线原理

式（4.5）可以写成直接转换的算式，如对 Cu50 的热电阻，$R_0 = 50\Omega$，$\alpha_0 = 4.25\times10^{-3}$ 代入式（4.5）可得

$$t = 4.7059(R_t - 50) \tag{4.6}$$

可见，只要测得 R_t 值就可由计算机算得温度 t 值。

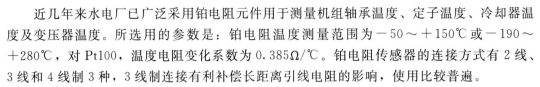

近几年来水电厂已广泛采用铂电阻元件用于测量机组轴承温度、定子温度、冷却器温度及变压器温度。所选用的参数是：铂电阻温度测量范围为 $-50\sim+150℃$ 或 $-190\sim+280℃$，对 Pt100，温度电阻变化系数为 $0.385\Omega/℃$。铂电阻传感器的连接方式有 2 线、3 线和 4 线制 3 种，3 线制连接有利补偿长距离引线电阻的影响，使用比较普遍。

电阻式温度传感器的电阻反映温度的变化，将电阻值的变化变换成采集数据一般有两种方法：一种是采用温度变送器将阻值转换成电气模拟量，然后再送进计算机监控系统的模拟量接口设备；另一种是采用专门的温度量接口设备直接与温度传感器连接。

此外，水电厂还有采用半导体温度传感器进行测量的。

2. 压力传感器和压力变送器

水电厂的油、水、风系统压力的测量需要采用压力传感器或压力变送器。按照物理介质、压力大小和供电电源的不同，可选用不同类型的压力变送器。水电厂中常用的压力变送器有电容式、电子陶瓷元件、电感式和振弦式等类型，其选型应考虑的技术条件包括型号、压力类型、防爆标准、连接件、连接件结构、工作电源、电气输出、精度、量程范围等。

3. 液位传感器和液位变送器

对水电厂上下游水位、拦污栅堵塞、深井水位和油槽液位等非电量的信号变换常采用液位传感器或液位变送器。根据量程变化范围、精度要求和安装维护条件可选用不同类型的传感器或变送器，它们包括浮子-码盘变送器、压力式液位变送器、电容式液位变送器、超声波液位变送器和吹气式水位计等。

4. 流量传感器和流量变送器

在国内水电厂计算机监控系统中，流量信号的采集还不多见，主要原因是达到高精度要求的流量监测设备需要较高的成本，一般只是为了短期测试配置了少部分高精度流量测试设备。随着流量测量设备和技术的发展，流量数据的采集和应用将逐步发挥其作用。目前对于水轮机的流量监测主要是采用超声波流量计。超声波流量计由多个声道换能器和微机组成。常规设置的蜗壳压差流量计，因其精度低而不适于引入计算机监控系统，只能作一般监视。而对冷却水或润滑水流量进行监测和控制时，则可选用流量变送器或差压变送器。

5. 转速信号器

转速信号器分电气转速信号器和机械转速信号器两种。一般按不同转速值提取触点数字信号供监视操作和保护使用。电气型转速信号装置可以提供转速的模拟信号，采用脉冲信号的方式对转速进行测量，已替代了永磁机测速。这种装置可设置多个可调的电气转速开关信号，用于对机组的自动控制，还能实现转速模拟信号输出。

6. 振动摆度传感器

水轮发电机组上、下部位的振动和主轴摆度的监测已越来越受到重视，并逐步发展成为在线监测系统，而且多数已将振动和摆度的报警信息引入了数据采集和机组控制系统。振动和摆度的模拟值目前尚未引入计算机监控系统，而仅作单独的监视。

监测振动和摆度的传感器类型有振动传感器、速度传感器、加速度传感器和电涡流传感器等。

7. 位移传感器

水轮机导叶开度、桨叶开度和接力器行程可以采用位移传感器取得模拟量信号，位移传感器有电涡流传感器、伺服电机、耐磨电位器等类型。

4.4 智能传感器

在使用传感器进行测量过程中，会遇到各种各样复杂的情况，对测量的结果造成影响。例如，电磁场对磁电类传感器形成的噪声干扰，环境温度对超声波类和半导体类传感器形成一系列影响。此外，由于量程的不同，往往要选用不同量程的传感器，配用不同的二次仪表，这些都为测量带来诸多不便，同时又使测量电路和测量系统复杂化，设备多、接线复杂，可靠性差。解决这些问题的一种有效的方法是使用智能传感器与仪表。

4.4.1 智能传感器与仪表的性能特点

一般的传感器只能作为敏感元件，需配上变换仪表才能检测物理量、化学量等的变化。智能仪表采用超大规模集成电路，利用嵌入软件协调内部操作，在完成输入信号的非线性补偿、零点错误、温度补偿、故障诊断等基础上，使控制系统的功能进一步分散。智能传感器具有很高的线性度和低的温度漂移，能够降低系统的复杂性，并简化系统结构。对比一般传感器和仪表其特点如下：

（1）一定程度的人工智能，是硬件与软件的结合体，可实现学习功能，更能体现仪表在控制系统中的作用。可以根据不同的测量要求，选择合适的方案，并能对信息进行综合处理，对系统状态进行预测。

（2）多敏感功能将原来分散的、各自独立的单敏感传感器集成为具有多敏感功能的传感器，能同时测量多种物理量和化学量，全面反映被测量的综合信息。

（3）精度高、测量范围宽，能随时检测出被测量的变化对检测元件特性的影响，并完成各种运算，其输出信号更为精确。同时其量程比可达 100：1，最高达 400：1，可用一个智能传感器应付很宽的测量范围，因此特别适用于要求量程比大的控制场合。

（4）可采用标准化总线接口进行信息交换，这是智能传感器的关键标志之一。

智能传感器的出现将复杂信号由集中型处理变成分散型处理，既可以保证数据处理的质量，提高抗干扰性能，同时又降低了系统的成本。它使传感器由单一功能、单一检测向多功能和多变量检测发展，使传感器由被动进行信号转换向主动控制和主动进行信息处理方向发展，并使传感器由孤立的元件向系统化、网络化发展。

4.4.2 智能传感器与仪表的分类

1. 混合式智能传感器与仪表

检测器输出信号为模拟信号，经 A/D 转换后变为数字信号，供微机处理器采集与处理，信号输出时再把数字信号经 D/A 转换输出。具有数对控制接点，用于报警与控制，其输出部分具有 0～20mA 输出、0～10V 输出，又具有 RS-232、RS-485 等通信接口。

2. RS-485 总线仪表

RS-485 接口是水电厂计算机监控系统广泛采用的串行通信接口，在距离较近时，可以利用计算机或设备的 RS-485 接口直接通信。在距离较远时，可以增加一套调制解调器（Modem）实现长距离通信，具有 RS-485 通信接口的设备可以联成网络，即 485 网络。水电厂计算机监控系统中，一些智能传感器与仪表都带有 RS-485 接口，这些设备都可以用串口通信方式连接到计算机监控系统中。

3. 可寻址远程网络仪表（HART 仪表）

HART 协议是从模拟量通信到数字量通信转变的一个过渡性协议。它是事实上的工业标准，符合通信协议的各类智能仪表、执行器等正在被广泛地应用。HART 协议仪表是一种新型的数字、模拟相结合的智能仪表，其智能功能可实现仪表远方参数设定，数字功能可实现仪表联用，并为用户提供现场仪表丰富的自动化管理信息。在物理层上它采用 FSK 技术在 4～20mA 上叠加均值为 0 的频率信号，以不同频率的交流信号代替数字信号的 0 和 1，使模拟量和数字量一起传输互不干扰。在数据链路层上规定了数据通信规范。在应用层上用命令完成应用层功能。智能变送器的结构框图如图 4.6 所示。

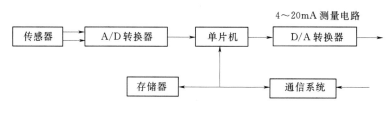

图 4.6 HART 智能变送器

4. 现场总线智能传感器与仪表

以现场总线技术为基础，以微处理器为核心，以数字化通信为传输方式的现场总线智能传感器与一般智能传感器相比，需有以下功能：共用一条总线传递信息，具有多种计算、数据处理及控制功能。取代 4～20mA 模拟信号传输，实现传输信号的数字化，增强信号的抗干扰能力。采用统一的网络化协议，成为 FCS 的节点，实现传感器与执行器之间信息交换。系统可对之进行校验、组态、测试，从而改善系统的可靠性。接口标准化，具有"即插即用"特性。

（1）现场总线变送器。它是一个集变送、控制和通信功能于一身的现场设备。根据被检测过程变量的不同。有不同的类型。检测的过程变量有差压、压力、流量、液位、温度计成分等，如现场总线差压变送器和温度变送器。与普通智能变送器相比较，主要区别是增加了与现场总线的数字通信功能。

（2）现场总线执行器。现场总线执行器指带有现场总线阀门定位器的执行器，通常是现场总线阀门定位器和控制阀的组合。现场总线阀门定位器用于在现场总线控制系统中驱动控制阀。根据现场总线接收到的现场信号。产生一个气压或电流信号。然后带动气动或电动执行器实现对被控流体的节流。

（3）现场总线指示记录仪。现场总线指示记录仪用于在现场远程显示过程变量的信息。它采用大屏幕高亮度、高密度液晶显示器来显示测量数据和模拟曲线，以内存和磁盘来实时存储、记录测量数据，可以在线追忆历史记录曲线，也可以通过上位机软件平台对磁盘记录数据进行各种显示、计算、分析和打印。利用现场总线技术与计算机联网组成一个小型的数据监测系统。

4.4.3 智能传感器与仪表在水电站监控系统中的应用

在水电站监控系统中需要监测的对象包括：机组轴承温度、定子温度和变压器温度；水电站的油、气、水系统的压力；上下游水位、深井水位和油槽液位等；水轮机导叶开度和接力器行程；机组流量和转速等方面。而智能传感器与仪表的应用，可将测量、报警、保护、控制集于一身，简化系统结构，降低系统的复杂性，提高系统的可靠性和稳定性。

1. 智能 PLC

SAIL－V824 智能 PLC，主要应用于公用系统中集水井、渗漏检修井、清水池的抽水、排水控制与远传。并且用于调速器油压装置的油泵控制与远传，也可用于空压机的控制与远传。其特点为，带有处理系统的智能化数字仪表；变送器量程及仪表量程设置、修改简便；测量各种水位及压力；同时提供开关量报警信号标准电流/电压远传信号；标准 MODBUS 串口通信信号；具有断电记忆、参数自动保护功能；提供变送器工作电源（＋24V）。

2. 智能测量变送控制器

X2000 智能压力显控器，主要应用在水电站技术供水、刹车制动回路、调速器压油包、空压机等压力的测量、显示、变送、报警、控制中。其特点为：集压力测量、现场显示、现场控制、变送于一体的高可靠测控变送器；采用集成数字电路技术、任意设定报警控制值、报警方式的参数，具备掉电参数不丢失功能；4 对独立带保持继电器输出，实现启动主泵、启动备泵、过高报警、过低报警等控制要求。

3. 智能超声波流量计

FLOW－S 系列智能超声波流量计，主要应用于电站技术供水系统流量监测、机组润滑油系统流量监测、过机流量监测。其特点为：采用世界上先进的全数字化电路，具有独特的数字分析；纠错能力和抗干扰能力；保证了仪表的测量精度和长期运行的稳定性；在数字化技术的基础上对电路进行了微功耗设计；因采用超声原理对流量进行测量；测量从最小流量到最大流量的范围极宽；具有多种输出功能；超低启动流量、小流量也可监测；超强功率换能器；即使是自然河水依然正常测量。

4. 多用途信号处理模块

SAIL－8000 多用途信号处理模块，通过手持编程器或者计算机就可以对仪表进行全面编程组态。主要应用于油混水信号处理与控制、集水井检修井水位控制、温度变送与控制、流量变送与报警等。本单元仪表其特点是小型化并采用国际通用 DIN 导轨安装标准，输入、电源、输出三者间相互隔离；输入过流保护；动态响应时间小于 0.1s，是智能调节器和系统理想的配套单元仪表；是水电站监控系统数据采集的优选产品。

智能传感器与仪表在监控系统中的应用，使水电站的自动化程度越来越高。随着计算机技术、控制技术及通信技术的发展，以现场总线为基础的现场总线智能传感器与仪表成为自动化仪表发展的方向，必将取代分散控制系统（DCS）中的现场仪表，将会在水电站监控系统中得到更加广泛的应用。

思　考　题

1. 水电厂计算机监控系统中主要有哪些输入/输出信号？

2. 水电厂数据采集有哪些要求？

3. 什么是传感器？什么是变送器？两者有什么差别和联系？

4. 传感器有哪些基本特性？

5. 用热电阻测量机组温度时常采用三线制接线，为什么？

6. 什么是智能传感器？它有何特点？

第5章

水电厂监控数据采集与处理

5.1 概　述

　　水电厂精确、可靠的数据采集和处理，可以为水电厂安全、经济运行提供可靠的依据。通过对测量数据的分析，可对水电厂中各种设备的性能、状态进行评价、监督，进而对设备的运行状态进行跟踪，对设备的安全状态进行诊断，以便及时对设备进行必要的维护。此外，设备各种状态参数的测量，也是对设备进行自动控制与保护的基础。

　　数据采集与处理是指将生产过程的物理量测量、转换成数字量，由计算机进行处理、存储、显示或输出的过程。水电厂计算机监控系统数据采集的任务，就是将各类传感器输出的模拟信号采集并转换成计算机能识别的数字信号，然后送入计算机。计算机根据各种功能要求进行相应的计算、处理并输出，以便实现对水电站生产过程的自动监控。

　　水电厂有其自身的特点，它是一个集水力、机械、电气、控制设备4方面于一体的生产过程。因此，其参数测量也必然包括上述4个方面。水电厂主、辅机测量的参数很多。水力方面包括压力、流量、流速、水位、水流噪声等；机械方面包括应力、力矩、位移、振动、摆度、转速、轴功率等；电气方面包括电压、电流、功率、频率、相位等；控制设备方面包括控制系统的工作状态、故障、开关或阀门的位置、主备用设备切换等。

　　通常把水电厂的测量分为电量测量与非电量测量两部分。电量测量包括发电机、母线、线路的电压、电流，功率、频率等因素；非电量测量包括水位、流量、水头、流速等水力参数以及力、力矩、振动、位移、转速等机械因素。此外，还有发电机与辅助设备（如空压机）的温度、冷却水、润滑油、绝缘油、压缩空气的温度等。

　　不管是什么样的参数类型，由于计算机内部只能接收以二进制的形式（即数字形式）输入的信号，因此对于非电量的检测，首先要通过传感器或变送器把它们变换为相应的电信号，再经过模/数转换（即A/D变换）后输入计算机进行处理。对于电量的采集，也要把它们变换成标准的电量值，经A/D变换后，再送给计算机进行处理。开关量的检测则较简单，它可由电平的低或高来表示，对应计算机中用"0"或"1"来表征即可。

　　为了保证对水电厂运行情况进行实时的调节控制，要求水电厂计算机监控系统能对水电厂运行过程中的各种参数进行连续的测量，并把测量结果及时传送给计算机进行计算、分析，以便能实时掌握、了解水电厂的运行状态。同时根据需要，计算机还需将测量结果通过通信网络传送到上一级控制系统。

上述信息的变换和传递，需要通过输入/输出过程通道来完成。

5.2　输入/输出过程通道

在计算机监控系统中，为了实现对电能生产过程的控制，应将生产现场的各种参数送入计算机处理，计算机处理的是数字信息，而生产过程的被控参数是各种连续的物理量。物理量通过传感器、变送器转换成连续的模拟电信号，这些信号与主计算机之间需通过模拟量输入通道进行信息传输。主机由模拟量输入通道获得生产过程的实时信息后，通过执行程序，完成数据处理与控制运算，并输出控制信息。主机输出的控制信息是数字量，在很多情况下，它需通过模拟量输出通道提供执行机构所需的模拟信息。

因此在计算机和生产过程之间，必须设置信息的传递和变换装置，这个装置就称为过程输入/输出通道，也叫 I/O 通道。换句话说，过程输入/输出通道是计算机和工业生产过程相互交换信息的桥梁。

根据过程信息的性质及传递方向，过程输入/输出通道包括模拟量输入通道（AI 通道）、模拟量输出通道（AO 通道）、开关量（数字量）输入通道（DI 通道）和开关量（数字量）输出通道（DO 通道）。

第 2 章中图 2.2 给出了计算机与生产过程之间相互联系的一般关系。下面对各类通道的结构作一简要描述。

5.2.1　模拟量输入通道

1. 模拟量输入通道的组成

模拟量输入通道的任务是把生产过程的物理参数传送给计算机，图 5.1 表示其一般结构。

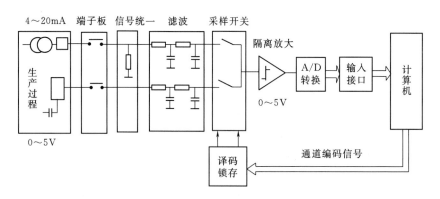

图 5.1　模拟量输入通道结构

反映水电厂生产过程工况的物理参数是多种多样的，包括电流、电压、功率、液位、液压、转速等。这些模拟量在过程通道中对信号转换和传输后输入计算机，其传输过程可作以下一般描述。首先，被测物理量经相应的传感器（或变送器）转换成直流电信号（电压或电流），再由电缆线传输到控制盘的接线端子板上。这个直流信号由统一信号环节转换为计算机进行数据采集的统一规格的电压信号，一般为 0～5V。为了得到平稳的电压信号，还设有滤波器滤除信号中的干扰。然后，由多路采样开关按预先规定的顺序分时选通某一被测物理量通道。信号经高速模拟放大器（隔离和阻抗匹配）送至 A/D 转换器。将模拟量转换成数字量后输入计算机。

由图 5.1 可知，模拟量输入通道一般由传感器、信号处理（包括 I/U 变换、滤波）、多路转换器、放大器、采样保持器、A/D 转换器、接口及控制逻辑等组成。下面作一简要说明。

传感器的作用是把生产现场的非电量转换为电量，如控制现场的温度、压力、流量、转速等非电量转换为相应的电信号。

信号处理根据需要可包括信号放大、信号滤波、信号衰减、阻抗匹配、电平变换、非线性补偿、电流/电压转换等功能。

多路转换器实质上就是多路模拟开关。它可以是电子模拟开关，也可以是机械开关（如继电器）。由于生产控制现场需采集的模拟量比较多，多路转换器能依次地或随机地将各输入信号接通到公用的放大器或 A/D 转换器上，便于多个模拟信号共用一个采样保持器和 A/D 转换器进行采样和转换，起到简化电路、节约投资的作用。在计算机监控系统中则是由 CPU 发出信号来切换各测量回路。

保持 A/D 采样期间输入信号不变的电路称为采样保持电路。由于输入模拟信号是连续变化的，而 A/D 转换器要完成一次转换是需要时间的，该段时间称为转换时间。不同类型的 A/D 转换芯片具有不同的转换时间。若模拟输入信号变化快而转换器的转换速度慢，则会引起转换误差。转换速度越慢，对同样频率的模拟信号的转换精度影响就越大。为了保证模拟信号的转换精度，需采用采样保持器，以便在 A/D 转换期间保持采样输入信号的大小不变。该电路工作时有两种模式，即采样模式和保持模式。

放大器的作用是将采样得来的模拟信号放大至 A/D 转换器所要求的输入电平。

A/D 转换器是模拟量输入通道的核心部件。其作用是将模拟输入量转换为数字量，以便由计算机读取、计算、分析和处理。一般可设一个 A/D 转换器，利用多路模拟开关使各模拟信号依次接通 A/D 转换器，在主计算机的控制下实现分时的 A/D 转换，并把转换后的数字信号送入计算机。

控制部分是接受 CPU 的命令向通道中各部件发送控制信号的控制接口。其作用是向多路转换器发送通道选通控制信号，控制放大器的增益，使采样保持器能处在"采样"或"保持"工作状态，启动 A/D 转换器进行转换等。

2. I/U 变换

为防止远距离信号传输干扰，通常变送器输出的信号为 0～10mA 或 4～20mA 的统一信号，需要经过 I/U 变换变成电压信号后才能处理。

（1）无源 I/U 变换。无源 I/U 变换主要是利用无源器件电阻来实现，并加滤波和输出限幅等保护措施，如图 5.2 所示。

对于 0～10mA 输入信号，可取 $R_1=100\Omega$，$R_2=500\Omega$，且 R_2 为精密电阻，这样当输入的 I 为 0～10mA 电流时，输出的 U 为 0～5V，对于 4～20mA 输入信号，可取 $R_1=$

100Ω，$R_2=250\Omega$，且 R_2 为精密电阻，这样当输入的 I 为 $4\sim20\text{mA}$ 时，输出的 U 为 $1\sim5\text{V}$。

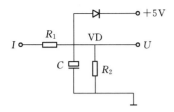 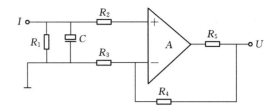

图 5.2　无源 I/U 变换电路　　　　　图 5.3　有源 I/U 变换电路

（2）有源 I/U 变换。有源 I/U 变换主要是利用有源器件运算放大器、电阻组成，如图 5.3 所示。利用同相放大电路，把电阻 R_1 上产生的输入电压变成标准的输出电压。该同相放大电路的放大倍数为

$$A=1+\frac{R_4}{R_3}$$

若取 $R_3=100\text{k}\Omega$，$R_4=150\text{k}\Omega$，$R_1=200\Omega$，则 $0\sim10\text{mA}$ 输入对应于 $0\sim5\text{V}$ 的电压输出。若取 $R_3=100\text{k}\Omega$，$R_4=25\text{k}\Omega$，$R_1=200\Omega$，则 $4\sim20\text{mA}$ 输入对应于 $1\sim5\text{V}$ 的电压输出。

3. 多路转换器

多路转换器又称多路开关，多路开关是用来切换模拟电压信号的关键元件。利用多路开关可将各个输入信号依次地或随机地连接到公用放大器或 A/D 转换器上。为了提高过程参数的测量精度，对多路开关提出了较高的要求。理想的多路开关其开路电阻为无穷大，其接通时的导通电阻为零。此外，还希望切换速度快、噪声小、寿命长、工作可靠。

常用的多路开关有 CD4051（或 MC14051）、AD7501、LF13508 等。CD4051 是单端的 8 通道开关，它有 3 根二进制的控制输入端和一根禁止输入端 INH（高电平禁止）。片上有二进制译码器，可由 A、B、C 三个二进制信号在 8 个通道中选择一个，使输入和输出接通。而当 INH 为高电平时，不论 A、B、C 为何值，8 个通道均不通。CD4051 有较宽的数字和模拟信号电平，数字信号为 $3\sim15\text{V}$，模拟信号峰-峰值为 15V_{P-P}；当 $U_{DD}-U_{EE}=15\text{V}$，输入幅值为 $15U_{P-P}$ 时，其导通电阻为 80Ω；当 $U_{DD}-U_{EE}=10\text{V}$ 时，其断开时的漏电流为 $\pm10\text{pA}$；静态功耗为 1uW。

采样保持器、A/D 转换器、接口及控制逻辑等其他部分将在 5.3、5.4 节中作具体介绍。

5.2.2　模拟量输出通道

模拟量输出通道的任务是把计算机数据处理的结果输出传送到受控对象上，以达到预定要求的控制目的。输出通道的一种结构形式如图 5.4 所示。

由于执行器的输入信号一般都是模拟量电压或电流，因此计算机输出的数字量必须通过 D/A 转换为对应的电压或电流值。计算机为了分时控制多个受控对象，经 D/A 转换后的模拟量由反向多路采样开关选通相对应编码，经译码锁存器来实现的。为了保证计算

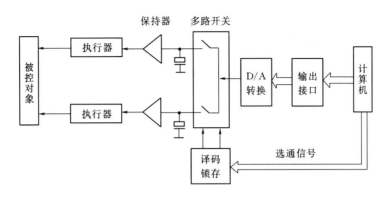

图 5.4　模拟量输出通道结构

机在分时控制下各通道执行信号稳定可靠和不间断，各路输出通道都要设立专门的保持器。保持器的原理下面章节还将作进一步介绍。

5.2.3　开关量（数字量）输入通道

开关量（数字量）系指生产过程运行设备的状态信号，因此又称为状态量。为反映电路中开关的"通"或"断"，阀门的"开"或"闭"，电动机的"运行"或"停止"等运行状态。以上这些设备的状态都只是具有两种可能，可以由电平的"高"和"低"表示。在计算机中即可用一个二进制数位的逻辑位为"1"或"0"来表征。对于具体设备的状态和计算机的逻辑值可以事先约定，如电平高为"1"，电平低为"0"，或者相反。因此，开关量输入通道的任务就是把设备的状态转变为二进制逻辑量送入计算机以供计算机判别。

水电厂开关量的种类不多，按类型大致可分为 3 种形式：机械有触点开关量、电子无触点开关量和非电量开关量。

1. 机械有触点开关量

机械有触点开关量是工程中遇到的最典型的开关量，它由机械式开关（如继电器、接触器、开关、行程开关、阀门、按钮等）产生，有常开、常闭两种方式。机械有触点开关量的显著特点是无源，开闭时会产生抖动。同时这类开关通常安装在生产现场，在信号变换时应采取隔离措施。

2. 电子无触点开关量

电子无触点开关量指电子开关（如固态继电器、功率电子器件、模拟开关等）产生的开关量。由于无触点开关通常设有辅助机构，其开关状态与主电路没有隔离，因而隔离电路是它的信号变换电路的重要组成部分。无触点开关量的采集可由两种方式实现：第一种方式与有触点开关处理方法相同，即把无触点开关当作有触点开关；第二种方法是从功率开关的负载电路采样法，这种方法直接反映负载电路工作状态，而对开关状态的采样是间接的。

3. 非电量开关量（数字量）

通过采用磁、光、声等方式反映过程状态，在许多控制领域中得到广泛应用。这种非电量开关量需要通过电量转换后才能以电的形式输出。实现非电量开关量的信号变换电路由非电量/电量变换、放大（或检波）电路、光电隔离电路等组成，非电量/电量变换一般采用磁敏、光敏、声敏等元件，它将磁、光、声的变化以电压或电流形式输出。由于敏感元件输出信号较弱，输出电信号不一定是逻辑量（如可能是交流电压），因此对信号要进行放大和检波后才能变成具有一定驱动能力的逻辑电信号。隔离电路根据控制系统工作环境及信号拾取方式决定是否采用。

此外，开关量按电源可分为有源和无源两种；按状态又分为中断型开关量、非中断型开关量和脉冲量。中断型开关量是指当开关状态（闭合或断开）发生变化时向 CPU 发出中断申请，计算机立即将该状态记录下来并做出相应的处理和反应。一个开关量是归为中断型开关量还是非中断型开关量，应根据实际要求确定。一般来说，状态变化时需要立即通知计算机的开关量应归为中断型开关量，如供电电压消失、设备跳闸等，以便在中断服务程序中对其进行及时处理，如跳闸时间追忆、重要数据保存等，便于事后分析与恢复。除此之外，开关量可定义为非中断型开关量，而对于非中断型开关量，计算机通过定期查询或随机查询来获得其状态信息。

开关量（数字量）输入通道的基本功能就是接收外部装置或生产过程的状态信号。这些状态信号的形式可能是电压、电流、开关的触点，因此可能引起瞬时高压、过电压、接触抖动等现象。为了将外部开关量信号输入到计算机，必须将现场输入的状态信号经转换、保持、滤波、隔离等措施转换成计算机能够接收的逻辑信号。因此，典型的开关量输入通道通常由以下几部分组成。

（1）信号变换器。将过程的非电量开关量转换为电压或电流的双值逻辑值。

（2）整形电路。将混有毛刺之类干扰的输入双值逻辑信号或其信号前后沿不符合要求的输入信号整形为接近理想状态的方波或矩形波，而后再根据系统要求变换为相应形状的脉冲信号。

（3）电平变换电路。将输入的双值逻辑电平转换为与 CPU 兼容的逻辑电平。

（4）总线缓冲器。暂存数字量信息，并实现与 CPU 数据总线的连接。

（5）接口电路。协调通道的同步工作，向 CPU 传递状态信息并控制开关量到 CPU 的输入。

各种过程开关量经信号变换后转换成逻辑电信号或脉冲信号，但这种信号脉冲宽度、脉冲波形形状、脉冲前后沿陡度及信号电平可能不很理想，通常需进行波形整形及电平变换才能输入到计算机中。

波形整形的目的是使逻辑信号变为较理想的电信号，并提高抗干扰能力。波形整形包括触点消抖、脉冲定宽、去除尖峰毛刺等。

在计算机控制系统中，CPU 一般只接收 TTL 电平信号，当开关量变换后的信号为非 TTL 电平时，则需要进行电平变换。电平变换可采用光电隔离、晶体管或 CMOS - TTL 电子变换芯片，其中光电隔离抗干扰性能好，但反应速度较慢，采用晶体管或 CMOS - TTL 电子变换芯片则速度较快。

上述功能称为信号调理。下面针对不同情况分别介绍相应的信号调理技术。

（1）小功率输入调理电路。图 5.5 所示为从开关、继电器等接点输入信号的电路。它将接点的接通和断开动作，转换成 TTL 电平信号与计算机相连。为了清除由于接点的机械抖动而产生的振荡信号，一般都应加入有较长时间常数的积分电路来消除这种振荡。图5.5（a）所示为一种简单的、采用积分电路消除开关抖动的方法。图5.5（b）所示为 R - S 触发器消除开关两次反跳的方法。

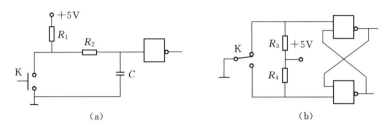

图 5.5　小功率输入调理电路

（a）采用积分电路；（b）采用 R - S 触发器

（2）大功率输入调理电路。在大功率系统中，需要从电磁离合等大功率器件的接点输入信号。这种情况下，为了使接点工作可靠，接点两端至少要加 24V 以上的直流电压。因为直流电平的响应快，不易产生干扰，电路又简单，因而被广泛采用。

但是这种电路，由于所带电压高，所以高压与低压之间，用光耦合器进行隔离，如图5.6所示。

开关量输入计算机一般是通过专门的输入/输出（I/O）接口。来自现场设备的状态分别接至I/O接口的对应位上由计算机取入，接口的开关量的取入可以有两种方式：由计算机定时查询接口，将各通道的开关量取入，这种方式称为查询方式；对于实时性要求高的开关量可以采用中断方式，如开关变位和运行人员操作的紧急命令等。

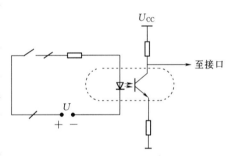

图 5.6　开关量输入的光电隔离

当被监视的设备较远时，为避免沿程干扰，常采用光耦合器隔离的措施。

5.2.4　开关量输出通道

开关量输出通道的任务是根据计算机给出的状态信号去控制运行设备，如推动继电器接点闭合或断开，以操纵电磁执行元件控制设备状态。开关量输出也常常是通过专门的I/O接口来传送信息的。开关量输出也需与现场隔离，一般都有光耦合器。开关量输出通道主要由输出锁存器、输出驱动电路、输出接口地址译码电路等组成。

1. 小功率直流驱动电路

（1）功率晶体管输出驱动继电器电路 。采用功率晶体管输出驱动继电器的电路如图5.7所示。因负载呈电感性，所以输出必须加装克服反电势的保护二极管 VD，J 为继电器的线圈。

（2）达林顿阵列输出驱动继电器电路。MC1416是达林顿阵列驱动器，它内含7个达林顿复合管，每个复合管的电流都在 500mA 以上，截止时承受 100V 电压。为了防止MC1416组件反向击穿，可使用内部保护二极管。图5.8给出了MC1416内部电路原理图和使用方法。

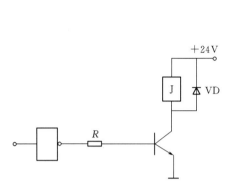

图 5.7　开关量输出电路

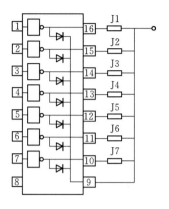

图 5.8　MC1416 驱动电路

2. 大功率交流驱动电路

固态继电器（SSR）是一种四端有源器件，图 5.9 所示为固态继电器的结构和使用方法。输入/输出之间采用光耦合器进行隔离。零交叉电路可使交流电压变化到零伏附近时让电路接通，从而减少干扰。电路接通以后，由触发电路给出晶闸管器件的触发信号。

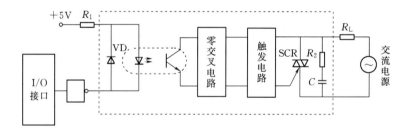

图 5.9　固态继电器结构及用法

5.3　信号转换中的基本知识

模拟量输入/输出通道中需要完成模拟量与数字量之间的转换，称为信号转换。在介绍信号转换原理前，先简要地介绍信号转换中的一些必备知识。

5.3.1　转换过程中的信号描述

1. 测量信号描述

图 5.10 描述了一单回路计算机监控系统通道中信号转换的过程。反映水电生产过程的某种受控物理量为 $X(t)$，它在时间上是连续的，且幅值也是连续的，经过变送器将现场各种物理量都转变为使计算机能接收的与现场物理量成比例变化的电量 $x(t)$，一般变化在 $0\sim5V$ 之间。当采样开关的采样周期为 T 时，则经过采样后的信号为 $x^*(t)$，它在

时间上是离散的，而幅值等于对应采样时刻 nT（其中 $n=0$、1、2、$\cdots$）时连续信号 $x(t)$ 的幅值。然后，经过 A/D 转换器完成由模拟信号到数字信号的"量化"，得到一组用二进制数码来代替的数字信号 $x(nT)$，它在时间上和幅值上都是离散的，该数字信号被输入到计算机。

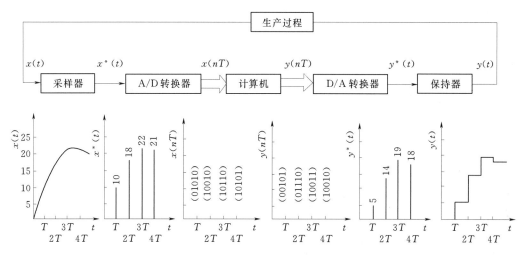

图 5.10　过程通道中的数据转换过程

由计算机运算和判决后送出的控制信号 $y(nT)$ 是数字量形式。信号输出施加在受控设备的执行器上是沿与输入相反的过程进行的。首先，由 D/A 转换器将数字信号 $y(nT)$ 转换成离散的模拟信号 $y^*(t)$，然后经过保持器使离散信号变为连续作用的阶梯形控制信号 $y(t)$，再经执行器变为作用在受控对象上的物理量 $y(t)$ 来完成控制任务。

2. 采样定理

A/D 及 D/A 数据转换结果与采样周期 T 有着密切的关系。采样周期是计算机监控系统中的一个重要参数，它需要根据具体的应用情况来确定。一般来说，选得过大会丢失更多的信息，有可能引起决策和控制的失误。选得过小又可能受到分时采样的通道数量以及计算机信息处理速度的限制。从信号"不失真"的要求考虑，采样周期的下限是没有限制的，但其上限应满足香农（Shannon）采样定理，即若对于一个具有有限频谱（$|\omega| < \omega_{max}$）的连续信号 $x(t)$ 进行采样，当采样频率满足

$$\omega_s \geqslant 2\omega_{max} \tag{5.1}$$

时，则采样函数 $x^*(t)$ 能不失真地恢复到原来的连续信号 $x(t)$。ω_{max} 为信号 $x(t)$ 有效频谱的最高频率；ω_s 为采样频率。

由采样频率与采样周期之间的关系可得采样周期的上限，应满足

$$T \leqslant \pi/\omega_{max} \tag{5.2}$$

香农定理在时域中的物理概念理解可以通过图 5.11 得到回答。在图 5.11（a）中，由于采样周期 T_1 太长，采样点很少，丢失了两次采样点之间的信息，产生了信号失真；在图 5.11（b）中，采样周期缩短为 T_2 后，在满足式（5.1）或式（5.2）的情况下，得

到了采样函数 $x^*(t)$ 保留了原信号的特征（虚线所示）。

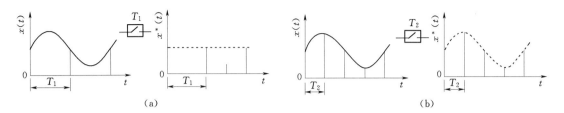

图 5.11　采样周期 T 对采样信号的影响

在具体选取采样周期时，一般要求采样频率至少应取信号平均频率的 10 倍。实用上也可根据参数信号化的惯性时间常数 T_1，T_2，…以及振荡周期 t_1，t_2，…中最小值 $1/4$ 来选取，即

$$T = 1/4 \times \min(T_1, T_2, \cdots; t_1, t_2, \cdots) \tag{5.3}$$

一般情况下，采样周期是恒定不变的，在特殊要求的情况下，也可改变周期值的大小，以求获得更完整的信息。

3. 量化

所谓量化，就是采用一组数码（如二进制码）来逼近离散模拟信号的幅值，将其转换为数字信号。将采样信号转换为数字信号的过程称为量化过程，执行量化动作的装置是 A/D 转换器。字长为 n 的 A/D 转换器把 $y_{min} \sim y_{max}$ 范围内变化的采样信号，变换为数字 $0 \sim 2^n - 1$，其最低有效位（LSB）所对应的模拟量 q 称为量化单位，即

$$q = \frac{y_{max} - y_{min}}{2^n - 1} \tag{5.4}$$

量化过程实际上是一个用 q 去度量采样幅值高低的小数归整过程，如同人们用单位长度（mm 或其他）去度量人的身高一样。由于量化过程是一个小数归整过程，因而存在量化误差，量化误差为 $\pm 1/2 q$。例如，$q = 20\text{mV}$ 时，量化误差为 $\pm 10\text{mV}$，$0.990 \sim 1.009\text{V}$ 范围内的采样值，其量化结果是相同的，为同一数值。

在 A/D 转换器的字长 n 足够长时，量化误差足够小，可以认为数字信号近似于采样信号。在这种假设下，数字系统便可沿用采样系统理论分析、设计。

4. 采样保持器

（1）孔径时间和孔径误差的消除。在模拟量输入通道中，A/D 转换器将模拟信号转换成数字量总需要一定的时间，完成一次 A/D 转换所需的时间称之为孔径时间。对于随时间变化的模拟信号来说，孔径时间决定了每一个采样时刻的最大转换误差，即为孔径误差。例如，图 5.12 所示的正弦模拟信号，如果从 t_0 时刻开始进行 A/D 转换，但转换结束时已为 t_1，

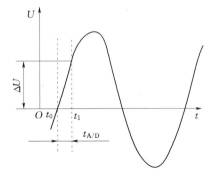

图 5.12　由 $t_{A/D}$ 引起的误差

模拟信号已发生 ΔU 的变化。因此，对于一定的转换时间，最大的误差可能发生在信号过 0 的时刻。因为此时 $\mathrm{d}U/\mathrm{d}t$ 为最大，孔径时间 $t_{\mathrm{A/D}}$ 一定，所以此时 ΔU 为最大。

令

$$U = U_{\mathrm{m}}\sin\omega t$$

$$\frac{\mathrm{d}U}{\mathrm{d}t} = U_{\mathrm{m}}\omega\cos\omega t = U_{\mathrm{m}}2\pi f\cos\omega t \tag{5.5}$$

式中　U_{m}——正弦模拟信号的幅值；

　　　f——信号频率。

在坐标的原点上

$$\frac{\Delta U}{\Delta t} = U_{\mathrm{m}}2\pi f \tag{5.6}$$

取 $\Delta t = t_{\mathrm{A/D}}$，则得原点处转换的不确定电压误差为

$$\Delta U = U_{\mathrm{m}}2\pi f t_{\mathrm{A/D}} \tag{5.7}$$

误差的百分数

$$\sigma = \frac{\Delta U \times 100}{U_{\mathrm{m}}} = 2\pi f t_{\mathrm{A/D}} \times 100\% \tag{5.8}$$

由此可知，对于一定的转换时间。误差的百分数和信号频率成正比。为了确保 A/D 转换的精度，使它不低于 0.1%，不得不限制信号的频率范围。

一个 10 位的 A/D 转换器（量化精度为 0.1%），孔径时间 $10\mu s$，如果要求转换误差在转换精度内，则允许转换的正弦波模拟信号的最大频率为

$$f = \frac{0.1}{2\pi \times 10 \times 10^{-6} \times 10^2 \mathrm{s}} \approx 16\mathrm{Hz} \tag{5.9}$$

为了提高模拟量输入信号的频率范围，以适应某些随时间变化较快的信号的要求，可采用带有保持电路的采样器，即采样保持器。

（2）采样保持原理。A/D 转换过程（即采样信号的量化过程）需要时间，这个时间称为 A/D 转换时间。在 A/D 转换期间，如果输入信号变化较大，就会引起转换误差。所以，一般情况下采样信号都不直接送至 A/D 转换器转换，还需加保持器作信号保持。保持器把 $t = kT$ 时刻的采样值保持到 A/D 转换结束。T 为采样周期，$k = 0，1，2，\cdots$ 为采样序号。

采样保持器的基本组成电路如图 5.13 所示，由输入/输出缓冲器 A_1、A_2 和采样开关 K、保持电容 C_{H} 等组成。采样时，K 闭合，V_{IN} 通过 A_1 对 C_{H} 快速充电，V_{OUT} 跟随 V_{IN}；保持期间，K 断开，由于 A_2 的输入阻抗很高，理想情况下 $V_{\mathrm{OUT}} = V_{\mathrm{C}}$ 保持不变，

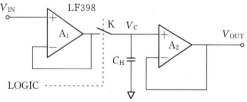

图 5.13　采样保持器的组成

采样保持器一旦进入保持期，便应立即启动 A/D 转换，保证 A/D 转换期间输入恒定。

（3）常用的采样保持器。常用的集成采样保持器有 LF398、AD582 等，其原理结构如图 5.14（a）、（b）所示。采用 TTL 逻辑电平控制 A_2 采样和保持。LF398 的采样控制电平为"1"，保持电平为"0"，AD582 则相反。OFFSET 用于零位调整。保持电容 C_{H} 通常是外接的，其取值与采样频率和精度有关，常选 $510 \sim 1000\mathrm{pF}$。减小 C_{H} 可提高采样

频率，但会降低精度。一般选用聚苯乙烯、聚四氟乙烯等高质量电容器作 C_H。

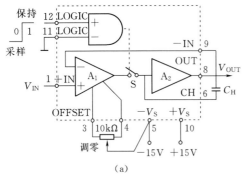
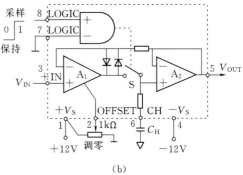

图 5.14　集成采样保持器的原理结构

(a) AD582；(b) LF398

选择采样保持器的主要因素有获取时间、电压下降率等。LF398 的 C_H 取为 $0.01\mu F$ 时，信号达到 0.01% 精度所需的获取时间（采样时间）为 $25\mu s$，保持期间的输出电压下降率为每秒 $3mV$。若 A/D 转换器的转换时间为 $100\mu s$，转换期间保持器输出电压下降约 $300\mu V$。

当被测信号变化缓慢时，若 A/D 转换器转换时间足够短，可以不加采样保持器。

5. 输出信号保持

实际系统中，两次采样时间间隔中控制信号的保持方法，数学上可以用时间"外推"的方法来实现，即 t 时刻的信号 $y(t) = y(nT + \Delta t)$ 等于 nT 时刻采样信号 $y(nT)$ 按下列多项式裁决，即

$$y(nT + \Delta t) = a_0 + a_1\Delta t + a_2\Delta t^2 + \cdots \tag{5.10}$$

式中 $a_0 = y(nT)$。实际上 a_1、a_2 等相应于台劳级数各阶微分项。如果 $a_1 = a_2 = \cdots = 0$，则

$$y(nT + \Delta t) = y(nT) \tag{5.11}$$

它表示在两次采样时间间隔中 $[nT < t < (n+1)T]$ 的信号等于在采样时刻 nT 的信号。这样的保持作用通常称为零阶保持作用，相应的保持器称为零阶保持器。零阶保持作用比较容易实现，是目前最常用的一种方式。如果保留了式（5.10）的 $a_1\Delta t$ 项，则称为一阶保持作用，一方面它要考虑信号的变化率，这在实现上是较困难的，另一方面在相频特性上并不比零阶保持优越，因此，生产上除特殊要求外一般很少采用。

计算机输入的数字信号 $x(nT)$ 保存在数据存储器（或寄存器）中，一直到下次采样数据到来更新为止，因此，它相当于零阶保持作用。由于大部分 D/A 转换器已同时具备转换和保持的功能，因此，当用一个 D/A 转换器输出控制多个受控设备时必须设置保持器，而对单回路或对多回路自身拥有 D/A 转换器的情况下可以不设保持器。

5.3.2　信号转换中的有关技术参数

现对 A/D 转换和 D/A 转换中涉及的有关技术参数加以说明。

1. 分辨率

信号转换的分辨率（Resolution）定义为转换器数字量最低二进制位（LSB）对应模

拟量最小电压变化值，它规定了 A/D 转换器能够区分的模拟量最小电压变化量，或规定了 D/A 转换器能够产生的模拟量的最小变化量。因为 1LSB 能够分辨的模拟量取决于二进制的位数，所以常用二进制位数来表示转换器的分辨率，如 8 位、10 位或 12 位分辨率。如果转换器的满刻度电压为 U_F，二进制位数为 n，则转换器的分辨率（用 U 表示）为 $U_F/(2^n-1)$。表 5.1 列出了满刻度电压为 5V 时不同二进制数位的分辨率（满刻度分度数值）。

表 5.1　　　　　　　　　　**满刻度电压 5V 的分辨率与 n 的关系**

二进制位数	8	10	12	16
转换器分辨率（V）	0.019608	0.004902	0.001221	0.000076

由表 5.1 可见，二进制位数越多，转换器的分辨率越高。对于一个实际系统，转换器位数 n 的选择应根据系统对数据转换的具体要求，不要追求过高的分辨率。因为转换器的价格与位数是按大于 1 的指数方增长的。

2. 量化误差

量化误差（Quantizing Error）是由 A/D 转换分辨率有限所引起的。图 5.15 用以说明一个理想转换特性的量化误差。为简单起见，数字量采用 3 位二进制数以代表 8 个数值，即从 000～111；对应模拟量用刻度表示，满量程刻度为 1，这时分辨率为 1/8（此处 $n=3$）。图 5.15（a）所示为对应模拟量输入的数字量，图 5.15（b）所示为理想转换量化误差与模拟量输入的关系。可见，转换器的量化误差为 LSB/2，即分辨率的 1/2。因此，高分辨率具有小的量化误差。

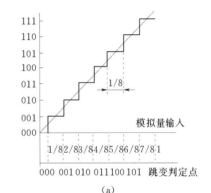
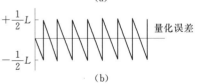

转换器的分辨率（即二进制位数）确定后就存在量化误差。在实际系统的设计中必须考虑到量化误差的存在对系统数据精度带来的影响，要恰当地选择转换器二进制位数。例如，为测量满量程为 100℃，采用 8 位 A/D 转换器，其量化误差为 $100 \times 1\text{LSB}/2 = 0.196℃$，对图 5.15 所示的理想转换器量化误差，一般测量要求情况下已能满足转换精度要求。然而，对精度要求更高的场合，则可选用高分辨率的 A/D 转换器。当选用 12 位时，上述温度测量的量化误差就只有 0.0122℃ 了。

图 5.15　理想转换器量化误差

3. A/D 转换器的转换时间

转换时间（Converting Time）是 A/D 转换器的主要性能指标，其定义是从对 A/D 转换器施加新的模拟输入并启动转换到转换结束的时间间隔。目前 A/D 转换芯片的转换速度一般为 μs 量级，可从 0.5μs（高速）到 100μs（低速）。实际应用中可根据对信号采样的要求合理选取。

4. D/A 转换器的建立时间

建立时间（Setting Time）是 D/A 转换器的主要性能指标，其定义为从对 D/A 转换

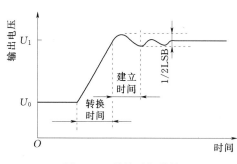

图 5.16 转换时间特性

器施加新的数字输入开始，到模拟输出达到预定的终值的时间间隔。通常，建立时间是指数字输入发生由全 0 到全 1 的满量程变化，到模拟输出稳定值在 ±LSB/2 的范围为止。有的 D/A 转换器技术特性中把输出电压从 U_0 变化到 U_1 的所用时间称为转换时间，余下使模拟输出能稳定在 ±LSB/2 范围的时间称为建立时间，如图 5.16 所示。转换器的转换速度取决于所采用芯片的转换时间特性以及所采用的时钟频率，时钟频率可在一定范围中取值。

5.4 信 号 转 换 原 理

5.4.1 D/A 转换原理

D/A 转换，即把数字量信息转换为与此数值成正比的电流或电压量。众所周知，一个二进制数是由各代码组成的，这些代码的每一位都表示了一定的"权"，为了将这个二进制数转换成模拟量，可以分别将各位代码按权转换成模拟量，然后把它们相加即是该二进制数的模拟量。例如，有一个 4 位二进制数 1001，对应各位的权分别是 2^3、2^2、2^1、2^0，按上述原则，这个二进制数相应模拟量数值为 $1 \times 2^3 + 0 \times 2^2 + 0 \times 2^1 + 1 \times 2^0 = 9$。

实现上述 D/A 转换原理的电路多数采用 T 形电阻解码网络，或称 $R\text{-}2R$ 电阻加权网络，这种转换器结构的 4 位二进制数 D/A 转换电路如图 5.17 所示。在 T 形解码网络中，包含有一个标准参考电源 U_{REF}；二进制数的每一位对应一个电阻 $2R$；有一个由该位二进制数值所控制的双向开关，二进制数位表示"0"或"1"时，双向开关也跟随作相应的切换，以控制电流的流向。无论哪一个双向开关，当数码为"1"时，接通图中左边，电流从 OUT_1 流出。而当数码为"0"时，接通右边，电流从 OUT_2 流出。

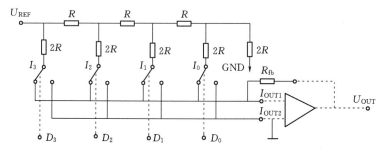

图 5.17 D/A 转换原理

由于运算放大器的虚地特性，使得 OUT_1 与 OUT_2 有相等的电位并接于地。这时，在 R - $2R$ 网络中无论在哪一个节点上从左向右看过去，它的电阻都是两个 $2R$ 并接，因此从左向右每个 $2R$ 电阻上的电流都以 $1/2$ 的系数递减。由此有

$$I_3 = U_{\mathrm{REF}}/2R = 2^3(U_{\mathrm{REF}}/16R)$$

$$I_2 = I_3/2 = 2^2(U_{\mathrm{REF}}/16R)$$

$$I_1 = I_2/2 = 2^1(U_{\mathrm{REF}}/16R)$$

$$I_0 = I_1/2 = 2^0(U_{\mathrm{REF}}/16R)$$

如以 b_3、b_2、b_1、b_0 表示各开关的状态"1"（切向左边）；$\overline{b}_3$、$\overline{b}_2$、$\overline{b}_1$、$\overline{b}_0$ 表示各开关的状态"0"（切向右边），这时由 OUT_1 及 OUT_2 输出电流系列为

$$I_{\mathrm{OUT1}} = B(U_{\mathrm{REF}}/16R)$$

$$I_{\mathrm{OUT2}} = \overline{B}(U_{\mathrm{REF}}/16\mathrm{R})$$

式中
$$B = b_3 \times 2^3 + b_2 \times 2^2 + b_1 \times 2^1 + b_0 \times 2^0$$

$$\overline{B} = \overline{b}_3 \times 2^3 + \overline{b}_2 \times 2^2 + \overline{b}_1 \times 2^1 + \overline{b}_0 \times 2^0$$

在一般情况下，n 位二进制数 D/A 转换：

$$I_{\mathrm{OUT1}} = B(U_{\mathrm{REF}}/2^n R) \tag{5.12}$$

$$I_{\mathrm{OUT2}} = \overline{B}(U_{\mathrm{REF}}/2^n R) \tag{5.13}$$

式中
$$B = b_{n-1} \times 2^{n-1} + b_{n-2} \times 2^{n-2} + \cdots + b_1 \times 2^1 + b_0 \times 2^0$$

$$\overline{B} = \overline{b}_{n-1} \times 2^{n-1} + \overline{b}_{n-2} \times 2^{n-2} + \cdots + \overline{b}_1 \times 2^1 + \overline{b}_0 \times 2^0$$

并且有

$$I_{\mathrm{OUT1}} + I_{\mathrm{OUT2}} = (B + \overline{B})(U_{\mathrm{REF}}/2^n R) \tag{5.14}$$

由式（5.12），I_{OUT1} 与二进制数值成正比（由权系数 B 表示），至此，完成了 D/A 转换。式（5.13）告诉我们，I_{OUT2} 与 $\overline{B}$ 成正比，且与 I_{OUT1} 之和等于常数。

由 D/A 转换算式可见，U_{REF} 不同时输出电流是不同的，因此转换时必须保证精确的恒定电压。

5.4.2 A/D 转换原理

A/D 转换的方法很多，但就目前的主流产品来看，主要方法是基于双积分 A/D 转换、逐次逼近 A/D 转换和基于电压频率转换的 A/D 转换器等 3 种类型。一般双积分转换具有精度高、抗干扰性好、价格便宜等优点，但是转换的速度慢。逐次逼近法具有较快的转换速度（一般都在 $100\mu s$ 以下），适中的精度和价格，适用于规模较大的数据采集系统，但抗干扰能力较弱。电压频率转换法 A/D 转换器则适用于一些特殊场合。此处仅对上述 3 类 A/D 转换器作一简述。

1. 双积分 A/D 转换原理

双积分 A/D 转换原理是将输入电压变换成与它平均值成正比的时间间隔，这个时间间隔是通过计数器所记录脉冲发生器的脉冲数来测量的，因此它也称为积分比较型电压-数字转换。图 5.18 所示为双积分 A/D 转换原理，其工作过程分为采样和测量两个阶段。

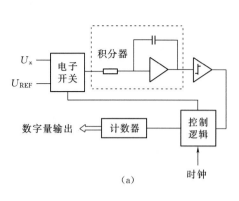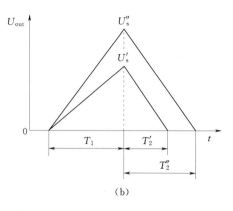

图 5.18　双积分 A/D 转换原理

(a) 原理；(b) 积分器输出波形

在第一阶段，图 5.18 中电子开关接通被测电压 U_x，积分器对其积分，可得输出电压为

$$U_{\text{out}} = \frac{1}{RC}\int_0^{T_1} U_x \mathrm{d}t = \frac{T_1}{RC}\overline{U}_x = U_s \tag{5.15}$$

式中

$$\overline{U}_x = \frac{1}{T_1}\int_0^{T_1} U_x \mathrm{d}t$$

可见，所得积分器输出 U_{out} 与输入电压平均值成正比。

第二阶段，电子开关将积分器的输入端转接到极性和 U_x 相反的基准电源 U_{REF} 进行反向积分。反向积分时，积分器的输出斜率是恒定的。由比较器检测到积分器输出过零时停止积分器工作，即可求出反向积分时间 T_2。反向积分过程有

$$U_s - \frac{1}{RC}\int_0^{T_2} U_{\text{REF}} \mathrm{d}t = 0$$

即得

$$U_s = \frac{T_2}{RC}U_{\text{REF}} \tag{5.16}$$

比较式（5.15）及式（5.16）可得

$$T_2 = \frac{T_1}{U_{\text{REF}}}\overline{U}_x \tag{5.17}$$

反向积分时间由计数器得到数字量输出，显然，由式（5.17）可见，T_2 正比于 U_x，即数字量输出与 U_x 成正比。由图 5.18（b）所示波形可见，输入电压越大，则 U_s 数值越大，T_2 的时间就越长，计数器计数就越多。由于转换器在一次转换中进行了两次积分，故得名为双积分 A/D 转换。

双积分 A/D 转换对周期性变化的干扰信号有良好的抗干扰特性，这对水电站参数的测量有一定实用价值，在被测量点数不多，转换速度要求不高的情况下是很实用的。

2. 逐次逼近 A/D 转换原理

逐次逼近 A/D 转换原理如图 5.19 所示。设输入电压为 U_x，在内部控制逻辑的作用下，能使 N 位寄存器实现类似于对分搜索的控制。转换开始后，控制逻辑先使 N 位寄存器初态清零，然后将最高位置 1（$D_{N-1}=1$），经 N 位 D/A 变换得到一个整个量程一半的模拟电压 U_s，与输入电压比较，若 $U_x>U_s$，则保留 D_{N-1}；若 $U_x<U_s$，则最高位 D_{N-1} 清

零。然后控制下一位置 1（$D_{N-2}=1$），与上次结果一起经 D/A 转换后比较 U_x 大小，重复上述过程而得 D_{N-2} 值。经逐次比较一直到 D_0 位，把前面所得保留在 N 位寄存器中的结果一起经 D/A 转换的模拟电压 U_s 与 U_x 相比较，根据比较 U_s 大于还是小于 U_x 而决定 D_0 位是保留 1 还是清零。这样经过 N 次比较后在 N 位寄存器中的状态即为转换后的数据。为了说明上述过程，图 5.19（b）例举对一个 4 位二进制数逐次逼近转换过程，对输入模拟电压 0.6875V，当基准电压为 1V 时，经过由高位至低位逐次比较逼近而得 $U_s=0.5+0+0.125+0.0625=0.6875$（V）。这也基于对分原则，根据逐次比较决定各位是否保留而确定是 1 还是 0，上述结果在 4 位寄存器中得到数字量为 1011。转换方法是通过"推测"来实现的，这就像天平称东西一样，天平一侧放着被称物品，另一侧逐次加入砝码，从大到小比较确定所加砝码是"保留"还是"撤除"来逼近被称物重量。

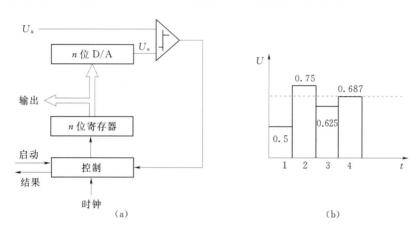

图 5.19 逐次逼近 A/D 转换原理

（a）原理；（b）按时序推理值

实际上，A/D 转换的位数总是有限的，转换的结果常常并不正好和输入量相等，所以结果与实际值一般是存在误差的。

根据转换精度的要求，可选用 8 位、10 位、12 位或更高位数的 A/D 转换芯片或模块来完成模拟量与数字量之间的转换。

3. 基于电压频率转换的 A/D 转换器

VFC（电压频率转换器）构成模/数转换器时，由计数器、控制门及一个具有恒定时间的时钟门控制信号组成。图 5.20 示出 VFC 型 A/D 转换装置的流程图和波形。当电压 U_i 加至 VFC 的输入端后，便产生频率 f 与 U_i 成正比的脉冲。该脉冲通过由时钟控制的门，在单位时间 T 内由计数器计数。计数器在每次计数开始时，原来的计数值被清零。这样，每个单位时间内，计数器的计数值就正比于输入电压 U_i，从而完成 A/D 变换。

当 VFC 的满度频率已知时，A/D 转换周期为

$$T=\frac{N}{F} \tag{5.18}$$

式中 N——A/D 转换器最大输出计数值；

F——VFC 的满度频率。

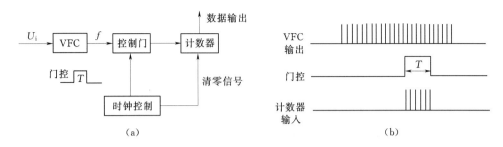

图 5.20　采用 VFC 构成的模/数转换器

(a) 原理框图；(b) 波形

VFC 与微型机结合起来，可方便地构成多位高精度的 A/D 转换器，且具有以下特点。

(1) VFC 价格不高。用它构成的 A/D 转换器，在零点漂移及非线性误差等方面，性能均优于逐次逼近式 A/D 转换器。

(2) VFC 输出频率为 f 的脉冲信号，只需要两根传输线就可进行传送。用这种方式对生产现场的信号进行采样和远距离传输都很方便，且传输过程中的抗干扰能力强。

(3) VFC 的输入量为模拟信号 U_i，输出的是脉冲信号，只需采用光耦合器传输脉冲信号，便可实现模拟输入信号 U_i 和计算机系统之间的隔离。

(4) 由于 VFC 的工作过程具有积分特性，因此在构成 A/D 转换器时，对噪声具有良好的滤波作用。所以，采用 VFC 进行 A/D 转换时，其输入信号的滤波环节可简化。

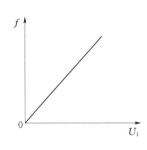

图 5.21　VFC 的输入/输出特性

采用 VFC 构成 A/D 转换器的缺点是转换速度较慢。为了克服这一缺点，可采用以下措施：①采用高频 VFC。若采用 5MHz 的 VFC 构成 10 位 A/D 转换器，则最大转换时间只需 200μs，这就进入了中速 A/D 转换的行列。②在多微机系统中，利用单片机与 VFC 构成 A/D 转换器。由于系统是多机同时工作，即在同一时间内，系统可实现多功能的控制运算，这就解决了实时控制中在速度上的矛盾。

就 VFC 传输特性而言，它是输出信号频率正比于输入电压数值的线性变换器，其传输特性（图 5.21）可由式（5.19）表示，即

$$f = KU_i \qquad (5.19)$$

式中　f——变换器输出信号频率；

$\quad\;\;U_i$——变换器输入电压；

$\quad\;\;K$——变换器的增益。

VFC 具有以下主要指标：

(1) 频率范围：是指在额定输入电压范围内的输出脉冲频率范围，通常分 0～10kHz、0～100kHz、0～1MHz 3 种。近年来，国外已生产出输出频率为 0～5MHz 的 VFC 模块（如美国 TP 公司生产的 4707）。

（2）模拟输入电压范围：变换器额定输入电压的范围，一般为 $0\sim10V$，该输入值通常还允许超出量程 $10\%\sim100\%$。

（3）输入阻抗：输入端对地的等效电阻，该值一般在 $10\sim100k\Omega$ 之间。

（4）非线性误差：一般用相对满量程的百分数表示，通常在 $\pm0.1\%\sim\pm0.001\%$ 之间。

（5）满量程稳定性：包括满量程温度系数、时间漂移、电源电压灵敏度 3 部分。其中温度系数是主要的，一般几十至几百 ppm（即百万分之几）/℃ 的数量级。

（6）电源电流：该指标实际上表示了器件的功耗。正负电源电流一般为几 mA 到 20 $\sim30mA$。

（7）工作温度：通常要求 VFC 模块在 $0\sim+70℃$ 范围内能正常工作。

5.5 输入/输出信号转换模块

5.5.1 可采集多路模拟量的输入模块

工业现场应用的 A/D 转换芯片可分为 8 位、10 位、12 位及 16 位等，有的为一路输入，有的可输入 8 路或 16 路。对后者，已经把模拟多路开关、逐次比较转换器和三态输出锁存器集于一身，可以用它来组成模拟量输入通道。将 A/D 转换芯片按要求与接口芯片以及 CPU 作正确的连接之后，便能接收 CPU 发来的指令，以及向 CPU 传送转换后的二进制数据。

当 A/D 转换器的转换速度比模拟信号的频率高许多倍时，模拟信号可以直接加到 A/D 转换器的输入端，不需要设置采样保持器。图 5.22 是 ADC0808 芯片组成的不带采样保持器的 A/D 芯片输入模块。ADC0808 芯片是 CMOS 器件，它是采用逐次逼近法实现由模拟量到数字量的转换。它具有与微型计算机兼容的控制逻辑，其典型转换时间为 $100\mu s$。

1. 通道的组成

由图 5.22 可以看出，通道由 ADC0808 芯片、地址译码器 74LS138 芯片、控制器 74LS02 芯片、分频器及系统总线等部分组成。

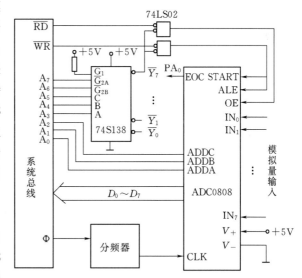

图 5.22　采用 ADC0808 构成的输入模块

2. 各部分的作用

（1）ADC0808 芯片。ADC0808 芯片是 A/D 转换的核心部分。其内部有 8 个多路开关，即 $IN_0\sim IN_7$；有地址锁存译码器，地址输入为 ADDA、ADDB、ADDC；有 A/D 转换器以及 8 位三态输出寄存器。A/D 转换器的启动信号由 START 端输入，受 CPU 控制。转换后的数据读取命令由 OE 输入，同样由 CPU 控制。ADC0808 芯片能接入 8 路模拟量，它的地址由 A、B、C 3 端控制，有 8 种组合，每种组合对应一个模拟输入通道，被选中的通道可进行 A/D 转换。其关系如表 5.2 所示。

表 5.2　　　　　　　　　　　　　　ADC0808 通道译码表

选中通道		IN_0	IN_1	IN_2	IN_3	IN_4	IN_5	IN_6	IN_7
地址码	A	0	1	0	1	0	1	0	1
	B	0	0	1	1	0	0	1	1
	C	0	0	0	0	1	1	1	1

（2）74LS138 及 74LS02 芯片。考虑到现场的数据采集规模比较大，可能有几十路甚至成百上千路模拟量，这样，只用一片 ADC0808 就不够了，要用多片 ADC0808 芯片来构成一定的输入通道，以满足大于 8 路输入的需要。多片 A/D 芯片参加工作的电路，就存在片选问题。这里采用 741LS138 芯片来实现选片工作。该芯片有 A、B、C 3 根地址控制线，有 $\overline{Y}_0 \sim \overline{Y}_7$ 8 根输出线，能控制 8 片 ADC0808 芯片。设置一片 741LS138 芯片，通过 A、B、C 3 根地址线的不同代码的组合，分别控制 8 片 ADC0808 中的一片，总共可以控制 64 路模拟量的输入。图 5.22 中 741LS138 的 G_1 端通过 $10k\Omega$ 电阻接到 $+5V$ 电源，使 G_1 始终保持高电平。将 $\overline{G}_{2A}$ 及 $\overline{G}_{2B}$ 接到 CPU 地址总线的 A_7 和 A_6，741S138 译码器的 A、B、C 接到 CPU 地址总线的 A_3、A_4、A_5 端。由于 G_1 始终是高电平，所以当 CPU 的地址总线 A_6、A_7 同时出现低电平时，741LS138 译码器便产生译码输出，其译出规律由 A、B、C 的数码决定，具体对应关系如表 5.3 所示。

表 5.3　　　　　　　　　　　　　　74LS138 译码器功能表

输　　入						输　　出							
G_1	$\overline{G}_{2A}$	$\overline{G}_{2B}$	A	B	C	$\overline{Y}_0$	$\overline{Y}_1$	$\overline{Y}_2$	$\overline{Y}_3$	$\overline{Y}_4$	$\overline{Y}_5$	$\overline{Y}_6$	$\overline{Y}_7$
1	×	×	×	×	×	1	1	1	1	1	1	1	1
1	0	0	0	0	0	0	1	1	1	1	1	1	1
1	0	0	0	0	1	1	0	1	1	1	1	1	1
1	0	0	0	1	0	1	1	0	1	1	1	1	1
1	0	0	0	1	1	1	1	1	0	1	1	1	1
1	0	0	1	0	0	1	1	1	1	0	1	1	1
1	0	0	1	0	1	1	1	1	1	1	0	1	1
1	0	0	1	1	0	1	1	1	1	1	1	0	1
1	0	0	1	1	1	1	1	1	1	1	1	1	0

74LS138 译出 $\overline{Y}_0 \sim \overline{Y}_7$ 之后分别去控制相应的 ADC0808 芯片。本例只用一片 ADC0808 芯片，选用 $\overline{Y}_7$ 去控制。如果还需要接入另外 7 片，把 $\overline{Y}_0 \sim \overline{Y}_6$ 分别接到相应芯片就可以了。

根据图 5.22 中 74LS138 译码器用 $\overline{Y}_7$ 去控制 ADC0808 芯片，ADC0808 芯片的 8 个输

入通道的口地址如表 5.4 所示。

很明显，当 $A_5A_4A_3$ 不是 111，而是从 000～111 之间进行变化时，便可以控制 8 片 ADC0808 芯片。例如，当 $A_5A_4A_3 = 000B$ 时，$\overline{Y}_0$ 被译出；$A_5A_4A_3 = 001B$ 时，$\overline{Y}_1$ 被译出，等。这样，每个芯片控制 8 路输入，受控的 8 个芯片总共能控制 64 路输入，即有 64 个输入通道，通道地址从 00H 一直到 3FH，即当 $A_7A_6A_5A_4A_3A_2A_1A_0 = 00000000B$ 时，通道 00H 被选中；$A_7A_6A_5A_4A_3A_2A_1A_0 = 00111111B$ 时，通道 3FH 被选中。

74LS02 芯片是四输入二输出的与非门，它与 $\overline{Y}_7$ 配合，构成对 ADC0808 芯片的启动信号、地址锁存信号及 CPU 对 ADC0808 芯片数据读写的信号。当 $\overline{Y}_7$ 有效后，将信息送入 74LS02，使两个与非门的一个输入端为低电平，而另两个输入端分别接系统总线的写 $\overline{WR}$ 和读 $\overline{RD}$。CPU 通过 $\overline{WR}$ 控制信号，当 $\overline{Y}_7$ 有效时，74LS02 的两个输入端均为低电平，于是输出为高电平，产生 ADC0808 芯片所需要的启动信号 START 和地址锁存信号 ALE，这样，ADC0808 芯片被启动，开始对输入的模拟信号进行 A/D 转换。当 A/D 转换结束时，CPU 通过 $\overline{RD}$ 控制信号发出一个低电平选通信号。这一信号经 74LS02 的另一个输入端与 $\overline{Y}_7$ 有效的低电平与非之后，产生一个高电平信号输给 ADC0808 芯片的允许输出信号端 OE，于是 ADC0808 芯片的输出门被打开，CPU 向 ADC0808 芯片读取转换后的数字信号。

表 5.4   ADC0808 芯片输入通道逻辑表

地 址 线								选中通道	通道地址
A_7 ($\overline{G}_{2A}$)	A_6 ($\overline{G}_{2B}$)	A_5 (C)	A_4 (B)	A_3 (A)	A_2 (ADDC)	A_1 (ADDB)	A_0 (ADDA)		
0	0	1	1	1	0	0	0	IN_0	38H
0	0	1	1	1	0	0	1	IN_1	39H
0	0	1	1	1	0	1	0	IN_2	3AH
0	0	1	1	1	0	1	1	IN_3	3BH
0	0	1	1	1	1	0	0	IN_4	3CH
0	0	1	1	1	1	0	1	IN_5	3DH
0	0	1	1	1	1	1	0	IN_6	3EH
0	0	1	1	1	1	1	1	IN_7	3FH

（3）分频电路。在图 5.22 中，如当系统时钟频率为 4.0MHz，而 ADC0808 芯片要求的频率不大于 640kHz。因此，选用 3 个 D 触发器对 4.0MHz 的时钟频率进行八分频后得到一个 500kHz 的时钟信号，将此时钟信号送到 ADC0808 芯片的 CLK 端，作为 ADC0808 芯片的时钟信号。

3. 工作过程

现以输入通道 IN_7 为例，说明 ADC0808 芯片的整个 A/D 转换过程。根据表 5.4，欲使 IN_7 通道被选中，必须使 $A_2A_1A_0$ 3 条地址码为 111B，同时与 74LS138 译码器 A、B、C 相连接的 3 根选通线 $A_5A_4A_3$ 也为 111B，$A_7 = 0$，$A_6 = 0$，即 IN_7 的口地址为 3FH。当

CPU 送出 3FH 地址码时，通道 IN_7 便被选中，与 IN_7 相连的模拟量便通过 IN_7 口进入到 ADC0808 芯片并进行 A/D 转换。转换开始后，EOC 由高电平变为低电平，经过 $100\mu s$ 时间之后，A/D 转换结束，EOC 自动由低电平变为高电平。CPU 通过检测便可判断转换是否已经结束。当 A/D 转换结束，CPU 经 $\overline{RD}$ 端发出读信号，与 $\overline{Y_7}$ 经 74LS02 与非后由 ADC0808 芯片的 OE 端送入一高电平的读信号，于是，转换器的三态门被打开，转换后的数据由 CPU 读走，存入指定的存储单元，或由 CPU 进行处理。这样，模拟量的采样转换过程便告结束。$IN_0 \sim IN_6$ 各通道的模拟量输入和转换过程与 IN_7 通道的工作过程是相同的。根据以上分析编写相应的程序就容易了。

对于单输入的 A/D 转换芯片，可以由多路采样开关与现场多路信号连接，由译码选通通道实现多路采样，如图 5.1 所示。

5.5.2　具有多路模拟量输出的输出模块

在实际监控系统中，模拟量的输出可能不只一个，而具有很多个。图 5.23 是采用 DAC0832 芯片构成的多路输出模块原理。

从图 5.23 可以看出，通道是由通道选择器、D/A 转换器组成。由于是 8 路输出，因此，选用 74LS138 芯片作为译码器，将译出 $\overline{Y_0} \sim \overline{Y_7}$ 去控制 8 片 DAC0832 芯片。

DAC0832 芯片是一种具有两个数据锁存器的 CMOS 芯片，它可以将 8 位二进制数码转换成为相应的模拟量，输出端输出的是电流，经过运算放大器将电流信号转变为电压信号。这种芯片的结构框图如图 5.23 所示。DAC0832 芯片引脚的含义如下。

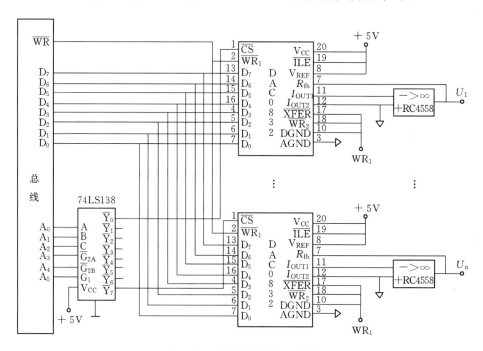

图 5.23　8 路模拟量输出通道

$D_0 \sim D_7$ 为 8 位数据输入，D_0 为最低位，D_7 为最高位。

I_{OUT1} 和 I_{OUT2} 为 8 位 DAC 芯片的电流输出。

V_{REF} 为标准电压，可工作在 +10～−10V 范围。

$\overline{CS}$ 为片选信号，它与 ILE 信号结合起来可对 $\overline{WR_1}$ 信号是否起作用进行控制。

ILE 为允许输入锁存信号端，高电平有效。

$\overline{WR_1}$ 为写信号 1，用来将数据总线送来的数据锁存于输入寄存器中，必须使 $\overline{CS}$、$\overline{WR_1}$、ILE 同时有效才能进行此操作。

$\overline{WR_2}$ 为写信号 2，低电平有效，用来将存于输入寄存器中的数据送入到 8 位 DAC 寄存器并锁存起来，当 $\overline{WR_2}$ 和 $\overline{XFER}$ 同时有效时才能进行此操作。

$\overline{XFER}$ 为传送控制信号，与 $\overline{WR_2}$ 配合使用，使 DAC 芯片的寄存器选通。

R_{fb} 为反馈电阻，固化在芯片内，用作外部直流放大器接入分路反馈电阻的连接端，可以和外接运算放大器的输出端短接。

AGND 为模拟量接地端，DGND 为数字量接地端。

从图 5.24 可以看出，DAC0832 芯片的两个数据锁存器有各自的控制信号，因此，它可以工作在双缓冲方式或工作在单缓冲方式。

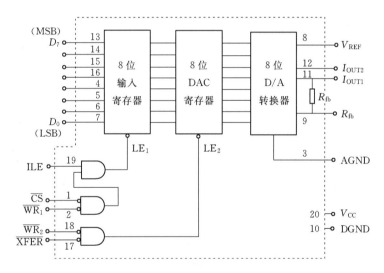

图 5.24　DAC0832 芯片结构框图

双缓冲工作方式适用于各路模拟量同时输出的场合。工作在双缓冲方式时，CPU 应提供两个地址译码 $\overline{CS}$ 和 $\overline{XFER}$。当 ILE=1，$\overline{CS}$=0，$\overline{WR_1}$=0 时，$\overline{LE_1}$=1，8 位输入寄存器的输出随 $D_0 \sim D_7$ 的变化而变化，数据总线上的数据进入寄存器；当 ILE=1，$\overline{CS}$=0，$\overline{WR_1}$=1 时，$\overline{LE_1}$=0，8 位输入寄存器把输入的数据锁存起来。接着，当 $\overline{XFER}$=0，$\overline{WR_2}$=0，$\overline{LE_2}$=1，输入寄存器中的数据送入 DAC 寄存器；当 $\overline{XFER}$=0，$\overline{WR_2}$=1 时，便把数据锁存起来。对于多个模拟量输出系统，各 DAC0832 芯片的选片有统一的安排，各选片信号 $\overline{CS}$ 和 $\overline{WR_1}$ 分时地将数据分别送入各 DAC0832 芯片的输入寄存器并锁存起来，而各 DAC0832 芯片的 $\overline{XFER}$ 和 $\overline{WR_2}$ 都接在一起，共用一个控制信号。当 $\overline{XFER}$ 和 $\overline{WR_2}$ 同时为低电平时，在同一时刻，各 DAC0832 芯片将锁存器中的 8 位数据都送到对应的 8 位

DAC 寄存器中去，并且当 $\overline{WR_2}$ 由低电平变为高电平时，将这些数据锁存起来，与此同时，各个 DAC0832 芯片同时开始进行 D/A 转换，从而实现多个模拟量的同步输出。

当 DAC0832 芯片工作在单缓冲方式时，各模拟量的输出不是同时的，而是分时的。实现单缓冲工作方式的方法是使 8 位输入寄存器与 8 位 DAC 寄存器两者中的一个寄存器处于直通状态，另一个相关的寄存器处于受控状态。例如，使 8 位寄存器处于受控状态，让 DAC 寄存器处于直通状态，具体做法是把控制信号 $\overline{WR_1}$、$\overline{WR_2}$、$\overline{XFER}$ 都连接在一起，由 $\overline{WR_1}$ 信号对它们进行控制。在这样的条件下，仿照对双缓冲工作的分析方法，可以得出 8 位输入寄存器是受控的，8 位 DAC 寄存器是直通的，即 8 位输入寄存器直接把数据通过 8 位 DAC 寄存器传送给 D/A 转换器。每一个 DAC 芯片被分时选通，用单缓冲方式工作，于是，各路输出就是分时的了。

通过上述分析可以清楚地看出，图 5.23 所示的电路是工作于单缓冲工作方式的。图 5.23 中，DAC0832 芯片的选片信号分别接到 74LS138 译码器的 $\overline{Y_0}$～$\overline{Y_7}$ 端，即 8 片 DAC0832 芯片的接口地址分别为 95H～9CH。CPU 执行一条输出指令，数据即被送入 DAC0832 的输入寄存器，于是 DAC0832 芯片转换的输出电流 I_{OUT1} 和 I_{OUT2} 经运算放大器 RC4558 输出相应模拟电压。因为 DAC0832 芯片具有数字锁存的功能，所以各通道输出的模拟电压可以保持到该通道的 DAC0832 芯片获得新的输入数字信号为止。

如共用一 D/A 转换芯片输出多个控制信号，可以用反向多路开关和保持器来实现，如图 5.25 所示。

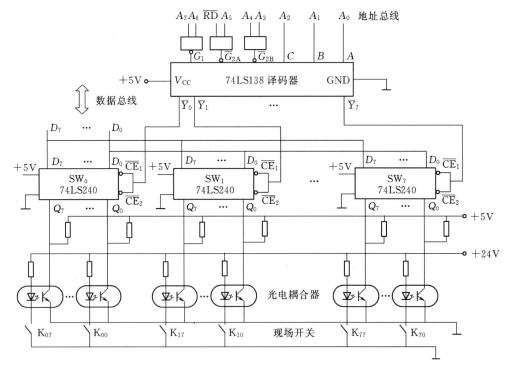

图 5.25　开关量直接输入电路

5.5.3 具有多路开关量输入的输入模块

控制现场的开关量往往是很多的，为了更好地对这些开关量的输入与输出进行控制，要把它们人为地进行编组，并编上序号，以便在编程时使用。习惯上以计算机的字节作为开关量分组的依据，即开关量每一组所包含的开关的点数应与计算机的字节相同。一个开关点就是一个开关。输入容量是指送入计算机开关量总的点数。输入的点数越多，表示输入的容量越大。输入容量应为所选用的计算机字节的整数倍。例如，计算机的字节是 8 位，输入的容量应为 8 的整数倍，即 16 点、32 点、64 点、128 点等。如果对计算机输入 64 个开关量，则可以把 64 个开关量分成 8 组，每组为 8 个点，每次输入一组，分 8 次输入。

开关量的输入方式，目前比较流行的有两种。一种是直接输入方式，另一种是采用接口芯片并行输入方式。此处只介绍直接输入方式。

直接输入比较简单，不需要在通道中设置记忆元件来保持输入量的状态，只需要配备一些信号选通门，供计算机有选择地将某一组开关量取入即可。下面就具有 64 路开关量直接输入的电路进行介绍。

1. 电路原理

64 路开关量直接输入方式的原理如图 5.25 所示。

从图 5.25 可以看出，开关量输入电路主要由 3 部分组成：光耦合器、74LS240 缓冲器及 74LS138 译码器。图中把 64 个开关量分成 8 组，每组 8 个点，其中 K_{00}、K_{01}、K_{02}、…、K_{07} 为一组，其余组的编号已标在图中。每一个现场开关和一个光耦合器相连接，每 8 个光耦合器为一组，与一片 74LS240 缓冲器相连接。而每一片 74LS240 缓冲器受到 74LS138 译码器的译出线 $\overline{Y}_i$ 控制。74LS138 译码器的译出信息由计算机 CPU 提供。

2. 各部分的作用

（1）光耦合器。光耦合器的作用有两个，一个是实现电平的转换，即把开关的断开与闭合转换成为高电平和低电平，完成 1 及 0 的对应转换。另一个作用是实行电气隔离，防止各种电磁干扰信号串入计算机。

（2）74LS240 缓存器。这是具有三态门的 8D 反相缓存器。这里把每一个缓存器当作一个输入口，给它编写一个端口地址。寻找其中某一个端口时，由地址译码器 74LS138 根据 CPU 发来的口地址译码器来选择。每一个缓存器接入 8 个光耦合器，即接入 8 个开关量。

（3）74LS138 译码器。它是一种较为典型的 3-8 译码器，它的输入端有 3 个变量，共有 8 种组合，能译出 8 个输出信号，利用这 8 个信号，可以去控制 8 个输入端口。74LS138 芯片一共有 16 个引脚，其中 G_1 为译码器芯片选择端，当它为高电平时，译码器芯片被选中。$\overline{G}_{2A}$、$\overline{G}_{2B}$ 为译码器的控制端，只有当 $\overline{G}_{2A}$、$\overline{G}_{2B}$ 均为低电平时，该译码器才有效。A、B、C 为译码器的 3 个输入端，可译出 8 种不同的状态，译码器的输出分别选中 $\overline{Y}_0 \sim \overline{Y}_7$ 中的一条线作为有效输出，对相应的端口进行操作。74LS138 译码器功能表如表 5.3 所示。

3. 开关量的输入

64 路开关量的输入，要求与 CPU 地址总线、数据总线及控制总线作正确的相接。当

74LS138 译码器和地址总线的连接如图 5.25 所示时，根据译码器的真值表 5.3 可以看出，74LS240 缓存器的 SW_0、SW_1、$\cdots$、SW_7 端口的地址码分别为 00H、01H、$\cdots$、07H。当计算机要采集 SW_0 端口所连接的 8 个开关 $K_{00} \sim K_{07}$ 的状态时，只要执行一条地址（00H）的输入指令即可。当执行这条指令时，$\overline{RD}$ 为低电平，同时，地址总线的 $A_0 \sim A_7$ 全为低电平，即 0 电平，于是 74LS138 译码器的输出只有为低电平，其余的 $\overline{Y}_0 \sim \overline{Y}_7$ 为高电平 1。因此，只有 $\overline{Y}_0$ 使 SW_0 的 $\overline{CE}_1$ 和 $\overline{CE}_2$ 为低电平，而缓存器 74LS240 只有在 $\overline{CE}_1$ 和 $\overline{CE}_2$ 为低电平时才被选中，可见只有 SW_0 被选中，与之相应的 Q_0 至 Q_7 端的 8 个开关的状态，通过数据总线进入 CPU，从而完成了把 SW_0 的 8 个开关量输入计算机的工作。至于这些开关量输入到计算机之后应如何处理，那就需要根据控制的要求，由预先编好的程序去处理了。当选择 SW_0 通道时，$\overline{Y}_0$ 为低电平，$\overline{Y}_1 \sim \overline{Y}_7$ 为高电平，这样，从 SW_1 至 SW_7 的 $\overline{CE}_1$ 和 $\overline{CE}_2$ 端均为高电平，与它们相连的缓存器均为高阻状态，和它们相连的开关状态就不能进入计算机。如果顺序地送入 $SW_1 \sim SW_7$ 的端口地址 00H 及 07H，则 64 路开关分 8 次顺序输入，每次输入 8 个开关量。

4. 输入容量的扩展

从上面分析可以看出，一个模块可以输入 64 个开关量。当开关量大于 64 个时，采用增加模块的办法来实现输入容量的扩展是很简便的。例如，再增加这样的一个模块，便可以增加 64 路输入。用 4 个这样的模块便可以输入 256 个开关量。增加模块后，只要对译码电路作相应的变动就可以了。

5.5.4　具有多路开关量输出的输出模块

开关量的输出，实际上就是给生产过程的一些控制机构送去控制信号，以便执行所需要的控制操作，如对高压油开关、继电器、接触器、电磁阀门、信号灯的通与断的控制等。开关量的输出通道，随着控制系统的不同而不同，有时差别很大，但对开关量输出通道的基本要求是相同的。

对于需要大功率的控制对象，必须在输出通道中设置驱动放大环节和大功率电源，如驱动高压油开关、驱动大功率阀门电磁铁、驱动大功率继电器等被控对象，就必须设置放大环节和大功率电源。对于驱动步进电机或脉冲伺服装置，就必须在通道中设置脉冲分配器，按一定的规律分配输出信号，使它们能按照一定的要求工作。

开关量输出通道一般应设置光电隔离器，以便有效地隔除外部电磁对计算机系统产生的共模干扰。

对于开关量较多的控制现场，需要采用分组控制，而每一组控制的开关点数应等于所采用的计算机的字节。例如，现场有 64 个开关量，则应分成 8 组，每组为 8 个开关量。

1. 电路原理

图 5.26 所示为具有 64 路开关量输出的原理。从图 5.26 中可以看出，开关量输出电路主要由驱动电路、光耦合器、74LS273 锁存器及 74LS138 译码器等 4 部分组成。图中使用了 8 个 74LS273 锁存器，每个锁存器可输出 8 个开关控制量。每一个开关量与一个光耦合器相连。每一个光耦合器与一个驱动电路相连。该电路共可以控制 64 个开关。从图中可以清楚地看出，每一个 74LS273 锁存器受到 74LS138 译码器的译出线的控制，

74LS138 译码器的译出信息由计算机提供。

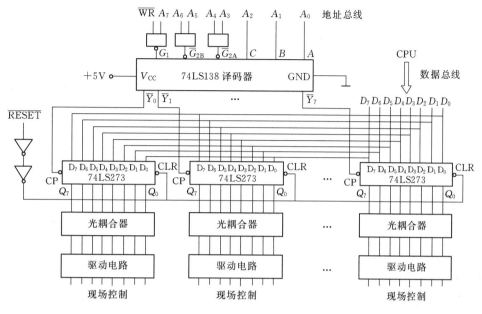

图 5.26　开关量输出电路

2. 各部分的作用

（1）驱动电路。正如前面所述，现场控制的对象是多种多样的，因此，驱动电路也是多种多样的。在输出通道中，是否设置放大环节，是否设置大功率电源，是否设置脉冲分配器，完全由被控制对象的要求决定。图 5.9 所示为功率继电器驱动器的原理。

（2）光耦合器以及 74LS138 译码器的作用与开关量输入电路相同。

（3）74LS273 锁存器。这是具有三态门的 8D 锁存器。一个锁存器有 8 位，可以同时控制 8 个执行机构。只要锁存器的状态不发生变化，它所控制的执行机构的状态就不会发生变化。要改变某个执行机构的状态，只要修改锁存器中对应位的状态就可以了。这些锁存器的输入端都连接在数据总线上，通过 CPU 送出相应的代码就可以改变锁存器的状态。74LS273 锁存器只有当某 CP 端为低电平时，输入端的信息才能进入锁存器。为了保证在数据总线上出现的某一个控制代码时，这些数据能进入指定的锁存器中去，必须把各锁存器作为微处理器的输出端口，给每一个端口编一个地址，端口的选中与否，由74LS138 译码器对地址码的译码来决定。

3. 开关量的输出

当 74LS138 译码器同地址总线的连接如图 5.26 所示时，各锁存器端口的地址从左到右分别为 00H、01H、02H、03H、04H、05H、06H、07H。只要计算机执行一条相应地址的输出指令，则控制命令即可进入所指定的锁存器，从而使相应的执行机构保持受控状态。

可以人为地为每一个端口在内存中设定一个单元，这个单元称为端口的映象。在这个映象单元中，存放着该端口的 8 位开关量的现行状态。控制系统根据既定的控制规律，决定修改某一个执行机构的状态时，首先将此映象单元内容取出来，用位指令修改此单元中相应位的内容之后，再将修改后的控制命令存入映象单元，然后再将这个单元的 8 位控制命令送至相应的端口。

4. 输出容量的扩展

以上电路实现了 64 路开关量的输出。如果输出的开关量大于 64 路，可以用扩展的办法，即用增加模块的办法来满足要求。例如，用 4 个如图 5.26 所示的模块电路，只要对译码电路做一些修改，便可以实现 256 路开关量的输出。

5.6　交流电量采集原理

根据采样信号的不同，数据采集可分为直流信号采样和交流信号采样两大类。

交流电量测量是水电厂自动化中的基本内容。20 多年的实际应用证明，用微机直接采集交流电量，可以使监测系统结构简化，数据采集精度提高，运行稳定性增加。

电量的数据采集是实现自动化的重要环节。而交流信号采样实时性好、相位失真小、投资少、便于维护，因此应用越来越广泛。随着微机技术的发展，特别是随着计算机和集成电路技术的发展，交流信号采样原有的困难如算法复杂、提高精度难、对 A/D 的速度要求高等已逐步得到克服，目前在电参量采集中它已取代直流采样。本节简要介绍监控系统中常用的交流采样算法，分析其特点，以便正确选择其使用场合。

5.6.1　直流信号采样和交流信号采样

1. 直流信号采样

直流信号采样是采集经过变送器整流后的直流量，然后由 A/D 转换器送入主机，此方法软件设计简单、计算方便，对采样值只需作一次比例变换，即可得到被测量的数值，因而采样周期短，因此在微机应用的初期，此方法得到了广泛的应用。但投资大，维护复杂，特别是不能及时反映被测量的突变，具有较大的时间常数。因此，为了提高响应速度，变送器的时间常数应特别设计，因而不宜普遍使用。另外，测量谐波有误差，以及测量精度直接受变送器的精确度和稳定性的影响。

鉴于以上原因，直流信号采样在电力系统中的应用受到限制。因此用交流信号采样代替直流信号采样是必然趋势。其主要优点是实时性好，相位失真小，投资少，便于维护。其缺点是算法复杂，精度难以提高，对 A/D 转换速度要求较高。但随着微机技术的发展，已逐步取代直流采样。

2. 交流信号采样

交流电量数字测量系统如图 5.27 所示。

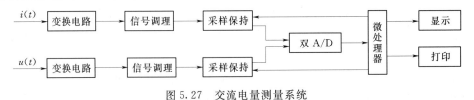

图 5.27　交流电量测量系统

通过对时间上连续的交流量进行离散采样，获得一定数量的交流量瞬时值的采样值，再由微处理器采用某种适当的处理算法，计算出有关的交流电参量。

　　交流信号采样的应用范围非常广泛。采样方式、采样率和处理算法的有效性直接关系到测量结果的精度和获取结果的时间。根据应用场合不同，其算法也有很多种，按照其模型函数，大致可分为正弦模型算法、非正弦周期模型算法。其中正弦模型算法主要有最大值算法、单点算法、半周期积分法、两点采样等。非正弦模型算法有均方根算法、傅里叶算法等。各种算法都有其优、缺点，在电力系统中的应用也不相同。

　　下面对此作简要介绍。

5.6.2　交流信号采样算法

5.6.2.1　正弦模型算法

　　1. 最大值算法

　　如果正弦量为纯交流量，通过采集最大值即可得到有效值。

　　设被测电压信号

$$u = U_m \sin(\omega t + \varphi_u) \tag{5.20}$$

则有效值

$$U = \frac{1}{\sqrt{2}} U_m \tag{5.21}$$

式中　　U_m——同步采样得到的最大值。

同理

$$I = \frac{1}{\sqrt{2}} I_m \tag{5.22}$$

要求预先确知被测电压信号的频率参数，而且要求同步准确，采样周期稳定，否则此方法难以保证精度。

　　2. 单点算法

　　这种算法只适用于对称三相正弦信号，在某一时刻同时对三相线电压、线电流采集一点，就可计算各线电压和线电流有效值、各相有功功率及无功功率，它对采样时刻无任何要求。

$$U = \frac{1}{\sqrt{3}} \sqrt{u_1^2 + u_2^2 + u_3^2} \tag{5.23}$$

其中　　$u_1^2 + u_2^2 + u_3^2 = U_m^2 \sin^2(\omega t + \varphi) + U_m^2 \sin^2(\omega t + \varphi - 120°) + U_m^2 \sin^2(\omega t + \varphi + 120°)$

$$= \frac{1}{2} U_m^2 [3 - \cos(2\omega t + 2\varphi) - \cos(2\omega t + 2\varphi - 240°) - \cos(2\omega t + 2\varphi + 240°)]$$

$$= \frac{3}{2} U_m^2$$

$$= 3U^2 \tag{5.24}$$

同理

$$I = \frac{1}{\sqrt{3}} \sqrt{i_1^2 + i_2^2 + i_3^2} \tag{5.25}$$

$$P = \frac{1}{9} \left[u_{ab} \ (i_a - i_b) \ + u_{bc} \ (i_b - i_c) \ + u_{ca} \ (i_c - i_a) \right] \tag{5.26}$$

$$Q = \frac{1}{9} \sqrt{3} \ (u_{ab} i_c + u_{bc} i_a + u_{ca} i_b) \tag{5.27}$$

其中

$$\begin{aligned}
u_{ab}(i_a - i_b) + u_{bc}(i_b - i_c) + u_{ca}(i_c - i_a) &= \frac{3}{2} U_m I_m \left[\cos(\varphi + 30°) - \cos(\varphi + 150°) \right] \\
&= 3 U_m I_m \sin(\varphi + 90°) \sin 60° \\
&= 3\sqrt{3} u_{ab} i_{ab} \cos\varphi \\
&= 9P
\end{aligned}$$

$$\begin{aligned}
u_{ab} i_c + u_{bc} i_a + u_{ca} i_b &= \frac{3}{2} U_m I_m \cos(\varphi - 90°) \\
&= 3 u_{ab} i_a \sin\varphi \\
&= 3\sqrt{3} Q
\end{aligned} \tag{5.28}$$

3. 半周期积分法

设

$$u = U_m \sin\omega t, T = \frac{2\pi}{\omega}$$

则

$$\begin{aligned}
A &= \int_0^{\frac{T}{2}} u \, \mathrm{d}t = \int_0^{\frac{T}{2}} U_m \sin\omega t \, \mathrm{d}t \\
&= -\frac{U_m}{\omega} \cos\omega t \ \bigg|_0^{\frac{T}{2}} \\
&= \frac{2 U_m}{\omega}
\end{aligned} \tag{5.29}$$

把积分离散化，有

$$A = \frac{T}{2N} \sum_{k=1}^{N} u_k \tag{5.30}$$

则

$$U = \frac{\sqrt{2}\pi}{4N} \sum_{k=1}^{N} u_k = \frac{\pi}{2\sqrt{2}N} \sum_{k=1}^{N} u_k \tag{5.31}$$

式中 N——半周期采样点数。

同理

$$I = \frac{\pi}{2\sqrt{2}N} \sum_{k=1}^{N} i_k \tag{5.32}$$

4. 两点算法

设采集电压过零点后 t_k 时的采样值 u_k 和另一采样时刻 t_{k+1} 时的采样值 u_{k+1}，则

$$u_k = U_m \sin(\omega t_k + \varphi) \tag{5.33}$$

$$u_{k+1} = U_m \sin(\omega t_{k+1} + \varphi) = U_m \sin[\omega(t_k + \Delta T) + \varphi] \tag{5.34}$$

式中 $\Delta T = t_{k+1} - t_k$，由式 (5.33)、式 (5.34) 可推导出电压的计算表达式为

$$U_m^2 = \frac{u_k^2 + u_{k+1}^2 - 2 u_k u_{k+1} \cos\omega\Delta T}{\sin^2 \omega\Delta T} \tag{5.35}$$

同理，可推导出

$$I_m^2 = \frac{i_k + i_{k+1} - 2i_k i_{k+1}\cos\omega\Delta T}{\sin^2\omega\Delta T} \tag{5.36}$$

从式（5.35）、(5.36) 中可以看出，当频率 ω 为工频 ω_0 时，$\cos(\omega\Delta T)$ 及 $\sin(\omega\Delta T)$ 均为常数，上述表达式为电压、电流的准确计算公式。但当频率 ω 偏离工频 ω_0 时，$\cos(\omega\Delta T)$ 及 $\sin(\omega\Delta T)$ 将不再是常数，上述公式就会出现误差。此时跟踪频率的变化，实时计算 $\cos(\omega\Delta T)$ 及 $\sin(\omega\Delta T)$。

由式（5.33）可以导出

$$\cos(\omega\Delta T) = \frac{u_k + u_{k+2}}{2u_{k+1}}$$

利用等比定理，即

$$如 \frac{a}{b} = \frac{c}{d} = \frac{e}{f} > 0;\ 则\ \frac{|a| + |c| + |e|}{|b| + |d| + |f|} = \frac{a}{b}$$

将 m 次计算的 $\cos(\omega\Delta T)$ 按上式进行处理得

$$\cos(\omega\Delta T) = \frac{\sum_{k=1}^{m}|u_k + u_{k+2}|}{2\sum_{k=1}^{m}|u_{k+1}|} \tag{5.37}$$

同理可得

$$\sin(\omega t) = \sin\omega_0 T - \frac{1}{2\sin\omega_0 T}(\cos^2\omega t - \cos^2\omega_0 T) \tag{5.38}$$

此方法很好地解决了采样值受频率变化的影响，且计算简单，当频率从 46Hz 到 54Hz 变化时，$\sin\omega T$ 的最大误差不超过 3‰。

若两组采样值相差 90°，则电压和电流有效值的计算可简化为

$$U = \sqrt{\frac{u_k^2 + u_{k+1}^2}{2}}$$

$$I = \sqrt{\frac{i_k^2 + i_{k+1}^2}{2}} \tag{5.39}$$

P、Q 计算如下：

$$u_k i_k + u_{k+1} i_{k+1} = U_m \sin(\omega t + \varphi)I_m\sin(\omega t - \varphi + \phi) + U_m\sin(\omega t + \varphi + 90°)I_m\sin(\omega t - \varphi + \phi + 90°)$$

$$= -\frac{1}{2}U_m I_m[\cos(2\omega t + 2\varphi - \phi) - \cos\varphi] + \frac{1}{2}U_m I_m[\cos(2\omega t + 2\varphi - \phi) + \cos(-\varphi)]$$

$$= U_m I_m\cos\varphi$$

$$= 2P$$

同理

$$u_k i_k - u_{k+1} i_{k+1} = 2Q$$

值得注意的是，u_k、i_k 为同一时刻的采样值。

5.6.2.2 非正弦周期函数算法

由于电网上的负荷是随时变化的，这将导致瞬时电流 $i(t)$ 成为畸变的正弦波。在这

种情况下，电压和电流很难由平均值或最大值测取，而且功率因数角也不是 $u(t)$ 和 $i(t)$ 之间的相位差角，为此电压和电流按以下方法求取。

1. 均方根法

均方根法是根据连续周期交流信号的有效值及平均功率的定义，将连续信号离散化，用数值积分代替连续积分，从而导出有效值或平均值与采样值之间的关系式。

设 $u=U_m\sin\omega t$，则

$$U=\sqrt{\frac{1}{T}\int_0^T u^2\,\mathrm{d}t}$$

离散化得到

$$U=\sqrt{\frac{1}{N}\sum_{k=1}^N u_k^2}\qquad\qquad(5.40)$$

式中　N——每周期等间隔采样次数；

　　　u_k——第 k 次采样值。

同理

$$I=\sqrt{\frac{1}{N}\sum_{k=1}^N i_k^2}\qquad\qquad(5.41)$$

实际应用中，N 次采样是在一个工频正弦波周期中完成的。为了保证计算的准确性，N 的次数应尽可能的多。由于电力线路上不存在偶次谐波分量，常采用以奇数点等分割一工频周期的方法确定各次采样时刻。

为了计算有功、无功等参数，根据测量系统软件和硬件配置情况，可采用以下两种算法。

（1）求积法。由连续周期性电量参数的功率定义，单相电路功率计算的离散表达式为

$$P=\frac{1}{N}\sum_{k=1}^N u_k i_k\qquad\qquad(5.42)$$

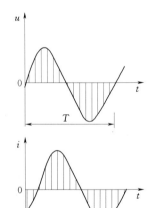

式中　u_k、i_k——对应 k 时刻采样值，如图 5.28 所示。

通过计算可得无功功率，即

$$Q=\sqrt{S^2-P^2}\qquad\qquad(5.43)$$

由式（5.40）及式（5.41）得功率因数为

$$S=UI\qquad\qquad(5.44)$$

$$\cos\varphi=\frac{P}{S}\qquad\qquad(5.45)$$

（2）求功率因数法。当测得功率因数角 φ 后，即可利用式（5.41）和式（5.42）结果，通过式（5.46）计算得到有功功率和无功功率，对于单相电路有

$$P=IU\cos\varphi$$
$$Q=IU\sin\varphi\qquad\qquad(5.46)$$

图 5.28　连续周期
函数采样波形

2. 全波傅里叶算法

对于一个周期性信号 $u(t)=U(t+T)$，在满足狄里赫利条

件下可展开为傅里叶级数，其各次谐波为

$$u(t) = \frac{U_{a0}}{2} + \sum_{n=1}^{N} (U_{an}\cos n\omega t + U_{bn}\sin n\omega t)$$

$$U_{an} = \frac{2}{T}\int_0^T u(t)\cos n\omega t\, dt \quad (n = 0, 1, 2, \cdots)$$

$$U_{bn} = \frac{2}{T}\int_0^T u(t)\sin n\omega t\, dt \quad (n = 0, 1, 2, \cdots)$$

(5.47)

离散化有

$$U_{an} = \frac{2}{N}\sum_{k=1}^{N} u_k \cos n\frac{2\pi k}{N}$$

(5.48)

$$U_{bn} = \frac{2}{N}\sum_{k=1}^{N} u_k \sin n\frac{2\pi k}{N}$$

式中　N——采样点数；

　　　u_k——第 k 次采样值。

基波电压幅值
$$U_m = \sqrt{U_{a1}^2 + U_{a2}^2}$$
(5.49)

基波功率计算，由

$$
\begin{aligned}
u_{a1}i_{a1} + u_{b1}i_{b1} &= U_m\cos\varphi I_m\cos(\varphi-\phi) + U_m\sin\varphi I_m\sin(\varphi-\phi) \\
&= (\cos^2\varphi\cos\phi + \sin^2\varphi\cos\phi)U_m I_m \\
&= U_m I_m\cos\phi \\
&= 2P \\
-u_{a1}i_{b1} + u_{b1}i_{a1} &= U_m\sin\varphi I_m\cos(\varphi-\phi) - U_m\cos\varphi I_m\sin(\varphi-\phi) \\
&= U_m I_m\sin\varphi \\
&= 2Q
\end{aligned}
$$

(5.50)

则
$$P = \frac{1}{2}(u_a i_a + u_b i_b)$$

$$Q = \frac{1}{2}(u_a i_a - u_b i_b)$$

5.6.3　几种采样算法特点比较

前面介绍的几种算法各有其特点，在应用时主要根据对准确或实时性的不同要求来选择。

如果采集三相对称正弦信号，单点算法不失为理想算法，对采样时刻没有要求，既准确又快捷，并且可以同时得到电压、电流、有功、无功等信号，但这种算法对采样信号要求较高，硬件较为复杂。

最大值采样、半周期积分采样、2 点采样具有简单快速的优点，都能在半周期内完成采集，但是对输入信号要求严格，只适于输入为正弦信号或有预滤波装置的场合。

以上几种采样方法，采集速度快，实时性强，特别适于继电保护系统及实时监控系统。

均方根算法能计及高次谐波的影响，并且随着每周采样点的增多，可以提高采集精度，但采样点太多必然降低采集速度，增加了运算量，因而需要在精度和快速性之间作出适当选择。

全波傅里叶算法具有很强的滤波能力，适用于各种周期量采集、基波或高次谐波，但是其响应速度慢，不能适应快速采集的要求，比较适于电量计算时的数据采集，或者是其他实时性要求低但精度高的场合。递推傅里叶算法提高了响应速度，但它具有延迟效应，尤其在电量发生突变时会产生很大误差。

5.6.4　交流信号采样算法的实现

1. 用求积法实现

当用求积法来计算功率时，需要测取各对应时刻电压和电流的采样值，按式（5.40）和式（5.41）进行计算。为此要配备双 A/D 转换器同时分别对电压、电流进行采样，如图 5.29 所示。来自现场二次回路的电压和电流信号经过专门设计的 PT 和 CT 单元变换为 A/D 转换的输入电压。在采样时刻由 CPU 发出控制信号，同时启动双 A/D 进行转换。转换完毕后，计算机分别先后读取转换后的电压和电流值，并将结果存入相应的内存单元中。为了确定采样周期，设置了测频电路跟踪锁相工频频率的变化，并计算出连续交流电量的周期 T。在给定采样点 N 时，可得采样间隔（采样周期）为

$$T_s = T/N \tag{5.51}$$

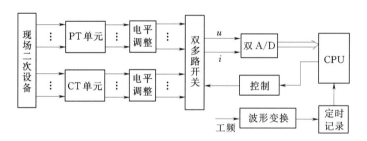

图 5.29　交流采样原理框图

对于用测功率因数角方法求取功率的情况下，可以用单 A/D，由多路开关在相继的两个周期中分别对需计算的功率电路的电压和电流信号按等间隔采样 N 次，将算得的 U 及 I 值代入式（5.46）计算功率值。实验证明，用这种方法同样能保证测量精度。

2. φ 角的测量

如图 5.30 所示，它通过硬件电路把电流和电压正弦波变换为方波，由方波的上升沿分别记录 u 和 i 正弦波上升过零时刻 t_u 和 t_i，求其时间差 Δt，可以计算出功率因数角 φ 为

$$\varphi = (2\pi/T)\Delta t \tag{5.52}$$

式中　T——被测信号的周期。

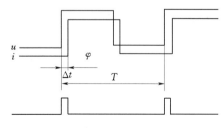

图 5.30　功率因数测量原理

Δt 的求得可以利用计数器记录在 t_u 和 t_i 时间中由计算机提供的时钟频率的周期数 M，并由式（5.53）算得：

$$\Delta t = M\tau \tag{5.53}$$

式中　τ——计数时钟周期。

对于对称三相电路，总功率由式（5.54）计算，即

$$P = \sqrt{3}\,IU\cos\varphi \tag{5.54}$$

$$Q = \sqrt{3}\,IU\sin\varphi$$

对于一般三相功率，总功率由式（5.55）计算，即

$$P = U_{AB}I_A\cos\varphi_{AB} + U_{CB}I_C\cos\varphi_{CB} \tag{5.55}$$

式中　φ_{AB}——电流 I_A 与电压 U_{AB} 之间相角差；

　　　φ_{CB}——电流 I_C 与电压 U_{CB} 之间相角差。

3. 软件滤波

在实际运行中，电网存在谐波，还会有各种瞬时干扰，如投切电容器，开关合闸、跳闸等，需要对数据进行滤波。最有效的办法是在采样的同时进行判断，剔除干扰点。由于判断是在采样间隔内进行的，所以不增加测量时间。滤波原理如图5.31所示。

设 k 时刻采样值为 y_k；$k-1$ 时刻采样值为 y_{k-1}；若 $|y_k - y_{k-1}| > \Delta y_{max}$，有干扰，采样值刷新，重新采样。$\Delta y_{max}$ 为滤波系数，推导如下：

设被采样函数 $y = y_m\sin\omega t$，采样间隔 $\Delta t = \dfrac{T}{N}$

$k-1$ 时刻：$y_{k-1} = y_m\sin\omega t_{k-1} = y_m\sin\dfrac{2\pi}{N}(k-1)$

k 时刻：$y_k = y_m\sin\omega t_k = y_m\sin\dfrac{2\pi}{N}k$

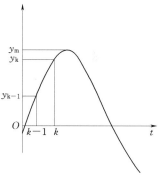

图 5.31　滤波原理

则

$$\Delta y = y_k - y_{k-1} = y_m\left[\sin\frac{2\pi}{N}k - \sin\frac{2\pi}{N}(k-1)\right] \tag{5.56}$$

将式（5.56）化简，并对 k 求导求出增量最大的采样点，整理得

$$\tan\frac{2\pi}{N}k = \frac{1 - \cos\dfrac{2\pi}{N}}{\sin\dfrac{2\pi}{N}} \tag{5.57}$$

给定一周期内采样点数 N，由式（5.57）求出 k，将 k 代入式（5.56），即可得出 Δy_{max}，由式（5.57）可以求出无论 N 为何值，总有 $k \equiv 0.5$，代入式（5.56）可得

$$\Delta y_{max} = 2y_m\sin\frac{\pi}{N} \tag{5.58}$$

根据式（5.58）可求出不同采样点数的滤波系数，见表5.5。

表 5.5　　　　　　　　　　　　　　**不同采样点数的滤波系数**

N	10	20	24	32	50
Δy_{max}	$0.619y_m$	$0.313y_m$	$0.216y_m$	$0.196y_m$	$0.126y_m$

　　由表 5.5 可以看出，Δy_{max} 与输入信号的幅值有关，y_m 越大则 Δy_{max} 也随之增大；与采样点数 N 有关，随着 N 的提高，Δy_{max} 减小。对确定的 N，由已知的 y_m，加之考虑适当的裕度修正，即可确定 Δy_{max}。

　　软、硬件的综合滤波，可保证测量精确度，且不增加测量时间。

　　4. 软件设计

　　交流电量采集软件一般要包含以下 3 部分的内容：①对工频信号锁相测算周期 T，从而计算在一个工频周期中的采样间隔 T_s；②按照所得的采样间隔 T_s 对每一通道信号进行 N 次采样；③然后根据算法要求计算出有关电量值。

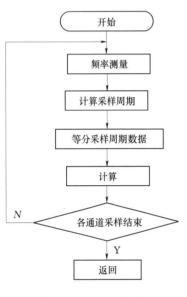

图 5.32　主程序流程

中断服务程序设置二级。高级为采样数据，由等间隔时间 T 定时触发。次级为工频锁相计算触发，正常运行工况下约为 20ms。

　　除了上述软件内容外，程序编制还应完成多方面的功能，包括用平均功率对时间积分计算电量、稳定性分析及系统诊断等，如图 5-32 所示。

　　5. 误差分析

　　以求积法为例，分析测量误差。式（5.42）的理论误差为

$$\Delta P = \sum_{i=1}^{\left(\frac{H_P}{N}\right)+1} P_i \sin(\varphi_i) \tag{5.59}$$

式中　H_P——功率量 $P(t)$ 的最高次谐波次数；

　　　　P_i——第 i 次功率谐波幅值。

　　H_P/N 取整。

　　取电压量：

$$u(t) = \sum_{m=1}^{H_u} U_m \sin\left(\frac{2\pi}{T}mt + \varphi_m\right) \tag{5.60}$$

取电流量：

$$i(t) = \sum_{n=1}^{H_i} I_n \sin\left(\frac{2\pi}{T}nt + \varphi_n\right) \tag{5.61}$$

并注意到 $H_P = H_u + H_i$，从而式（5.59）可变为

$$\Delta P \leqslant \sum_{l=1}^{\frac{H_P}{N}} P_{lN} \leqslant \sum_{\substack{m=1 \\ m+n=lN}}^{\left(\frac{H_u+H_i}{N}\right)+1} U_m I_n \tag{5.62}$$

　　从式（5.62）可以看出，当功率 $P(t)$ 的最高次谐波次数 $H_P < N$（N 为采样次数）时，此误差等于 0，同理可计算出电压、电流均方根值为

$$U^2 = \frac{1}{N}\sum_{n=0}^{N-1} u^2\left(\frac{T}{N}n\right) \tag{5.63}$$

$$I^2 = \frac{1}{N}\sum_{n=0}^{N-1} i^2\left(\frac{T}{N}n\right) \tag{5.64}$$

电压、电流的误差为

$$\Delta U^2 \leqslant \sum_{\substack{l=1 \\ m+n=2lN}}^{\left(\frac{2H_u}{N}+1\right)} U_m U_n \tag{5.65}$$

$$\Delta I^2 \leqslant \sum_{\substack{l=1 \\ m+n=2lN}}^{\left(\frac{2H_i}{N}+1\right)} I_m I_n \tag{5.66}$$

若每周期采样 15 个点，仿真表明，当线路中有 10％的高次谐波，功率、电流、电压的误差分别为 0.0013％、0.015％、0.015％。再加上各种不可测因素引起的误差和 A/D 转换误差，其综合误差最大也不超过 0.3％～0.4％，这是指数字化后的误差。不像常规电量变送器是 0～5V 模拟误差，应用时还要经 A/D 转换和计算，还将产生约 0.3％的误差。一个 0.5 级的常规变送器使用精度最高也只能到 0.8％。

5.7　数　字　滤　波　技　术

监控系统的模拟输入信号中，均含有各种噪声和干扰，它们来自被测信号源本身、传感器、外界干扰等。为了进行准确测量和控制，必须消除被测信号中的噪声和干扰。噪声有两大类：一类为周期性的；另一类为不规则的。前者的典型代表为 50Hz 的工频干扰。对于这类信号，采用积分时间等于 20ms 的整数倍的双积分 A/D 转换器，可有效地消除其影响。后者为随机信号，它不是周期信号。对于随机干扰，可以用数字滤波方法予以削弱或滤除。所谓数字滤波，就是通过一定的计算或判断程序减少干扰在有用信号中的比例。故实质上它是一种程序滤波。数字滤波克服了模拟滤波器的不足，它与模拟滤波器相比，有以下几个优点。

（1）数字滤波是用程序实现的，不需要增加硬设备，所以可靠性高，稳定性好。

（2）数字滤波可以对频率很低（如 0.01Hz）的信号实现滤波，克服了模拟滤波器的缺陷。

（3）数字滤波器可以根据信号的不同，采用不同的滤波方法或滤波参数，具有灵活、方便、功能强的特点。

由于数字滤波器具有以上优点，所以数字滤波在微机应用系统中得到了广泛的应用。

常用的数字滤波方法有以下几种。

1. 算术平均滤波法

算术平均滤波是把连续采得的 N 次采样值相加，然后取算术平均值作为本次测量值，

即

$$Y_N = \frac{1}{N} \sum_{i=1}^{N} x_i \tag{5.67}$$

式中　Y_N——经滤波后的测量值；

　　　x_i——第 i 次采样值，i＝1，2，…，N；

　　　N——总采样次数。

在编制程序时可设定 $N=2^n$，n 为大于 1 的整数，可使程序大为简化。因为式

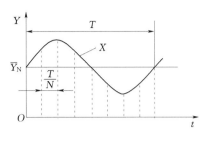

图 5.33　算术平均滤波示意图

（5.67）的除 N 运算只是相当于二进制被除数算术右移 n 位，故不需要编制除法运算程序。

算术平均滤波主要用来处理带周期性脉动的采样值进行平滑加工。如用来克服由于 50Hz 电磁场引起的干扰时，这时如在 20ms 时间中采样 8 次，按式（5.67）处理，所得即为准确的检测物理量值，如图 5.33 所示的说明。这种方法用在对水流压力、流量等测量也能取得好的效果。

算术平均滤波方法简便，其不足之处是：随着 N 的增加，平滑度提高的情况下会使灵敏度降低；相反随着 N 的减少，滤波效果就会变差。另一个不足之处是不能完全克服随机性的脉冲噪声影响，如电动机的启停操作带来的干扰等。因此，还需考虑其他滤波方法。

下面将介绍另外两种数字滤波方法。

2. 中值滤波法

为了克服随机性脉冲噪声带来的干扰，以及误检或变送器不稳定而引起的失真信息，另一种常用的数字滤波方法为中值滤波法。

中值滤波就是对某一被测参数连续采集 N 次（N 取为单数），然后把 N 次的采样值从小到大或从大到小依次排序，取中间值作为本次采样值。按此思想设计的程序称为中值滤波器，它实际上是一种分类排序算法，然后取中值。分类排序法在微机原理教材中都有介绍，需用时请读者查阅。

采用中值滤波对去掉脉冲性质的干扰比较有效，但对快速变化过程参数的检测不宜采用。一般 N 值取得越大，滤波效果越好，但总的测量时间将增长，故一般 N 值需根据实际需要来定，常取 3～9 次即可。

3. 一阶滞后滤波法

上述两种滤波法对 N 的取值有一定的限制，主要适用于参数变化过程较快的情况。对于慢速过程而存在随机干扰情况下，采用前面的方法其滤波效果不很理想。为了提高滤波效果，通常采用一阶滞后滤波的方法。

一阶滞后滤波采用的方法是基于模拟一个 RC 硬件滤波器（图 5.34），其输入/输出关系可写成一阶微分方程：

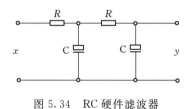

图 5.34　RC 硬件滤波器

$$\tau \frac{\mathrm{d}y}{\mathrm{d}x} + y = x \tag{5.68}$$

如数字化采样周期为 T，式（5.68）可写成差分方程

$$\tau \frac{Y_N - Y_{N-1}}{T} + Y_N = x_N$$

式中　τ——滤波时间常数，一般 $T \ll \tau$。

经整理后可以得到

$$Y_N = (1-\alpha)X_N + \alpha Y_{N-1} \tag{5.69}$$

式中 Y_N——第 N 次采样后滤波结果输出值；

$\quad Y_{N-1}$——第 $N-1$ 次滤波结果输出值；

$\quad X_N$——第 N 次采样值；

$\quad \alpha$——滤波平滑系数，$\alpha=\tau/(\tau+T)<1$；

$\quad \tau$——滤波环节的时间常数。

通常 τ 的选定可参照一阶滞后环节的时间常数，采样周期 T 应远小于 τ 值。式 (5.69) 中 α 和 $(1-\alpha)$ 都是小数，程序中可事先设定。

上述数字滤波算法程序比较简单，程序流程从略。

以上讨论了 3 种数字滤波方法，在实际应用中，究竟选取哪一种数字滤波方法，应视具体情况而定。平均值滤波法适用于周期性干扰，中值滤波法适用于偶然的脉冲干扰，一阶滞后滤波法适用于高频及低频的干扰信号。如果同时采用几种滤波方法，一般先用中位值滤波法或限幅滤波法，然后再用平均值滤波法。如果应用不恰当，非但达不到滤波效果，反而会降低控制品质。

5.8　标　度　变　换

生产过程中存在的各种各样的物理量，如温度、压力、液位、流量、电流及电压等，有着不同的数值和量纲。所有这些待测参数经过变送器转换成 A/D 所能接收的信号，其范围一般为 $0\sim 5V$ 之间的电量，再由 A/D 转换成数字量，对应 12 位数字量范围为 $0\sim$ 0FFFH，而这个十六进制数范围相当于十进制数为 $0\sim 4095$。可见，在计算机中，生产过程中的参数都以在一个相同的二进制数位范围中的数值存放在计算机中，有如图 5.35 所示的变换关系。

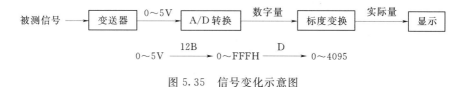

图 5.35　信号变化示意图

为了进行显示、记录、打印及报警，提供运行人员监视和控制需要，必须把这些存放的二进制数字量转换成对应不同量纲的物理量数值，所进行的这种转换称为标度变换。

最基本的标度变换可分为两类。

1. 线性参数的标度变换

对于线性仪表（传感和变送器件），由图 5.35 所示关系存在以下等式，即

$$\frac{A_x-A_0}{A_m-A_0}=\frac{D_x-D_0}{D_m-D_0} \tag{5.70}$$

式中 A_0——一次测量仪表的下限；

$\quad A_m$——一次测量仪表的上限；

$\quad A_x$——实际测量值；

$\quad D_0$——仪表下限所对应的数字量；

D_m——仪表上限所对应的数字量；

D_x——测量值所对应的数字量。

A_0、A_m、D_0、D_m 对于某一个固定的被测量参数来说，它们是常数，不同的参数有着不同的值。将式（5.70）改写成

$$A_x = A_0 + \frac{A_m - A_0}{D_m - D_0}(D_x - D_0) \tag{5.71}$$

这时给定一个实测的二进制数字量 D_x，就可算得实际物理参数的测量值，上式即为线性参数标度变换的基本算式。$(A_m - A_0)/(D_m - D_0) = k$ 称为标度变换系数，对不同的测量参数有不同的数值，可预先置于内存单元中。这样，在计算机测取的数字量 D_x 已知的情况下，即可由式（5.71）算得该参数的实际工程物量值 A_x。再经二-十进制变换，即可输出显示和打印；这个值与设定的上、下限值比较，便可判定是否越限报警处理。

多数仪表设定 $A_0 = 0$，$D_0 = 0$，相应式（5.71）变为

$$A_x = \frac{A_m}{D_m} D_x \tag{5.72}$$

这时标度系数 $k = A_m/D_m$。

2. 非线性参数标度变换

当测量传感或变送器件的输出与被测参量是非线性关系时，则其标度变换算式应根据具体问题具体分析得到，首先是求出它所对应标度变换的基本算式，然后再进行设计。例如，水轮机的过流量用蜗壳断面测流法来测取时，当已知蜗壳测流系数 K，可按式（5.73）计算水轮机流量，即

$$Q = K\sqrt{\Delta p} \tag{5.73}$$

这样，根据蜗壳断面测点压差 Δp 即可得到水轮机的流量。显然，这是一个非线性的关系。

当计算机测得压差变化所对应的数字量范围为 $D_0 \sim D_m$ 时，即可由式（5.70）写出测量流量的标度变换关系式为

$$\frac{Q_x - Q_0}{Q_m - Q_0} = \frac{K\sqrt{D_x} - K\sqrt{D_0}}{K\sqrt{D_m} - K\sqrt{D_0}} \tag{5.74}$$

则

$$Q_x = Q_0 + \frac{Q_m - Q_0}{\sqrt{D_m} - D_0}(\sqrt{D_x} - \sqrt{D_0}) \tag{5.75}$$

式中　Q_x——被测流量值；

D_x——差压测量值对应的数字量。

可见 $\dfrac{Q_m - Q_0}{\sqrt{D_m} - D_0} = k$ 为标度变换系数。利用式（5.75）在已知 D_x 的情况下可以算得 Q_x 值。

一般在设定下限 $Q_0 = 0$，$D_0 = 0$ 时，式（5.75）变为

$$Q_x = \frac{Q_m}{\sqrt{D_m}}\sqrt{D_x} \tag{5.76}$$

式中，标度系数 $\dfrac{Q_m}{\sqrt{D_m}} = k$。可见，计算实测流量时需对 D_x 作开方运算。

思 考 题

1. 什么是过程通道？

2. 模拟量输入/输出通道中主要由哪些环节组成？各起什么作用？

3. 数字量输入/输出通道中主要由哪些环节组成？各起什么作用？

4. 什么是信号的采样周期？其大小对信号采样有什么影响？

5. 为什么要对信号实施采样保持？对缓慢变化的输入信号是否一定要进行采样保持？

6. 数字量输入通道中光耦合器起什么作用？

7. 简述双积分、逐次逼近式、VFC A/D 转换器的工作原理及特点。

8. 什么是信号转换中的分辨率？如何计算？

9. 简述 D/A 转换器的工作原理。

10. 简述交流采样和直流采样的异同。

11. 什么是数字滤波器？它有什么特点？

12. 什么是标度变换？它起什么作用？

第 6 章

计算机监控系统内部通信

水电站监控系统各设备之间的内部信息传输与交换，是保证监控系统正常运行的重要方面。一般认为，当今计算机系统已经从以个人机（PC）为基础的时代跨入了以网络为基础的时代，网络通信技术也早已与水电厂计算机监控系统融为一体。不少监控系统生产厂商都把网络软件作为基本操作系统的一部分与计算机系统一并提供给用户。在这里，首先简要讨论单机之间的连接与通信，然后介绍有关网络以及现场总线的基本知识。

6.1 计算机系统的连接与通信

6.1.1 多机系统间的通信

一个复杂的计算机系统常常采用多计算机布局，特别是多微机系统已用得很普遍。

多微机系统有以下特点。

（1）计算机系统规模与其性能/价格比有一定的关系。据统计，随着单机系统规模增大，其性能价格比明显下降，而多机系统的性能价格比随系统规模增大略呈下降趋势，即说明在规模大的场合，多机系统保持了较高性能价格比。

（2）多机系统具有高的冗余度和事故时的重构能力，较强的系统容错能力，并且有利于故障的排除和系统的维护。

（3）由于多机系统以分散和分布处理方式，提高了整个系统处理能力和速度，具有高的实时性。

（4）多机系统一般采用同一系列的多台计算机构成，软、硬件易于实现模块化，具有很大的灵活性。

由此，多机系统得以重视，无疑是实际系统中一种有效的方案。一个多机系统避免不了信息的交换和数据的传送，它与各计算机间通信方式密切相关，以下分别加以简单介绍。

1. 并行通信

并行通信传输中有多个数据位，同时在两个设备之间进行，一般情况下按字节（Byte）传送，如图 6.1 所示。发送设备将这些数据位通过对应的数据线传送给接收设备，

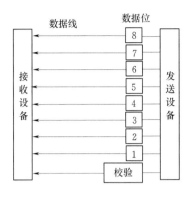

图 6.1　并行通信示意图

还可附加一位数据校验位。接收设备可同时接收到这些数据，不需要做任何变换就可直接使用。并行方式主要用于近距离通信。计算机或数据装置被看作是一个外围设备，通过专用的 I/O（输入/输出）接口或三态缓冲门把它们挂在主控机的总线上。信息传送的速率取决于计算机的传送命令（指令执行时间）。计算机内的总线结构就是并行通信的例子。这种方法的优点是传输速度快、处理简单，缺点是所需电缆芯线多，这在传送端点多而距离远时在经济上是不合算的。

由于并行通信是按字符编码的各位（比特）同时传输，因此，并行通信具有以下特点：

（1）传输速度快。一位（比特）时间内可传输一个字符。

（2）通信成本高。每位传输要求一个单独的信道支持，因此如果一个字符包含 8 个二进制位，则并行传输要求 8 个独立的信道的支持。

（3）不支持长距离传输。由于信道之间的电容感应，远距离传输时可靠性较低。

2. 串行通信

串行通信是把一个数据单元字符，由低位至高位顺序地一位一位（bit）传送，各计算机的发送端（TXD）与接收计算机的接收端（RXD）相连接，如图 6.2 所示。这种传送方式的数据线只需一对芯线，因此，可以节省电缆芯线。串行传送比并行传送在接口上要复杂一些，它必须满足国际上统一规定的制式（如传送的波特率、接口总线标准等）。

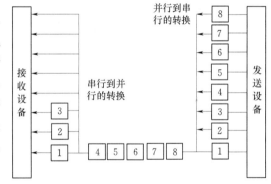

图 6.2　串行通信示意图

串行通信的特点如下：

（1）传输速度较低，一次一位。

（2）通信成本也较低，只需一个信道。

（3）支持长距离传输，目前计算机网络中所用的传输方式均为串行传输。

串行通信的方向性结构有 3 种，即单工、半双工和全双工，如图 6.3 所示。对于能同时进行发送和接收的接口，称为双工；而可以发送和接收、但不能同时进行，则称为半双工；只能发送或只能接收的称为单工。目前双工方式使用较多。

在图 6.3(a) 中，通信双方都有发送和接收设备，由一个控制器协调收、发两者之间的工作过程，两者可以同时进行，4 条线供数据传输用，故称为四线全双工通信方式。如果对数据信号的表达形式进行适当加工，也可以在同一对线上同时进行收和发两种工作，即线上允许同时作双向传输，这称为双线全双工通信方式。

图 6.3(b) 中，收和发是固定的，信号传送方向不变，两侧仅有一种功能的设备，此为单工通信方式。

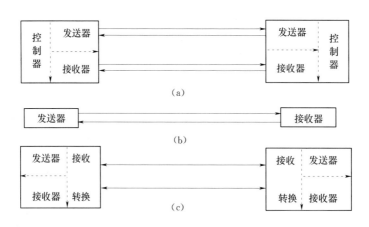

图 6.3　数据通信的 3 种工作方式

(a) 双工方式；(b) 单工方式；(c) 半双工方式

图 6.3(c) 是半双工方式，双方都有接收和发送能力，但接收与发送不能同时进行，而是交替进行，通常用双线实现。

串行通信有两种主要的方式，即异步传送方式和同步传送方式。这两种方式都需要传送包括数据位和控制位在内的成帧信息，以保持数据正确接收。

(1) 异步传送方式。异步传送方式在发送一个信息（一般为一个字符）时，必须在数据信息位前加上一个"启动"位，而在信息位的后面加上一个或多个"停止"位，其成帧格式如图 6.4 所示。在信息位和停止位之间可以插入奇偶校验位，也可以不插入奇偶校验位。图中，启动位逻辑值为"0"，停止位逻辑值为"1"。传送过程是接收端一旦收到启动信息后就开始装配一个字符，一直到停止位。因此，接收和发送能同步地进行。这种方式，由于从一个字符结束到下一个字符开始之间没有规定的间隔长度，因此称为异步传送方式。异步传送端和接收端必须采用同一传输的速率，称作为波特率（单位时间内所能传送的位数），即

$$波特率＝位元数/单位时间(s) \qquad (6.1)$$

图 6.4　异步传送方式成帧格式

显然，每一位传输的时间为 1/波特率。一般异步通信波特率为 110、300、600、1200、2400、4800、9600 等。

异步传送方式允许有较小的频率漂移，发送和接收时钟不必用锁相法来得到相等频率。

由于异步传送附加了一些信号位，占用了许多传输时间，效率差，故它适用于传送数据信息量不多和速率不高的场合。

(2) 同步传送方式。这种方式不是给每一字符加启动位和停止位，它把要传输的所有字符顺序连接起来，组成一个数据块。在数据块传送开始时先发送一同步成帧字符，以作

为数据块传送的启动信号，而在数据块末尾加有一定的差错校验字符，其成帧格式如图 6.5 所示。接收数据时，首先搜索同步字符，在得到同步字后，即开始装配数据。

| 同步符 1 | 同步符 2 | 信息流 | | 校验 1 | 校验 2 |

图 6.5 异步传送方式成帧格式

同步传送方式，接收要在相当长的数据流中保证准确同步，因此发送端和接收端的时钟应严格保持相一致。

同步传送效率高，尤其是在传送大量信息流的情况下特别适用。同步传送的波特率常采用 4800、9600 或更高的波特率。

对于远距离的串行通信，还须对信号进行调制与解调。由于计算机串行输入/输出信号是一种二进制"0"和"1"的数字信号，其频谱表明，数字信号不仅具有很宽的频带，而且其直流成分（零频）约占整个频谱密度的一半左右。因此，它只适应在专用的线上进行短距离的传输，如厂房区内设备之间的传输。当远距离传输达数百米以上时，为了避免信号在通过线路后发生畸变，或利用电话信道传送，或利用电力线载波传送，常常采用调制与解调的措施，即在发送端把数字信号变为模拟信号，而在接收端又将其恢复为对应的数字信号，前者为调制，后者为解调。

一个正弦交流信号可用式（6.2）表示，即

$$x(t) = X_m \sin(\omega t + \varphi) \tag{6.2}$$

在正弦函数的幅值 X_m、角频率 ω 及相位 φ 三个要素中，任何一个参数的变化都将产生不同的正弦波。据此，对于一个任意的码元波形，如图 6.6（a）所示，也就有了以下 3 种调制正弦波的方法：

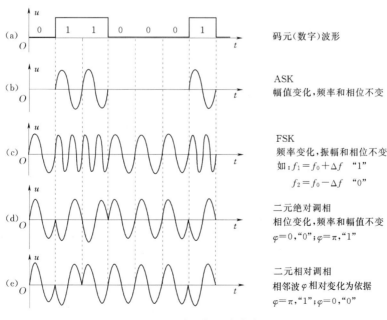

图 6.6 几种调制的脉冲波形

1）数字调幅 ASK（Amplitude Shift Keying）。它是利用正弦波的幅值变化来代表数字"0"或"1"，而此时，频率及相位不变，如图 6.6（b）所示。

2）数字调频 FSK（Frequency Shift Keying）。它的频率随数字的不同而变化，而幅值和相位不变。由于数据信号是离散的，所以频率的变化也呈离散形式，好像有个扳键在控制频率的变化，所以也称为频率键控。例如，用高频率 $f_1＝f_0＋\Delta f$ 表示数字"1"，用低频率 $f_1＝f_0－\Delta f$ 代表数字"0"，如图 6.6（c）所示。

3）数字调相 PSK（Phase Shift Keying）。它的正弦波相位随数字"0"、"1"而变化，而幅值和频率保持不变。根据相位不同，又分成二元绝对调相和二元相对调相两种。在绝对调相中，相位为 0 代表数字"0"，相位为 π 代表数字"1"，如图 6.6（d）所示。二元相对调相是用相邻两个正弦波的相位变化量代表数字，变化量为 π，代表数字"1"，变化量为 0 代表数字"0"，如图 6.6（e）所示。

3．通信规约

在通信网中，为了保证通信双方能正确、有效、可靠地进行数据传输，在通信的发送和接收过程中有一系列的规定，以约束双方进行正确、协调地工作，将这些规定称为数据传输控制规程，简称为通信规约。当主站和各个远程终端之间进行通信时，通信规约明确规范以下几个问题：

1）要有共同的语言。它必须使对方理解所用语言的准确含义。这是任何一种通信方式的基础，它是事先给计算机规定的一种统一的、彼此都能理解的"语言"。

2）要有一致的操作步骤，即控制步骤。这是给计算机通信规定好的操作步骤，先做什么，后做什么，否则即使有共同的语言，也会因彼此动作不协调而产生误解。

3）要规定检查错误以及出现异常情况时计算机的应付办法。通信系统往往因各种干扰及其他原因会偶然出现信息错误，这是正常的，但也应有相应的办法检查出这些错误来，否则降低了可靠性；或者一旦出现异常现象，计算机不会处理，就将导致整个系统的瘫痪。

图 6.7 形象地说明了在两个数据终端（计算机终端）之间交换数据时，它们所应有的简单规约。

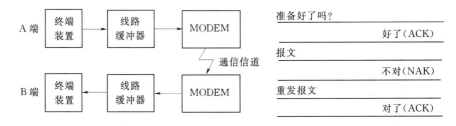

图 6.7　通信规约的含义

一个通信规约包括的主要内容有代码（数据编码）、传输控制字符、传输报文格式、呼叫和应答方式、差错控制方式、传输控制步骤、通信方式（指单工、半双工、全双工通信方式）、同步方式及传输速率等。

4．差错控制技术

差错控制的目的在于保证接收器所接收到的信息和信息源与预定的相一致。若由于各种干扰等因素而使接收到的信息中出现错误时，接收器必须有某些检错和纠错方法。

（1）从编码的角度看，差错控制有以下 4 种控制方式，如图 6.8 所示。

1）反馈重传纠错方式（ARQ）。发送端发出检错码，接收端根据该码的编码规则，判断传输中有无错误，并通过反馈信道把判决结果用判决信号告诉发送端。发送端根据这些判决信号，把接收端认为有错的数据信息再次传送，直到接收端认为正确接收为止。该系统需要输送信道和反馈信道，即双工方式。

从图 6.8 中可以看出，此种方式的收、发两端必须配合，这就使两端的控制电路比较复杂；但由于这种方式仅要求发送端发送有检错能力的码，接收端只要检查错误即可，译码设备很简单。它不能用于一个用户对多个用户同时通信（称为同播），只能一个用户对另外一个用户。

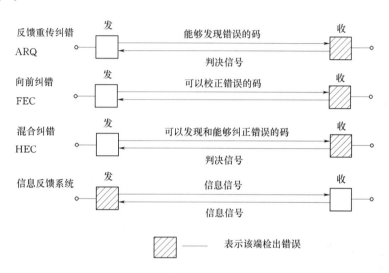

图 6.8 差错控制的基本方法

2）向前纠错方式（FEC）。它是发送端发送纠错码，接收端收到并经过译码后不仅自动发现错误，还自动纠正传输中的错误。这种系统为单向单通道通信，可以同播。为了纠正比较多的错误则要求附加较多位的码元，比检错码要多得多，因而传输效率低。适用于军用通信或要求可靠性高的本地网。

3）混合纠错方式（HEC）。它是以上两种方式的综合。发送端发送的码不仅能检错也能纠错，接收端收到信息后，首先检查错误情况，如果错误在码的纠错能力以内，则自动进行纠错，如果错误太多，超出了码纠错的能力，则接收端通过反馈信道要求发送端重发判断出来有错的那条信息。这个系统也是双工方式，要求有反馈信道，且不能同播。

4）信息反馈系统。它是接收端把接收到的数据信息，原封不动地通过反馈信道回送到发送端，发送端将发出的信息与回送来的信息进行比较，从而发现是否有错，将有错的信息重传一次，再次进行比较，直至比较后的结果正确为止，就判断为正确收到了该信息。

在上述控制方式中，具有错误检出功能的特别代码叫做冗余码或校验码，当附加了这种冗余码时，就称此数据有了冗余度，所附加的位就称为冗余位或校验位。

（2）在线路上测试误码的一般方法。在图 6.7 中，由发端 A 发送数据，在 B 端接收数据，把收到的数据作为 B 端的发送数据再发回 A 端，组成一个回路。该回路上产生的错误在 A 端就可以检测出来。这种方法由于信号被发回原处，它由 A 端发送、B 端接收的错误再加上 B 端发送、A 端接收的错误，这就比单向传送数据时的误码率高。若以这种误码为依据进行误码检测及误码校正的设计，就是按最坏条件进行的设计，这样会更加保险可靠。

6.1.2　多计算机间的网络连接

由于水电厂计算机监控系统采用分层分布控制方式，相互之间的信息（包括命令）交换是一个关键问题。计算机网络有很高的通信速度，而且有很强的差错检查能力，可靠性很高，能很好地实现分布处理，系统和功能的扩充很容易实现。考虑到水电厂生产设备的分布一般都在几百米至几公里范围内，因此，均采用局域网，或称局部网络（Local Area Network，LAN）。局部网络是指将有限范围内的一些计算机连接成网，它有以下特点。

（1）局部网络通常属于一个部门或单位所有，功能专用，通信距离一般是几百米到几公里的范围。

（2）局部网络允许相同的或不同的数字设备通过公共的传送介质进行通信。

（3）局部网络的通信介质可以多种多样，可以使用现有的电话线，也可铺设专用线，还可使用双绞线、同轴电缆或光缆。

（4）局部网络的通信频带较宽，能以较高速率传送数据，可以从 0.25kb/s 到 100Mb/s，甚至更高，还能进行快速多站访问通信。

（5）局部网络能可靠地适应大量数据的传送，传送时误码率低，如发现错误，网络中的工作站能检测出来并进行纠错处理。

（6）局部网络能支持大量的用户，一般可达 10～1000 个，并有较好的可扩展性、灵活性和安全性。

（7）局部网络的连接与安装费用较低，一次投资不大，一般不超过工作站设备的 10%～20%。

由于局部网络有上述优点，因此得到了广泛的应用。DL/T 5065—2009 指出："分层分布结构的监控系统可以采用星形网络、总线型网络或环形网络。具体方式应根据技术经济比较结果确定。必要时也可采用双重化网络。"

由于网络的应用，监控系统中一般采用分布式人机工作站。过去水电厂计算机监控系统都采用终端式人机工作站。这种终端式人机工作站不能独立工作，人机交互处理要由主机来完成，靠串行或并行通信接口与主机连接，许多人机操作和画面生成显示的解释都依赖于主机，占用了大量主机时间，增加了主机 CPU 的负载，有的高达 20%。当采用全图形显示器时，问题更为严重，降低了系统的响应速度。终端式人机工作站的另一个缺点是，监控系统所能连接的人机工作站数量受到硬件接口数量的限制，不利于系统的扩展。

随着网络技术的发展，微机价格的下降和性能的提高，使得开发具有独立操作能力的人机工作站在技术上已十分成熟，经济上也不再昂贵。出现了基于网络通信和微机的分布式人机工作站。这种工作站有以下优点：

（1）可大大减轻主机的负载。由于工作站本身配有 CPU，画面的生成及画面背景的存储均由工作站自己完成，只是在需读写数据库时才与主机发生通信。这可使处理速度大大提高，特别在多台人机工作站投入系统时，这一优点更为明显。

（2）由于采用了网络技术，使得人机工作站的增加不受主机硬件接口数量的约束，用户可根据需要随意增加人机工作站。

（3）网络通信允许的距离比一般串行通信的距离长得多，人机工作站可以布置在较大的范围内。

（4）由于监控系统大都采用双机结构的主机系统，过去使用终端式工作站时，需要一套切换装置。而网络的应用，使得人机工作站可以与双机连接而无需额外的硬件切换装置。

（5）工作站运行方式灵活。在线可作操作台，离线可供软件人员作画面生成和修改、数据库的生成和修改、系统维护、程序开发等工作。

（6）工作站属通用机，价格便宜，维修、备件、升级、扩充都很方便，软件兼容性较好。

由于分布式人机工作站有以上许多优点，所以它出现以后被广泛应用到水电厂计算机监控系统中。新研制的水电厂监控系统大多采用分布式人机工作站。

6.2　监控系统中的计算机网络

6.2.1　计算机网络的发展过程

计算机网络是计算机技术与通信技术相结合的产物，利用计算机网络，不但可以实现软硬件和数据资源的共享，执行分布式处理，还可以完成集散型实时控制，提高计算机的可靠性和可用性。到目前为止，已经先后出现了 4 代计算机网络。第一代计算机网络出现于 20 世纪 60 年代初，以多重线路控制器（Multiline Controller）为基础，通过调制解调器和公用电话网，可以实现单个计算机与多个远程终端的连接，这种网络一般是以单个主机为中心的星形网，各个终端通过通信线路共享主机的软、硬件资源，因此也称为面向终端的计算机通信网络；第二代计算机网络出现于 20 世纪 60 年代末，以美国的分组交换网 ARPANET 为代表，它建立在通信子网亦即分组交换网的基础上，主机和各个终端都处于网络的外围并共同构成资源子网，用户可以共享整个网络上的软、硬件资源；第三代计算机网络出现于 20 世纪 70 年代后期，以国际标准化组织 ISO 制定并提出开放系统互联基本参考模型 OSI/RM（Open System Interconnection/Reference Model）为标志，它的最大特征是分层次的体系结构，目前世界上最大的网络 Internet 即属于这一代网络，需要说明的是，Internet 并未采用 OSI/RM 体系结构，而是采用被称之为 TCP/IP 协议族的体系结构，但由于其在整体上还是采用分层次的体系结构，故仍可以归为第三代计算机网络；第四代计算机网络出现于 20 世纪 90 年代，以综合化和高速化为其最大特征，是目前最先进的一代网络，它使用一种称为异步转移模式 ATM 的新的快速分组交换方法，实现多种业务的综合，与 20 世纪 70 年代提出的窄带综合业务数字网（N-ISDN）相对照，这种新型网络也被称为宽带综合业务数字网（B-ISDN）。

6.2.2　计算机网络的分类

计算机网络可以从不同的角度进行分类。

从计算机网络的逻辑功能进行分类，可以分为资源子网和通信子网，前者用于提供软、硬件和数据等共享资源，以及访问网络和处理数据的能力；后者用于完成数据的传输、交换和控制，两者的相互关系如图6.9所示。从网络的交换功能进行分类，可以分为4种类型，即电路交换、报文交换、分组交换和混合交换。从网络的通信协议进行分类，可以分为：基于冲突（Contention Based）的网络，如 CSMA 网；没有冲突（Conflict Free）的网络，如令牌环（Token Ring）网和令牌传递总线（Token Passing Bus）网。从网络的作用范围进行分类，可以分为广域网 WAN（Wide Area Network）、局域网 LAN（Local Area Network）及介于前两者之间的城域网 MAN（Metropolitan Area Network）。从网络的使用范围进行分类，可以分为公用网和专用网。最后，从网络的拓扑（Topology）结构进行分类，可以分为5种类型，即总线型、环型、星型、树型和点到点互连型。由于树型和点到点互连型网络在水电站监控系统中几乎未获应用，这里就不作介绍，有兴趣的读者可以参考相关文献。下面分别介绍实际应用中最为广泛的前3种类型拓扑结构的网络。

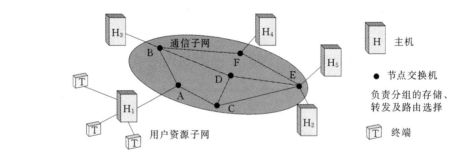

图 6.9　资源子网和通信子网示意图

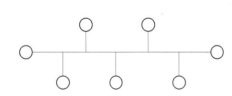

图 6.10　总线型拓扑结构示意图

（1）总线型（Bus Topology）拓扑结构如图6.10所示，所有节点都并行地连接到公共总线上，且所有节点都通过公共总线发送和接收信息，信息数据本身与节点接收无关，最终自然消失。由于总线是公用的，当有两个以上节点需要同时发送信息时，就会发生碰撞，所以总线网上各节点均运行检测碰撞的算法，以避免碰撞的发生，保证在任何时间只有一个节点发送信息。另外，由于公共总线是无源的，其传送的信号存在衰减，因此对公共总线长度和节点数有限制。

总线型网络的优点是：结构简单，网上各节点地位平等，简化了各节点之间的连接；传输速率较高，基带传输可达 100Mb/s，能满足实时响应要求；网络软件比较简单，协议标准化程度较高，几乎各种型号的微机都可直接入网互联；能自动重构，当一个子站或总线耦合器发生故障时，网络中其他部分可以重构成一个新的整体；可扩充性强，当用户需要扩充或更新某些设备时，只要增加或减少相应的工作站和硬软件模块即可，不必变动整个系统，整个网络的工作也不必停止；系统设计和配置具有积木组合性，可以配置成各类型的系统，以适应各种要求和环境。

总线网络的缺点是：系统信息吞吐量不够大；会出现碰撞问题；实时性不很好；总线出现故障，则会造成整个网络不能工作。

（2）环型（Ring Topology）拓扑结构如图 6.11 所示，所有节点都通过中继器连接到一个简单的闭合回路上，并通过该闭合回路发送和接收信息。信息的传送从发送节点出发，顺序经过闭合回路上的各个节点，最后回到发送节点。在环形网络中没有主从计算机之分，每个计算机均可作为主计算机向各计算机存取信息，这属于有源的点到点连接。令牌是计算机获得主动权的标志，令牌按次序逐个传递。这种类型网络结构也很简单，容易控制，传输速率较高；数据吞吐能力较大；网络中不会出现碰撞问题；采用环型回路，不会出现信息反射；信息流在网络中是沿固定方向流动的，简化了路径选择的控制。但由于中继器为有源装置，因此结构复杂，另外一个比较突出的问题是其可靠性较差，单个节点或闭合回路出现故障，都会造成整个网络不能正常运作。除此之外，还不便于扩充，要增加或减少网中子站时，必须拆开环路，停止工作，进行节点安装，各节点的地址和相应的传递软件均需变更。

国外使用令牌网络的不少，ELIN、CEGELEC 公司都采用。我国十三陵抽水蓄能电厂采用了 Baily 公司专用的 INFI - 90 双环型网络。

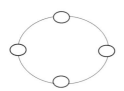

图 6.11　环型拓扑结构示意图

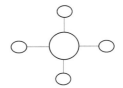

图 6.12　星型拓扑结构示意图

（3）星型（Star Topology）拓扑结构如图 6.12 所示，除去中心节点外的所有节点都仅与中心节点相连，并通过中心节点发送和接收信息，信息的传送集中由中心节点控制，该中心节点通常是集线器（Hub）或者交换机（Switch），它接收来自各发送节点的信息并转发到相应的接收节点，因此存在瓶颈效应。这种类型网络的突出优点是线路的传输效率高，但是其通信线路的利用率低，且可靠性较差，一旦中心节点出现故障，就会导致整个网络崩溃。星型网络结构简单，容易实现，但网络中各节点的信息都送至中央计算机，使其负担加重，通信速度慢，电缆开销也较大。当水电厂机组台数较多时，问题更为严重。对此可增设前置机，由前置机负责采集和处理各单元级送来的信息，而前置机与中央计算机和图形工作站等设备则可采用总线网络连接，这样可以缓解上述矛盾。星型网络一般用于机组台数不是很多的水电厂，而设有多台机组的大型水电厂已基本放弃使用这种网络。

上述 3 种类型的网络各有千秋，从可扩展性方面考虑，总线型网络最好，星型网络最差，环型网络居中；从实时性方面考虑，当网络负载率低，总线型网络较好，当网络负载率高，环型网络较好；从可靠性方面考虑，总线型网络最好，星型网络最差，环型网络居中。综合考虑，总线型网络是较为理想的网络类型，在网络负载率低时，其优势尤其明显。

6.2.3　网络的传输介质

计算机网络的通信最终都需要以某种能量形式的编码数据通过传输介质实现传送，因此有必要了解常用的网络传输介质，即双绞线、同轴电缆和光纤。

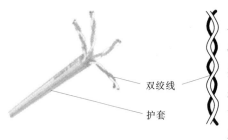

图 6.13　双绞线示意图

双绞线（Twisted Pair）是最普通的传输介质，一对双绞线是由包裹有绝缘材料的两根由高纯度的铜制成的导线按照规则的方法扭绞起来构成的，在实际应用中，通常将若干对双绞线捆成电缆，在其外面加上护套，如图 6.13 所示。双绞线虽然制作简单，但是可以有效地限制两根导线中的任意一根对另外一根发出的电磁信号干扰，同时可以阻止其他导线中的电磁信号干扰这两根导线。若在双绞线的外面套上一个用金属丝编织而成的屏蔽层，则可以进一步地增强其抗外界干扰能力，称为屏蔽双绞线（Screened Twsited Pair），与此对照，未加屏蔽层的称为无屏蔽双绞线（Unscreened Twsited Pair）。双绞线的传输速率一般可达 1Mb/s 左右，适合于低速传输的场合，且传输高频信号时损耗较大，但由于其成本低，也比较可靠，因此仍被大量采用，如葛洲坝大江电厂和白山电厂的监控系统就使用了双绞线屏蔽电缆。

同轴电缆（Coaxial Cable）是另一种使用铜质导体的传输介质，由中心内导体、绝缘层、网状编织的外导体屏蔽层及保护塑料外套或钢带从里到外包裹而成，其剖面构成如图 6.14 所示。与双绞线相比，同轴电缆的传输通频带更高，传输损耗更小，机械强度更大，且抗外界干扰能力更强，适合于较高速率的信号传送，但是由于其结构更为复杂，故成本较高。通常按照特性阻抗值的不同，可以将同轴电缆分为 50Ω 和 75Ω 两大类。50Ω 同轴电缆通常用于数据通信中，传送基带数字信号，因此也被称为基带（Baseband）同轴电缆。50Ω 同轴电缆在传送基带数字信号时，通常采用曼彻斯特（Manchester）编码或具有更好抗干扰性能的差分曼彻斯特编码，一般传输速率越高，所能传输的距离越短，其在局域网中得到了广泛应用。75Ω 同轴电缆是公用天线电视系统 CATV 的标准传输电缆，通

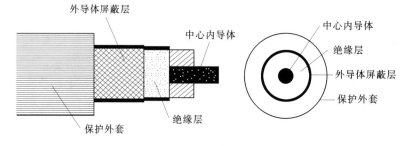

图 6.14　同轴电缆的剖面构成示意图

常用于模拟传输系统中，传送采用频分复用技术的宽带信号，因此也被称为宽带（Broad-band）同轴电缆。75Ω同轴电缆虽然为传送模拟信号而设计，但也可传送数字信号，这时需要在发送时将其转换为模拟信号，在接收后又将模拟信号转换为数字信号。同轴电缆在水电厂监控系统中也使用较多，如广州抽水蓄能电厂一期和二期以及十三陵抽水蓄能电厂的监控系统都使用了50Ω同轴电缆作为网络介质。

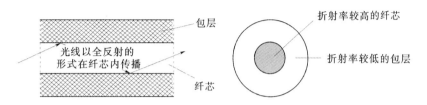

图 6.15　光纤的剖面构成示意图

光缆（Optical Cable）是基于光脉冲传送的新型传输介质，其剖面构成如图 6.15 所示，主要由折射率较高的纤芯和折射率较低的包层构成，因此，光脉冲可以以全反射的形式，几乎无损耗地在由高纯度石英玻璃拉制而成的纤芯中传播。由于光纤非常脆弱，因此在实际使用中，通常将若干根光纤做成比较结实的光缆，一根光缆中包括一至数百根光纤，以满足工程施工的强度要求，图 6.16 就是典型的四芯光缆剖面示意图。与前面介绍的两种传输介质相比，光纤的优点是很明显的，主要表现在 4 个方面：首先，

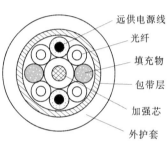

图 6.16　典型四芯光缆
剖面示意图

传输频带宽，通信容量大；其次，传输损耗小，中继距离长；再次，体积小，重量轻；最后，光纤通信既不会引起电磁干扰也不会受外界的电磁干扰，尤其适合于强电磁干扰的现场应用。但是，光纤也有一定的缺点，主要是安装和修复的难度较大，而且价格较高。目前使用的光纤有单模和多模光纤两大类。多模光纤（Multi Mode Fiber）的纤芯较粗（芯径一般为 $50\mu m$ 或 $62.5\mu m$），可传输多种模式的光，但其模间色散较大，而且随距离的增加会更加严重，这就限制了其传输距离和传输数据的速率；而单模光纤（Single Mode Fiber）的纤芯很细（芯径一般为 $9\mu m$ 或 $10\mu m$），只能传输一种模式的光，但其模间色散很小，因此适用于远程高速率数据传输。光纤在水电厂监控系统中被广泛使用，如二滩电厂、李家峡电厂、葛洲坝二江电厂等都使用了光纤作为网络传输介质，而且由于水电厂的就地控制单元（LCU）一般距离中控室较远，通常使用单模光纤。

6.2.4　局域网通信协议

国际标准化组织 ISO 制定的开放系统互联参考模型 OSI/RM，美国电气电子工程师协会（IEEE）制定的 IEEE802 局域网标准，以及 TCP/IP 协议是当前最主要的网络通信协议标准。

6.2.4.1　ISO/RM 概述

ISO/RM 于 1981 年被提出，它从逻辑上把网络的功能分为 7 层。最低层为物理层，

向上依次为数据链路层、网络层、传输层、会话层、表示层,最高为应用层,其体系结构如图 6.17 所示。每一层分别执行一个定义好的性质不同的功能,所有这些功能配合起来组成整个标准化网络通信协议,而各层的通信协议实际上是在各对等层之间传递数据时的各项规定。这种分层模型的优点主要有两个:一是各层所完成的功能划分得很清楚,使分层设计得以简化;二是由于各层相当独立,使分层设计灵活、方便。

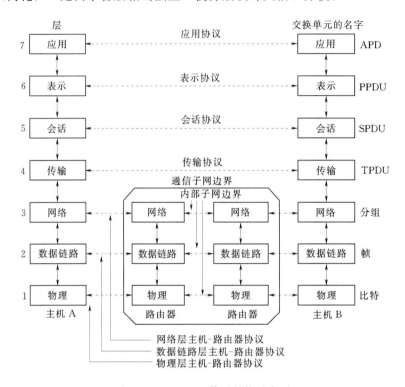

图 6.17　OSI/RM 体系结构示意图

下面大致描述各层的基本定义:

(1) 物理层。该层对应于基本网络硬件,它定义了通信节点之间的电气连接和机械物理连接方面的细节。目前比较常见的物理层协议有美国电子工业协会(EIA)的 RS-232C、RS422A、RS423A,以及国际电报电话咨询委员会(CCITT)的 CCITTX.21 和 CCITTX.24 等。

(2) 数据链路层。该层包括媒体存取控制 MAC(Medium Access Control)子层和逻辑链路控制 LLC(Logical Link Control)子层,它规定了如何把数据组织成数据帧及在网络中传输数据帧。目前比较常见的数据链路层协议有高级数据链路控制(规程)HDLC 和同步数据链路控制(规程)SDLC。

(3) 网络层。该层控制网络中各节点之间的报文交换及路由选择,包括地址的分配和数据包的转发等。目前比较常见的网络层协议有 CCITTX.25。

(4) 传输层。该层提供传输层实体端点之间的可靠报文传送,是最关键的协议之一,传输层以上的各层均不再涉及信息传输的问题。

(5) 会话层。该层在协同操作的情况下,建立、组织和协调两个相互通信的应用进程之间的交互。

（6）表示层。该层规定如何表示信息，主要解决用户信息的语法表示问题。例如，协调各种不同的计算机、终端、数据库和语言在格式上的差异、执行数据、格式和代码的转换等。该层为应用层提供了必要的信息。

（7）应用层。该层是 OSI/RM 的最高层，直接面向用户，它规定应用程序如何使用网络，为用户提供应用进程和系统管理的功能，包括通信服务、文件传送服务和虚拟终端服务等。应用层是最复杂的一个层次，所包含的协议数量也最多。

最后简单介绍在 OSI/RM 体系结构中，两台计算机的应用程序之间是如何实现信息交流的。如图 6.18 所示，计算机 A 中的应用程序进程 AP_A 从发送端的第 7 层（应用层）向下依次传到第 1 层（物理层），然后以比特流的形式通过网络的物理媒体传到第 1 个节点，从该节点的第 1 层上传到第 3 层（网络层），完成路由选择后，再下传到第 1 层，然后通过网络传到第 2 个节点，依此类推，最后传到接收端，从第 1 层上升到第 7 层后，到达计算机 B 的应用程序进程 AP_B。其中通过物理媒体传输的比特流实际上由多重数据组合而成，如图 6.19 所示，在计算机 A 的应用程序进程 AP_A 将其需要传输的 AP 数据从发送端的第 7 层向下依次传到第 1 层的过程中，首先是 AP_A 将 AP 数据交给第 7 层作为第 7 层的数据单元，第 7 层的数据单元加上若干比特的第 7 层控制信息交给第 6 层作为第 6 层的数据单元，如此类推，每一层都接收上一层的数据单元及上一层的控制信息作为本层的数据单元，然后加上本层的控制信息，传递给下一层作为下一层的数据单元。直到第 2 层，该层的控制信息被分成两部分分别加到本层数据单元的首部和尾部，而第 1 层（最底层）由于传送的是二进制比特流信号，所以不再加上控制信息。

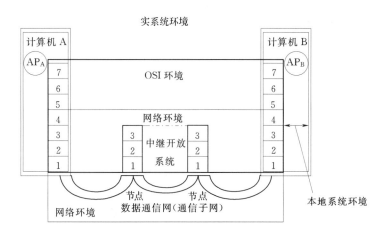

图 6.18　应用程序间数据流向示意图

当比特流通过网络的物理媒体传送到接收端时，还需要从接收端的第 1 层向上依次传到第 7 层，与刚才讨论的下传过程相反，在上传过程中，每一层都根据接收到来自下一层的信息，并根据其中包含的控制信息进行必要的操作，然后将控制信息去除，把余下的数据单元上交给上一层，直到第 7 层（最高层），最后由第 7 层把应用程序进程 AP_A 发送的 AP 数据交给应用程序进程 AP_B，从而完成两台计算机的应用程序进程之间的数据交换。

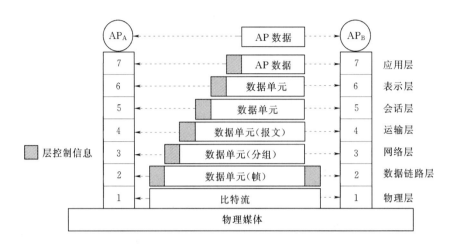

图 6.19　应用程序间数据流的组成示意图

6.2.4.2　IEEE802 局域网标准

IEEE 为了适应局域网标准化工作，成立了 IEEE802 专门委员会，自 1983 年以来，先后公布了 IEEE802.1 直至 IEEE802.12 等 12 个 IEEE 标准，有一些已成为 ISO 的国际标准，其中最著名的也是最常用的当属 IEEE802.3 标准，亦即 ISO 的国际标准 ISO8802 - 3，其他比较常用的还有 IEEE802.4（令牌总线）标准以及 IEEE802.5（令牌环）标准。下面就具体介绍这 3 种局域网标准。

首先介绍 IEEE802.3 标准。该标准的核心是被称为 CSMA/CD（Carrier Sense Multiple Access with Collision Detect）的网络存取控制方法，即带碰撞检测的载波/侦听多路送取方法，它是自由竞争式网络存取控制方式的一种。当采用 CSMA/CD 方法时，网络上的各个节点以自由竞争的方式抢占总线，某个节点在发送信息之前，必须首先侦听总线，以检测线路是否空闲，如果检测到载波信号，则进行等待直到线路空闲再发送，如果未检测到载波信号，则进行信息的发送，在发送过程中，该节点仍继续侦听总线，即采用一边发送一边接收的方法，通过比较接收到的信息与发送的信息，确定是否发生碰撞，如果两者相同，则认为未发生碰撞，继续传送信息，如果两者不相同，则认为发生碰撞，立即停止该节点的信息发送，同时，发生碰撞的各节点都发出"冲突强化"信号，使其他节点更容易检测到冲突的发生并停止各自的信息发送，避免继续传送已被破坏的信息帧，随后各节点根据退避算法退避一个随机等待时间再重新发送信息，以期尽量减少发生碰撞的次数，从而提高总线的利用率。采用的退避算法有二进制指数法和顺序退避法。

CSMA/CD 方法采用经过考验的成熟技术，可靠性高，且便于扩充，适合总线型网络使用，但由于网络中的差错和一般干扰很容易被认为是碰撞，因此该方法不适合于对实时性要求较高的场合，但是网络的传输速率很高，如果采用光缆作为传输介质，传输速率可以达到 100～200Mb/s。

IEEE802.3 标准还对物理层的 3 个重要参数进行了规定，包括传输速率、信号传输的类型（基带传输或宽带传输）及传输的长度。例如，10BASE5 所代表的含义是：传输速率为 10Mb/s，采用基带传输，传输长度为 500m。

接下来介绍 IEEE802.4 标准。该标准是令牌总线局域网的协议标准，而令牌总线网的两个主要特点就是，其在物理上属于总线型结构，网上所有站点都连接在同一条总线上，但在逻辑上却是一个令牌网，采用令牌循环传递方式确定发信站点，且令牌传递的顺序与站点的物理位置无关。这样就既可以消除载波侦听碰撞检测系统中经常发生的碰撞情况，又允许使用常见的总线型拓扑结构，因此使得令牌总线网既具有总线网的接入方便和可靠性较高的优点，又具有令牌环型网的无冲突和发送时延有确定的上限值等优点。

IEEE802.4 标准较为复杂，尤其是用于管理网络令牌的 MAC 子层协议，该子层协议定义了 MAC 子层应具有的 4 个主要功能，即控制接入、接口、发送和接收，这里限于篇幅就不予详细说明了。IEEE802.4 标准还规定了传输介质采用电缆电视所使用的 75Ω 同轴电缆，3 种可供选择的数据传输速率分别为 1Mb/s、5Mb/s 和 10Mb/s。

最后介绍 IEEE802.5 标准。该标准是令牌环局域网的协议标准，而令牌环局域网的主要特点是采用环型拓扑结构，其存取控制采用令牌方法。下面简要说明令牌环网的工作过程。

如图 6.20 所示，令牌在物理环中按照箭头逆时针方向，一站接一站地传送，获得令牌的站才有权发送数据。假设 B 站要向 D 站发送数据，则当令牌传送到 B 站时，B 站首先把令牌变为暂停证，然后把待发的数据按照一定的格式加在暂停证的后面，最后再加上令牌，一起从 B 站发往 C 站。此帧信息经过 C 站中转后到达 D 站，D 站把自己的本站地址与帧信息中的目的地址相比较，两者相同，表明此帧信息是发给 D 站的，然后对此帧信息作差错校验，并把校验结果以肯定应答或否定应答的

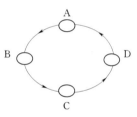

图 6.20　令牌环网的工作过程示意图

形式放在 ACK 应答段中，同时把校验无差错的帧信息复制下来，再把带有应答信息的帧信息继续向下传送，经过 A 站中转后到达 B 站。B 站把自己的本站地址与帧信息中的源地址相比较，两者相同，表明此帧信息是本站发出的，再检查 ACK 应答段，如果是否定应答，则需要进行重发；如果是肯定应答，则把此帧从环上去除掉，只留下令牌在环中继续传送，至此该次数据传输过程结束。

令牌环网的工作原理决定了整个网络上不会有几个站点同时向网络上发送数据，因此也不会产生冲突而降低传送效率，即使在重载时也可以高效率地工作，但是当环路上接入的站点数量很多时，即使只有两个站点在进行通信，平均传送时延也会比较大。

以上介绍的 3 种常见的局域网标准若整体进行比较的话可谓各有千秋，不能说哪一种绝对优于其他两种，但是如果从不同负载下网络的运行情况来考虑，则可以得到一个初步的结论，即：在很重的负载下，IEEE802.3 局域网的效率会下降到不能接受的程度，而基于令牌的两种局域网（IEEE802.4 和 IEEE802.5）则可以达到接近 100% 的效率；但轻到中度负载的条件下，则 3 种局域网都能够胜任。

6.2.4.3　TCP/IP 协议

与前面提到的几种协议标准不同，TCP/IP 协议严格来说并非真正的国际标准，但是其在实际的网络通信体系中却占有极其重要的地位，其影响甚至超过了 OSI/RM 体系，主要表现在当今规模最大的计算机网络 Internet 所使用的通信协议中，最著名的就是运输

层的 TCP 协议和网络层的 IP 协议，TCP/IP 协议已经成为 Internet 体系结构的代名词。

造成这一现象的原因并非 OSI/RM 在技术上逊于 TCP/IP 协议，而是在于完全符合 OSI/RM 各层协议标准的商用产品极少进入市场，远不能满足广大用户的需求，与此同时，使用 TCP/IP 协议的商用产品却大量抢占市场，几乎所有的工作站都配备有支持 TCP/IP 协议的软、硬件，这就使得 TCP/IP 协议成为了默认的网络通信的工业标准，从而也成为了事实上的国际标准。

TCP/IP 体系同样采用了分层次的结构，但是与 OSI/RM 体系不同，TCP/IP 协议所规定的层次只有 3 层，如图 6.21 所示，最高层为应用层，中间一层为主机到主机层，最低层为互联网层，下面就简要介绍这 3 层及其与 OSI/RM 的对应关系。

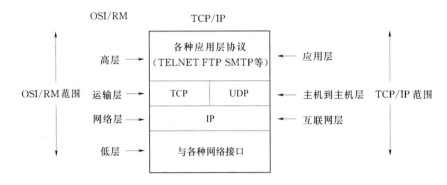

图 6.21　TCP/IP 体系结构与 OSI/RM 体系结构的比较

TCP/IP 的应用层相当于 OSI/RM 的最高 3 层，该层包括一些著名的协议，如远程通信协议 TELNET、文件传送协议 FTP、简单邮件传送协议 SMTP 等。TCP/IP 的主机到主机层相当于 OSI/RM 的运输层，这一层可以使用两种不同的协议，一种是面向连接（所谓面向连接是指在两个实体进行数据交换之前，必须先建立连接，当数据交换结束后，又必须中止这个连接）的传输控制协议 TCP（Transmission Control Protocol），其数据传送的单位是报文段（Segment）；另外一种是无连接（所谓无连接是指在两个实体进行数据交换之前，不需要先建立好一个连接，而且在数据交换过程中也不需要进行数据交换的两个实体同时是活跃的）的用户数据报协议 UDP（User Datagram Protocol），其数据传送的单位是数据报（Datagram），但通常该层使用的主要是 TCP 协议。TCP/IP 的互联网层相当于 OSI/RM 的网络层，该层最主要的协议是互联网协议 IP（Internet Protocol），IP 是一种无连接的协议，其数据传送的单位是数据报。该层中与 IP 配合使用的协议还有 Internet 控制报文协议 ICMP（Internet Control Message Protocol）、地址转换协议 ARP（Address Resolution Protocol）以及反向地址转换协议 RARP（Reverse Address Resolution Protocol）。

6.2.5　以太网

以太网（Ethernet）是一种得到广泛应用的典型总线型网络，也是最早的局域网之一。它的研发工作始于 20 世纪 70 年代初，并于 1972 年由施乐（Xerox）公司的 Palo Alto 研究中心推出了第一个实验性以太网。1980 年，由 Digital Equipment Corporation

（DEC）、Intel 和 Xerox 3 家公司（简称 DIX）合作制定了以太网的工业标准，这个标准被称为 DIX 以太网。1983 年 IEEE 以 DIX 以太网为蓝本，推出了 IEEE802.3 标准，进一步规范了以太网的发展。

以太网采用的传输介质是同轴电缆，一条同轴电缆最长不能超过 500m，也就是说，每段以太网的长度不超过 500m。同轴电缆也可以通过中继器进行分段连接，但是在任意两个节点之间的路径上不能多于两个中继器。以太网的组成规范还包括，在单个网内，节点到节点连接的长度不能超过 1000m，两个节点之间同轴电缆的最短距离为 2.5m，最长距离为 1500m，整个网络最多有 1024 个节点。

以太网的网络存取控制方法是前面提及的 CSMA/CD 方法，因此在网络信息传输的实时性方面存在与 CSMA/CD 方法相对应的固有不足，即传输迟延存在不确定性，当网络负荷较重时，这种不确定性表现得尤为明显，甚至没有一个确定的传输迟延的上限。另外，CSMA/CD 方法用于监控系统还存在有效数据传输率较低的问题，原因是以太网规定的最小数据帧长度为 72B。

以太网是最早进行标准化的网络，这表明它技术成熟，性能可靠。概括地说，它是采用总线拓扑结构的基带网，数据传输率为 10Mb/s，送取方法为 CSMA/CD。它的结构简单，安装方便，具有很大的灵活性，特别容易扩展，个别节点失效不会影响其他节点正常工作。它提供的服务是数据报（Datagram），报文能以很高的成功概率被接收，因此在用户级能达到满意的可靠性。它的价格较低也是其迅速发展普及的原因之一。

对于标准的以太网，其总线上的信息传输速率是 10Mb/s，相对而言，速率达到或超过 10Mb/s 的以太网则被称为高速以太网，其中最典型的就是 100BASE-T 以太网，它是以双绞线为介质传送 100Mb/s 基带信号的星型拓扑结构的以太网，仍使用 IEEE802.3 标准的 CSMA/CD 协议，通常被称为 IEEE 快速以太网（Fast Ethernet）。1995 年 100BASE-T 以太网被 IEEE 定为正式标准，其代号为 IEEE802.3u。

基于 IEEE802.3 系列标准的以太网在水电厂监控系统中的应用最为广泛。例如，葛洲坝二江电厂、叙利亚 TISHRIN 电厂、李家峡电厂和湖南镇扩建电厂监控系统使用的是数据传输率为 10Mb/s 的以太网或双以太网，葛洲坝大江电厂和白山电厂使用的是数据传输率为 100Mb/s 的双快速以太网。

6.3 现 场 总 线

6.3.1 现场总线概述

6.3.1.1 现场总线产生的背景

在过去的很长一段时间里，处于生产过程底层的监控自动化设备一直采用一对一连线，使用 RS-232-C 和 CCITTV.24 通信标准，用模拟信号（4～20mA 的标准直流信号）进行测量和控制，难以实现设备与设备之间以及系统与外界之间的高层次信息交换。随着微电子技术的迅猛发展，微处理器在变送器、过程控制装置、调节阀等装置中的应用不断增加，出现了大量以微处理器芯片为基础的各种智能仪表装置，这就导致了用数字信号传输技术替代原有的模拟信号传输技术的迫切需要。与此同时，由于不同厂商所提供的设备之间的通信标准不统一，严重束缚了工厂底层网络的发展，从用户到设备制造商都强烈要求形成一个统一的标准，以能够把不同厂商提供的自动化设备或装置组成一个开放互联的、通信一致的网络系统。采用传统的星型拓扑结构网络，或者环型/总线型局域网，总体造价都比较昂贵，经济性不够理想。为此，就必须设计出一种能在工业现场环境运行的、性能可靠的、价格低廉的标准化通信网络体系，以形成底层网络系统，实现现场自动化智能设备之间的多点数字通信，以及底层现场设备与外界的数字通信。现场总线就是在上述背景下产生的。

6.3.1.2　现场总线的定义

根据国际电工委员会 IEC（International Electrotechnical Commission）标准和现场总线基金会 FF（Fieldbus Foundation）的定义，现场总线是连接智能现场设备和自动化系统的数字式、双向传输、多分支结构的通信网络，是应用在生产过程控制现场，通过共有通信介质，在微机化测量控制设备之间实现双向串行多节点数字通信的数据总线，也被称为开放式、数字化、多点通信的底层控制网络。它的关键标志是能支持双向、多节点、总线式的全数字通信。

在过程控制领域，现场总线是从主控级扩展到现场测量仪表设备，变送器和执行机构的数字通信总线，它在水电厂计算机监控系统中得到了广泛的应用。图 6.22 表示的就是过程控制发展的各个阶段对应的控制系统结构，信号传输方式以及测控仪表的测控能力指数，该图明确地显示出了现场总线的先进性和优越性。

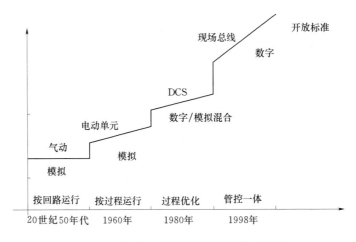

图 6.22　各阶段测控仪表能力指数示意图

6.3.1.3　现场总线的产生和发展

智能仪表的出现为现场信号的数字化提供了条件，为现场总线的出现奠定了基础。1983 年，美国霍尼维尔（Honeywell）公司推出了智能化仪表 Smart 变送器，这些带有微处理器芯片的仪表除了在原有模拟仪表的基础上增加了复杂的计算功能之外，还在输出的模拟直流信号上叠加了数字信号，使现场与控制室之间的连接由模拟信号过渡到数字信号。自此之后，世界上许多大公司相继推出了各种智能仪表，如诺斯蒙特（Rosemount）

公司的 1151, 福克斯波罗（Foxboro）公司的 820、860 等。Rosemount 公司还采用了自己的 HART 数字通信协议。这些模拟数字混合仪表克服了单一模拟仪表的缺陷，给自动化仪表的发展带来了动力，为现场总线的诞生铺平了道路。但这种数字模拟信号混合的工作方式只是一种过渡，其系统或设备间只能按模拟信号方式一对一地布线，难以实现智能仪表之间的信息交换，智能仪表能处理多个信息和复杂计算的优越性难以充分发挥，这就要求具备通信功能和传输信号全数字化的仪表和系统出现。

1984 年，美国仪表协会（ISA）下属的标准与实施工作组中的 ISA/SP50 开始制定现场总线标准。1985 年，国际电工委员会决定由 Proway Working Group 负责现场总线体系结构与标准的研究制定工作。1986 年，联邦德国开始制定过程现场总线（Process Fieldbus）标准，简称为 ProfiBus，由此拉开了现场总线标准制定及其产品开发的序幕。

1992 年，由 Siemens、Rosemount、ABB、Foxboro、Yokogawa 等 80 家公司联合，成立了 ISP（Interoperable System Protocol）组织，着手在 ProfiBus 的基础上制定现场总线标准。1993 年，以 Honeywell、Bailey 等公司为首，成立了 World FIP（Factory Instrumentation Protocol）组织，有 120 多个公司加盟该组织，并以法国标准 FIP 为基础制定现场总线标准，但进展缓慢。

1994 年，ISP 和 World FIP 北美部分合并，成立了现场总线基金会（Fieldbus Foundation，FF），推动了现场总线标准的制定和产品开发，1996～1998 年间，FF 和 ProfiBus 国际组织 PNO 先后发布了过程自动化的现场总线标准 H1，HSE 和 ProfiBus - PA，其中 H1 和 ProfiBus - PA 标准已经进入实际应用阶段。1999 年底，包括 8 种现场总线标准在内的 IEC61158 国际标准开始生效，除了前面提及的 H1、HSE 和 ProfiBus - PA 标准外，还有 Interbus、World FIP、ControlNet 等 5 种。

与此同时，在不同行业还陆续出现了其他一些有影响的现场总线标准。它们大都在公司标准的基础上逐渐形成，并得到其他公司、厂商、用户以至于国际组织的支持。如德国博世 Bosch 公司推出的 CAN、美国 Echelon 公司推出的 LonWorks 等。但发展共同遵从的统一的现场总线标准规范，真正形成开放互联系统，终究还是现场总线技术的大势所趋。

6.3.2 现场总线控制系统

现场总线被称为自动化领域的计算机局域网，它的出现标志着工业控制领域又一新时代的开始，并导致了传统控制系统结构的变革，出现了以现场总线为基础的全数字控制系统——现场总线控制系统 FCS（Fieldbus Control System）。现场总线控制系统既是一种开放的通信网络系统，又是一种全分布式的控制系统，是由"分散在各个工业控制现场的智能仪表通过数字化的现场总线连为一体，并与控制室的控制器和监视器共同构成"的。

现场总线作为智能设备的联系纽带，把挂接在总线上、作为网络节点的智能设备连接为网络体系，并进一步构成自动化控制系统，实现基本控制、补偿计算、参数修改、报警、显示、监控、优化及管控一体化的综合自动化功能。

现场总线控制技术是一项以智能传感器、控制、计算机、数字通信、网络为主要内容的综合技术，它打破了传统分散控制系统（DCS）采用的按照控制回路要求，对设备一对一分别进行连线的结构模式，把原先处于主控级控制室中的控制模块和输入/输出模块放入现场设备，并使现场设备具有通信能力，从而令控制系统的功能能够不依赖于控制室中的主计算机而直接在现场完成，实现了彻底的分散控制。图 6.23 就是一个典型的现场总线控制系统的体系结构示意图。

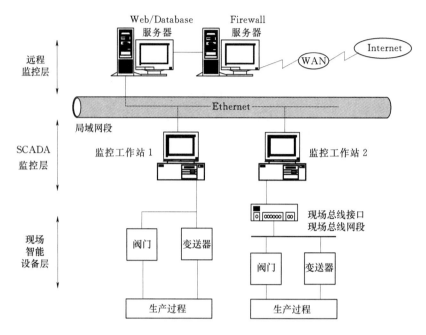

图 6.23　现场总线控制系统的体系结构

6.3.3　现场总线控制系统的特点

以现场总线为基础的现场总线控制系统在技术上具有以下特点：

（1）系统的开放性。开放是指对相关标准的一致性、公开性，强调对标准的共识与遵从，而所谓开放系统，是指它可以与任何遵守相同标准的其他设备或系统相连。FCS 要求各种现场总线的通信协议遵从相同的标准，不同生产厂家的设备之间可以实现信息交换。现场总线控制系统的开发者就是要致力于建立统一的开放的底层网络控制系统，以使用户可以按自己的要求，通过现场总线把来自不同生产厂家的产品组成大小随意的开放互联系统。

（2）互可操作性与互用性。这里的互可操作性，是指实现互联设备间、系统间的信息传送与沟通，可实行点对点、一点对多点的数字通信，而互用性则意味着不同生产厂家的性能类似的设备可进行互换，从而实现互用。

（3）现场设备的智能化与功能自治性。现场总线控制将传感测量、补偿计算、工程量处理与控制等功能分散到现场设备中完成，仅依靠现场设备即可完成自动控制的基本功能，并可随时诊断设备的运行状态。

（4）系统结构的高度分散性。由于现场设备本身已可完成自动控制的基本功能，使得现场总线已构成一种新的全分布式控制系统的体系结构。从根本上改变了原有分散控制系统中集中与分散相结合的集散控制系统体系，简化了系统的结构，提高了可靠性。

（5）系统具有对现场环境的适应性。工作在现场设备前端，处于工厂网络底层的现场总线，是专为在现场环境工作而设计的，它可支持双绞线、同轴电缆、光缆、射频、红外线、电力线等，具有较强的抗干扰能力，能采用两线制实现送电与通信，并可满足本质安全防爆要求，因此对现场环境的适应性强。

6.3.4 现场总线控制系统的优点

现场总线控制系统在设计、安装、投运、正常运行及检修维护等诸多方面都体现出其优越性。

（1）节省硬件数量与投资。在现场总线控制系统中，分散在现场的智能设备能够直接执行测量、控制、报警和计算功能，因此可以减少变送器的数量，不再需要单独的调节器、计算单元等，也不再需要分散控制系统的信号调理、转换、隔离等功能单元及其复杂接线，还可以用工控 PC 作为操作站，从而节省了大量的硬件投资，并可减少控制室的占地面积。

（2）节省安装费用。现场总线控制系统的接线十分简单，一对双绞线或一根同轴电缆上通常可挂接多个现场设备，因而电缆、端子、槽盒、桥架的用量都大大减少，连线设计与接头校对的工作量也大大减轻。当需要增加现场控制设备时，无需增设新的电缆，可就近挂接在原有的电缆上，既节省了投资，也减少了设计、安装的工作量。据有关典型实验工程的测算资料表明，可节约安装费用 60% 以上。

（3）节省维护开销。由于现场控制设备具有自诊断与简单故障处理的能力，并能通过数字通信将相关的诊断维护信息送往控制室，用户可以查询所有现场设备的运行，诊断维护信息，以便早期分析故障原因并快速排除，缩短了停机维护时间，同时由于系统整体结构简化，连线简单而减少了维护工作量。

（4）用户具有高度的系统集成主动权。用户可以自由选择不同厂家所提供的设备来集成系统，从而避免因选择了某一厂家的产品而限制并拒绝其他厂家设备的选择范围，也不会为系统集成中不兼容的协议、接口而烦恼，使系统集成过程中的主动权牢牢掌握在用户自己手中。

（5）提高了系统的准确性与可靠性。这是现场总线控制系统的最大优点，由于现场总线设备的智能化、数字化，与模拟信号相比，它从根本上提高了测量与控制的精确度，减少了信号传送误差。同时，由于系统的结构简化，设备与连线减少，现场仪表内部功能加强，减少了信号的往返传输，大大提高了系统的工作可靠性。

6.3.5 几种有影响的现场总线协议

自 20 世纪 80 年代末以来，有多种现场总线技术逐步形成其影响，并在一些特定的应用领域显示了自己的优势。它们各具特色，显示了较强的生命力，已经发挥并将继续发挥着其积极作用。其中基金会现场总线、CAN 总线及 ProfiBus 总线在水电厂计算机监控系统中获得了广泛的应用。下面就对这 3 种总线及其他比较有影响的现场总线作简单的介绍。

(1) 基金会现场总线。现场总线基金会于 1994 年 9 月以美国 Fisher‐Rosemount 和 Honeywell 公司为首成立，致力于开发符合 IEC 和 ISO 标准的国际统一的现场总线协议，其发表的基金会现场总线 FF (Foundation Fieldbus) FF 以 ISO/OSI 开放系统互联模型为基础，取其物理层、数据链路层、应用层为 FF 通信模型的相应层次，并在应用层上增加了用户层。基金会现场总线通过数字、串行和双向的通信方法连接现场设备，并提供了低速 H1 和高速 H2 两种通信速率，是一种在过程自动化领域得到广泛支持和具有良好发展前景的高级过程控制现场总线技术。H1 为用于过程控制的低速总线（符合 IEC1158—2 物理层标准），传输速率为 31.25kb/s，通信距离可达 1900m（可加中继器延长），可支持总线供电，支持本质安全防爆环境。H1 可支持本安设备 2～6 台、非本安设备 2～32 台。H2 为用于制造自动化的高速总线，传输速率可分为 1Mb/s 和 2.5Mb/s 两种，其通信距离分别为 750m 和 500m。FF 的传输介质可支持屏蔽双绞线、同轴电缆、光纤和无线电，每段最多可带 124 个节点，其物理媒介的传输信号采用曼彻斯特编码。

(2) ProfiBus 总线。ProfiBus 总线技术是由以 Siemens 公司为主的十几家德国公司和研究所于 1987 年共同推出的，以后被标准化为德国国家标准 DIN19245 和欧洲标准 EN50170。ProfiBus 总线标准由 3 部分组成，分别是 ProfiBus‐DP、ProfiBus‐FMS 和 ProfiBus‐PA，其中 ProfiBus‐DP (H2) 型用于分散外设间的高速数据传输，每秒可以传输 12Mbit，适合于制造业自动化领域的应用，是满足用户快速通信的最优方案之一；ProfiBus‐FMS 意为现场信息规范，主要用于非控制信息的传输，适用于纺织、楼宇自动化、PLC 和低压开关等一般自动化场合，并支持多主处理；ProfiBus‐PA (H1) 型则是用于过程自动化的总线类型，遵从 IEC1158—2 标准，可提供总线供电和本质安全。ProfiBus 总线采用了 OSI 模型的物理层、数据链路层，ProfiBus‐FMS 还采用了应用层，其传输速率为 9.6kb/s～12Mb/s，最大传输距离在 12Mb/s 时为 100m，1.5Mb/s 时为 400m，用中继器可延长至 10km，传输介质可以是双绞线和光纤，最多可挂接 127 个节点。ProfiBus 总线是传输速率最快的总线，其作为世界范围的总线标准，获得了广泛的应用。

(3) CAN 总线。CAN (Controller Area Network) 是控制局域网的简称，它是由德国博世 (Bosch) 公司提出的，最早应用于汽车内部测量与执行部件之间的数据通信。该总线规范已被 ISO 制定为国际标准 ISO11898（通信速率小于 1Mb/s）和 ISO11519（通信速率小于 125kb/s）。CAN 协议也是建立在 ISO/OSI 模型的基础之上，但其模型结构只采用了其中的 2 层，即物理层和数据链路层。CAN 总线的信号传输采用短帧结构，传输时间短，抗干扰能力强，通信速率可达 1Mb/s/40m，最大传输距离可达 10km/5kb/s，节点数可达 110，其传输介质为双绞线。CAN 总线具有可靠性高、支持多主处理、支持优先级仲裁、链路简单、配置灵活、芯片资源丰富、成本低廉等特点，是一种有效支持分布式控制和实时控制的串行通信网络，被广泛应用于离散控制领域。

(4) LonWorks 总线。LonWorks 现场总线是又一具有强劲实力的现场总线，采用了分布式智能控制网络技术。它是由美国 Echelon 公司推出，并由它和摩托罗拉 (Motorola)、东芝 (Toshiba) 公司共同倡导，于 1990 年正式公布而形成的。它采用了 ISO/OSI 模型的全部 7 层通信协议。采用了面向对象的设计方法，通过网络变量把网络通信设计简化为参数设置。LonWorks 技术所采用的 LonTalk 协议被封装在称之为 Neuron 的神经元芯片中而实现。该芯片中内含负责介质访问、负责网络处理和负责应用处理的 3 个 8 位处理器；还含有存储信息缓冲区，实现处理器之间的信息传递和网络缓冲区、应用缓冲区。其通信速率从 300b/s～1.5Mb/s 不等，直接通信距离可达 2700m（78kb/s，双绞线），它支持双绞线、同轴电缆、光纤、射频、红外线和电力线等多种通信介质，支持节点数为3200 个，并开发了相应的本质安全防爆产品。LonWorks 现场总线能够适合于各种现场测控网络，广泛应用于工业控制、楼宇自动化、数据采集、SCADA 系统，被誉为通用控制网络。

（5）HART 总线。HART（Highway Addressable Remote Transducer）是可寻址高速远程传感器高速通道的简称，最早由 Rosemount 公司开发并得到 80 多家著名仪表公司的支持，并于 1993 年成立了 HART 通信基金会。它的特点是在现有 4～20mA 模拟信号传输线上实现数字信号通信，其数字通信采用调制解调方式，通信速率仅有 1200b/s，一般模式为用 4～20mA 传递模拟信号，用数字信号传递设备状态信号和控制命令。HART采用统一的设备描述语言 DDL，它能利用总线供电，可满足本质安全防爆要求，并可组成由手持编程器与管理系统主机作为主设备的双主设备系统。由于 HART 总线采用模拟和数字信号混合的方法，难以开发通用的通信接口信号，因此属于模拟系统向数字系统转变的过渡性质的总线协议。

（6）Control Net/Device Net 总线。Control Net/Device Net 总线是一种通用型、低价位的总线，可以连接广泛的工业设备，并降低设备的安装费用和时间。它支持除了主/从方式之外的多种通信方式，在使用同轴电缆时通信距离可达 6km，节点数 99 个，两个节点间距离最长可达 1000m，48 个节点距离可长达 250m，采用光纤和中继器后通信距离更可达几十公里。总线上中的光电开关和阀门等设备可通过电缆、插件、站等进行长距离通信，并能够实现设备级的诊断能力，因此可以灵活地应用于各种控制系统中。

（7）其他现场总线。包括：具有强抗干扰能力的 Sensoplex2 重工业控制网络；简单的 AS-I 总线和 Interbus 总线；CAN 总线的变形 Smart Distributed System 总线；以及 Seriplex 总线和 P-NET 总线等。

思　考　题

1. 什么是串行通信和并行通信？各有什么特点？
2. 串行通信的工作方式有哪几种？
3. 什么是异步通信和同步通信？各有什么特点？
4. 在远距离串行通信中有哪几种调制与解调方式？
5. 什么是通信规约？
6. 计算机通信网络有哪几种类型？各有什么特点？
7. 计算机通信网络中有哪几种传输介质？各有什么特点？
8. IEEE802 局域网标准主要包括哪些内容？
9. OSI 参考模型将数据传输过程分解为哪几层？各层主要完成什么功能？
10. 什么是现场总线？它有什么特点？

第7章

自动发电控制和自动电压控制

电力系统运行的主要目标，就是以优质、可靠的电力满足电力用户的需要。电能质量的指标，一是频率，二是电压。要保持其在额定的范围以内，对于电压应从电力系统的无功功率控制入手；对于频率控制，则主要依靠有功功率的实时平衡。实际运行中，负荷无时无刻不在变化，如不及时调整有功，控制频率，将会带来诸多不利影响甚至事故。水电厂易于改变有功功率的输出值，是电力系统自动发电控制的主要执行者。水电厂能否实现自动发电控制，关系着整个电力系统自动发电控制的成败。

电力系统在调节过程中允许存在一定的误差，一般来说，这个误差随系统规模的大小而变化，大系统允许的误差要小些，如0.1Hz，小系统允许的误差大些。严格地说，负荷发生变化后，不仅频率受到影响，电压也受到影响。因此，有功功率的控制与无功功率的控制是有联系的。但相应的系统灵敏性分析表明：

(1) 有功功率的不平衡主要影响系统频率，基本上不影响系统母线电压。

(2) 无功功率的不平衡主要影响系统母线电压，基本上不影响系统频率。

因此，通常将有功功率控制与无功功率控制分成两个相对独立的问题来处理。这样处理在分析系统小波动时是合适的，如果系统发生大波动，频率和电压偏差都比较大，相互独立的假设就不再成立，此时，电力系统自动发电控制将自动退出运行。

负荷调整可由电力系统内的各种发电厂联合完成。由于水电厂调节性能好，调节速度快，一般情况下由水电厂来承担电力系统日负荷图中的峰荷和腰荷。电网负荷给定有两种方式，一种方式是瞬间负荷给定值方式，即按电网AGC定时计算出的给定值，即时下达给电厂执行。水库大，调节性能好，机组容量大，在电网中担任调峰、调频的水电厂一般采用这种调节方式。另一种则是日负荷给定曲线的方式，即电网调度中心前一日下达某电厂一天的负荷给定值曲线，到当天零时计算机监控系统即自动将此预先给定的日负荷曲线存于当天该执行的日负荷曲线存放区，以便水电厂AGC执行。

7.1 水电厂的自动发电控制

美国电气和电子工程师协会（IEES）对自动发电控制（AGC）的定义是："自动发电控制，即根据系统频率、输电线负荷或它们之间负荷的变化，对某一规定地区内发电机有

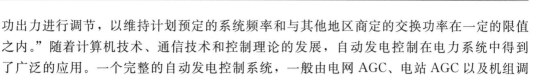

功出力进行调节,以维持计划预定的系统频率和与其他地区商定的交换功率在一定的限值之内。"随着计算机技术、通信技术和控制理论的发展,自动发电控制在电力系统中得到了广泛的应用。一个完整的自动发电控制系统,一般由电网 AGC、电站 AGC 以及机组调速系统等环节组成。

7.1.1 水电站自动发电控制的基本任务

水电站自动发电控制是电力系统自动发电控制的一个子系统,它要求控制系统能根据电力系统的要求或水库上游来水量,考虑电站及机组的运行限制条件,在保证电厂安全运行的前提下,满足经济运行原则,确定电厂机组运行台数、运行机组的组合和机组间的启停顺序和负荷分配。同时保证在完成这些任务时,能有效避免由于电力系统负荷短时波动而导致机组的频繁启、停。因此,水电厂自动发电控制的任务可以归纳为,在满足各项限制条件的前提下,以安全、迅速、经济的方式控制整个电厂的有功功率来满足系统的需要。

综上所述,水电站 AGC 的基本任务如下:

(1) 控制整个电站的有功功率。即根据系统要求对全厂运行机组的有功功率进行调整,并确定机组间的合理启停顺序,那就是确定开哪台机,停哪台机。

(2) 对全厂运行机组的有功功率进行经济分配,以保证在满足各项限制条件下的发电耗水量最小。

(3) 保证机组运行的安全性。如考虑保证厂用电的可靠;中性点接地的要求;运行中避开水轮机的汽蚀区、振动区或机组存在的缺陷范围等。

AGC 在具体实施中掌握的主要原则一般如下:

(1) 考虑上游来水量。尽可能使水电站最大限度地利用上游来水量,以不弃水或少弃水为原则,尽量保持水电站在较高水头下运行。这一点特别适用于无调节水库的径流式水电站。

(2) 依据给定的发电负荷曲线或实时给定的水电站总有功功率。这是在电力系统统一调度下,水电站参加电力系统的有功功率和频率的调节,完成上级调度下达的计划性或随机性的发电任务。

(3) 维持电力系统频率在一定水平下运行。根据电力系统的频率瞬时偏差或频率偏差的积分值,确定水电站的总出力,直接参加电力系统的调频任务。

(4) 综合因素。如按给定功率和电力系统频率偏差、按电力系统对功率的要求和下游用水量的需要等。

水电机组与火电机组的一大区别在于:水电机组可以迅速地改变出力和启停。在快速自动调整负荷时一般可分两个阶段进行。第一阶段先不改变已运行机组数和组合,在已运行机组间进行负荷调整,这种调整的周期可以短一些,一般在 10s 左右。第二阶段是根据经济运行原则改变已运行机组数和组合,以满足最优工况的要求,这种调整的周期可以长一些,一般取 1~2min。在实施水电厂自动发电控制时,可以将经济分配负荷与自动发电控制(负荷频率控制)结合在一起进行,甚至还可将机组的合理启停都包括进行。因此,水电厂自动发电控制的具体内容可以归纳如下:

（1）根据给定的电厂需发功率，考虑到旋转备用容量的需要、系统负荷变化的趋势，计算当前水头下电厂的最佳运行机组数和组合。

（2）根据电厂供电的可靠性、设备（尤其是机组）的实际安全经济状况，确定应运行的机组台号。

（3）在应运行机组间实现经济分配负荷。

（4）校核各种限制条件，如机组的空蚀振动区、下游最小允许流量等，当不能满足时进行各种修正或告警。

（5）用水量的计算。

7.1.2　AGC 对全厂有功负荷的分配方式

在电力系统中，不同水电站的任务往往是不同的，有的仅承担发电任务，有的有调频调峰的要求。因此，AGC 在功能及工作方式上要根据电站的实际工作需要进行选择。实际应用中 AGC 分配有功的方式有调频方式和功率控制方式。

（1）调频方式。AGC 分配有功 P_{AGC} 可以根据系统频率偏差来设定，即

$$P_{AGC} = P_A + K_f \Delta f - P'_{AGC} \tag{7.1}$$

（2）功率控制方式。AGC 分配有功 P_{AGC} 按照预先给定的有功设定曲线值来设定，即

$$P_{AGC} = P_S - P'_{AGC} \tag{7.2}$$

式中　P_A——全厂实发有功；

　　　P_S——全厂有功设定值；

　　　K_f——系统调频系数（可分为第一调频厂系数、第二调频厂系数和紧急调频系数）；

　　　Δf——系统母线频率偏差；

　　　P'_{AGC}——不参加 AGC 机组的实发有功之和。

在制定 AGC 控制方案时要根据系统对水电站功能的具体要求，充分考虑水电站的经济运行和设备安全，以式（7.1）和式（7.2）为依据，做好全厂有功功率和频率的控制。

7.1.3　水电站自动发电控制模型和算法

从运行经济性的角度考虑，应该要求水电厂在满足各项限制条件下，用最小的流量发出系统负荷所需的电厂功率，即为水电厂运行最优准则。用数学方法表示即为

$$Q_{st} = \sum_{i=1}^{n} Q_i(P_i) \tag{7.3}$$

式中　Q_{st}——电厂流量；

　　　Q_i——第 i 台机组流量；

　　　P_i——第 i 台机组功率；$i = 1, 2, \cdots, n$（n 为运行机组台数）。

式（7.3）必须满足功率平衡的约束原则，即

$$P_{st} = \sum_{i=1}^{n} P_i \tag{7.4}$$

由式（7.4）可见，水电厂经济运行问题可归结为：优化的开机台数 n 和在满足系统

负荷要求下机组的有功功率最优分配。

以上是静态最优决策的基本问题，即基于式（7.3）作为目标函数的 AGC 控制问题。

考虑到机组启停顺序的优化，并注意运行的安全性，AGC 还应根据电厂机组运行实际情况做出机组开停的决策。

为实现上述经济性目标，国内、外提出了不少水电厂自动发电控制的数学模型和算法，这里仅介绍表格法、等微增率法、动态规划法等 3 种。

1. 表格法

从发电的经济性确定开机台数，即利用水电厂运转特性曲线，通过离线计算并整理出开机台数表（由图 7.1 得到）。其中 P_{AGC} 为 AGC 所控制功率；H 为工作水头。为了避免在 P_{AGC} 变化不大而机组却频繁启停的情况，考虑设置一个由 PG 和 PL 组成的功率覆盖区，当 P_{AGC} 在这一区域变化时，并不改变开机台数。

当水电厂装设相同机组时，采用此法可以假定各机组的动力特性基本相同。对满足 AGC 功率下机组组合无特别要求。

当水电厂装设不同机组，或通过效率试验而知机组运转特性差异较大时，运行经济性对机组的组合应考虑到启停顺序的优化，即在满足 P_{AGC} 要求下应选择最优的机组组合。

可以比较水轮机流量特性曲线，通过在不同 P_{AGC} 要求下离线计算出水电站的流量特性曲线（图 7.2，该曲线是在某一固定水头下作出的）。在若干个水头下都可以得到这样的曲线，因此可构成曲线簇。同样，也可将其用表格形式存放在计算机中，运行时在 P_{AGC} 要求下，由 AGC 选择最优机组组合。

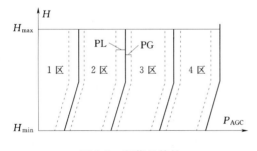

图 7.1　开停机特性

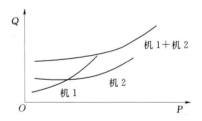

图 7.2　水电站流量特性

上述方法是基于绝对值参数的，当机组台数多于 3 台时，用它来确定机组间负荷的最佳分配是比较困难的，这时可以采用机组负荷等微增率分配方法。

2. 机组负荷分配的等微增率分配法

根据电厂运行最优准则的式（7.1）、式（7.2），平衡方程可改写为

$$Q_{st} = Q_1 + Q_2 + \cdots + Q_n \equiv \min \tag{7.5}$$

及

$$P_{st} - P_1 - P_2 - \cdots - P_n = 0 \tag{7.6}$$

由拉格朗日乘子法，可建立辅助方程

$$\varphi = (Q_1 + Q_2 + \cdots + Q_n) + \lambda(P_{st} - P_1 - P_2 - \cdots - P_n) \tag{7.7}$$

式中　λ——拉格朗日乘子。

经微分计算，可求出水电站最优运行的条件为

$$q=\frac{\mathrm{d}Q_1}{\mathrm{d}P_1}=\frac{\mathrm{d}Q_2}{\mathrm{d}P_2}=\cdots=\frac{\mathrm{d}Q_n}{\mathrm{d}P_n}=\lambda \tag{7.8}$$

式中　q——机组流量的微增率。

　　这就是机组负荷分配的等微增率法则，这个法则说明水电站机组间负荷分配的最优准则是要求参与负荷分配的各机组的流量微增率必须相等。

　　当 P_{AGC} 已给定，参与负荷分配的最优机组组合也已确定，即可按组合机组流量特性曲线，用等微增率准则求得各机组实际承担的负荷。

　　3. 动态规划法

　　动态规划法是一种分步最优化方法，在解决多阶段决策过程的寻优问题中是一种有效的方法。所谓多阶段决策过程是指这样一个过程，即按时间或空间顺序将过程分解为若干段，对中间任意段必须作出相应的决策。每一阶段决策都将影响到整个过程，不同的决策将导致不同的效果，这个效果可以用数量来衡量。由于每一阶段可供选择的决策往往不止一个，因此存在一个最优决策的问题，使得它对整个过程中达到最佳效果。

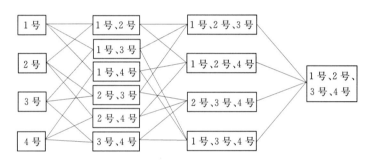

图 7.3　动态规划阶段示意

　　动态规划法在水电厂自动发电控制上的应用，其实质仍然是电站总耗水量最小原则，即根据系统对水电厂需发功率的要求，按最优准则求出投入运行的机组台数和机组间的负荷分配，使机组发出系统给定功率时的总耗水量最小。图 7.3 所示为一电站 4 台机组分 4 个阶段进行动态规划的过程。

　　显然，作为 1 台机运行的第一阶段，选择最佳机组共有 4 种方案，此时可按最小耗水量原则确定一种；第二阶段 2 台机组合运行共有 6 种方案，然而其中 1 台由第一阶段所确定，因而可参与比较的有 3 种方案，3 种方案中都包含了 1 台新投入的机组，决策时仍按最小耗水量原则确定一种；同理，第三阶段由 3 台机组合运行共有 4 种方案，作为新投入机组比较只有两种方案，可按上述方法决策一种；第四阶段 4 台机投入运行只存在唯一的一种组合。

　　此法的最大优点是，可以允许电厂设有不同的机组，并且同时可以确定哪台机运行，各运行机组发多少功率。但是动态规划法的计算工作量比较大。从上述的描述可以看出，为了求某一电厂功率的各台机运行工况，必须先求出对应全部电厂可能运行功率的最佳运行工况，不但计算量大，要求存储中间值的内存容量也大。当机组台数较多时，这些数目急剧增加，人们称之为"维数灾"。这是此法的最大缺点。

　　为了减少计算工作量，也就是缩短计算时间，这是实时运行所要求的，可以采用存表待查的方法。即先离线地将各种可能的运行工况都算一遍，求出全厂最佳运行总表，然后存在计算机内。要注意，电厂可运行机组的组合有很多，因为某些机组可能要检修。对应每一种可运行机组组合都要存一张总表，可见总存储量之大。当电厂安装机组较多时，不宜直接采用动态规划法。

7.2 水电厂自动发电控制的实施

水电厂自动发电控制要与计算机监控系统的结构相适应。目前，最新的自动发电控制系统大都采用分层控制模式。水电厂的自动发电控制一般分为两级，即电厂控制级和机组控制级，如图 7.4 所示。

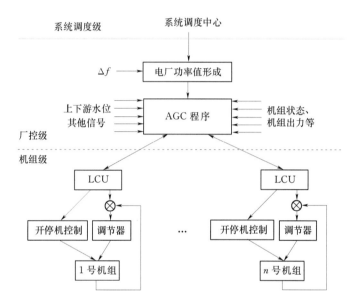

图 7.4　水电厂 AGC 控制实施示意图

电厂控制级计算机计算出当前水头下为满足上级下达的电厂需发功率应运行的机组台号和各运行机组应发的功率，然后将这些计算结果通过现地控制单元送给机组去执行。后者对电厂级发来的信息（命令）进行必要的合理性校核，以提高安全性，然后经调速器和开停机装置去控制机组的功率和启停。同时，机组控制级又将各台机组的实时信息，如机组运行状态、实发功率等返回电厂控制级计算机。

由于水电厂调节性能好，调节速度快，一般情况下是由水电厂来承担电力系统的调频和调峰的任务。在电力系统中，不同水电厂的任务往往是不同的，绝大多数小型水电厂仅承担发电任务；大中型水电厂以及在小电网中作为主力电厂的中小型水电厂，需要具有调频和调峰的功能。

在实现水电厂的自动发电控制时，除必须满足电力系统负荷平衡的条件外，还要考虑许多限制条件。例如，上、下游工农业用水的限制，航运对水流变化速率的限制，汛前腾出部分库容，汛后蓄至正常蓄水位等对水位的要求，因此水电厂还需要具有按给定水位发电的功能，在给定水头下，尽可能地多发电，提高电厂的经济效益。

因此，应根据水电厂的实际控制要求来设计自动发电控制的功能及工作方式。一般来说，各类水电厂自动发电控制功能均应包括调频、功率控制、给定水位发电以及机组间功率经济分配 4 个部分。

（1）调频功能。如果水电厂是所在电网中的主力电厂，则需要执行电网调频任务。在非调频模式下，当电网的频率瞬时偏差或频率偏差的积分超过允许的设定值时，自动发电控制程序自动切换到调频模式，直接参与电力系统的调频。若系统频率回到正常值，则允许进入其他功能模式。若在调频模式下，加自动发电控制的机组负荷已达到当前水头下负荷上、下限值，那么让水电厂的出力维持在上、下限值运行，这一调节原则称为频率优先原则。

如果水电厂是所在独立电网中的调频厂，且需由水电厂自身来计算区域控制误差，则水电厂需采用恒定频率控制方式。

（2）功率控制功能。自动发电控制归根结底就是对有功功率的调节和分配的问题。因此，功率控制功能是自动发电控制最根本、最重要的功能。根据电网和电厂不同的控制要求，功率控制功能可分为电网瞬间负荷给定值方式、日负荷给定曲线方式及水电厂负荷给定值方式这 3 种运行方式。这 3 种运行方式的基本原理是相同的，不同之处在于全厂有功设定值的给定方式是不同的，分别适用于不同的实际状况。

（3）按给定水头发电功能。按给定水头（或水位）发电，即综合电力系统、灌溉和航运等各方面的要求，水电厂操作人员设定电厂运行的水头值，调节整个水电厂的出力，使得水电厂在设定的水头下运行。同时，考虑在给定水头下，尽可能地多发电，提高电厂的经济效益。给定水头值由电厂操作人员手动输入，当实际水位运行在给定水头值的误差允许范围内运行时，机组在一定时期内以恒定负荷运行；当水位偏离给定水头值允许区间时，按给定水位发电程序迅速调节机组出力，首先将实际水位重新调节到给定水位附近，然后重新调整机组出力，找到使电厂的进水量与出水量相平衡的机组出力值，一定时期内维持机组出力值不变，从而维持水位的平衡。

（4）机组间功率经济分配功能。该功能根据操作员或调度中心给定的全厂总功率、备用容量的要求及设备的实际状况，自动计算出当前水头下电站的最优机组组合和机组间的最经济负荷分配方案。计算时应考虑各台机组及其附属设备的安全条件，最优化目标是在满足给定总功率和各项限制条件的情况下，使得机组发电耗水量最低，同时避开汽蚀振动区，并避免频繁启停机组和频繁的功率调整操作。

为了避免频繁的开停机，还需制定合理的机组开停机策略，简述如下。

1. 机组开机算法

（1）理论开机条件为

$$P_{AGC} + P_b > \sum P_T$$

式中　　P_b——全厂的旋转备用容量；

$\sum P_T$——全厂参加 AGC 且处于发电状态机组的可调节容量。

（2）理论开机台数为

$$N_k = (P_{AGC} + P_b - \sum P_T)/P_m + 1$$

式中　　N_k——理论开机台数；

　　　　P_m——单机最大容量。

当设定负荷小于单机功率最小值与开机死区之差时，参加 AGC 的所有机组全部不能开机。

2. 机组停机算法

（1）理论停机条件为

$$\sum P_T - (P_{AGC} + P_b) > P_m$$

（2）理论停机台数为

$$N_t = [\sum P_T - (P_{AGC} + P_b)] / P_m$$

式中　　N_t——理论停机台数。

3. 避免机组频繁启停的措施

（1）在理论开停机台数对应的调节范围两侧设置覆盖区。如果水电厂需要增加有功，则只有等水电厂需发功率比"理论开机台数－1"对应的最大出力和原最大出力之和大于某一定值时才按理论开机台数开机，否则按"理论开机台数－1"开机；如果水电厂需要减少功率，则只有等水电厂需发功率比原最大出力减掉理论停机台数对应的最大出力的差值小于某一定值才按理论停机台数停机，否则，按"理论停机台数－1"停机。

（2）考虑电厂负荷变化趋势，尽量避免刚开不久的机组又马上安排停机，或停下的机组又马上安排开机。根据预测的负荷曲线计算下一时段的各类机组的最佳运行机组数，然后比较目前已经运行的机组台数、本时段需要运行的最佳运行机组台数和下一时段应运行的最佳运行机组台数。如果发现本时段有机组要停机而下一时段又有机组要开机时，则本时段的最佳运行机组台数就等于下一时段的最佳运行机组台数。

4. 机组启停顺序可遵循的原则

（1）人工设定的优先级。

（2）机组开机/停机时间和总开机/停机累计时间的长短。例如，该次停机时间长的机组先开，或累计开机时间长的机组先停。

（3）最短停机和开机时间限制。例如，机组停机后热备时间为 30min，若热备时间不足 30min 的机组不得再次开机。又如，机组开机后处于发电状态的时间为 30min，若处于发电状态的时间不足 30min 的机组不得停机。

（4）厂用电要求和主变中性点接地的要求。

（5）开机或停机失败的机组的优先级自动下降。

机组的启停优先顺序可根据上述原则综合计算得到，若想按照人工设定的优先顺序控制机组启停，可将人工设定的优先系数增大，使其远远大于其他因素的优先系数，这样机组启停顺序仅跟人工设定的优先顺序有关。

7.3　电网 AGC 与机组的一次调频

AGC 是现代电网控制的一项基本和重要功能，是基于电网高度自动化的 EMS 与发电机组协调控制系统（CCS）间闭环控制的一种先进技术手段。实施 AGC 可获得以高质量电能为电力的供需实时平衡服务，可以提高电网运行的经济性，降低运行人员的劳动强度。

一次调频是电网中快速的小的负荷变化，需要发电机控制系统在不改变负荷设定点的情况下监测到转速的变化，改变发电机功率，适应电网负荷的随机变动，保证电网频率稳定。

由于 AGC、一次调频控制信号、控制目标不同，其工作方式、响应周期也不尽相同，如配合不当可能事与愿违。

7.3.1　AGC 与一次调频

AGC 是通过修改有功功率给定来控制发电机有功功率，从而跟踪电力系统负荷变化，维持频率在额定值，同时满足互联电力系统间按计划要求交换功率的一种控制技术。其基本目标包括：使全系统的发电出力与负荷功率相匹配；将电力系统的频率偏差调节到 0，保持系统频率为额定值；控制区域间联络线的交换功率与计划值相等，实现各区域内有功功率的平衡。

电网调度端的 AGC 输入信号为频率、联络线功率等，输出信号为各厂站的有功定值，是典型的多输入多目标控制系统。而一次调频依靠发电机调速器在当地采集频率信号，根据频率偏差自动进行调节，其调节量、速率均为事前设定的定值。

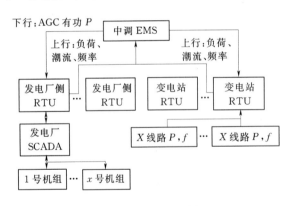

图 7.5　电网 AGC 系统框图

AGC 属于广域控制系统，需要电网中多个设备、子系统相互配合才能完成其功能，如图 7.5 所示，其输入为广布全电网各厂站的远程终端设备（RTU），采集信号为联络线潮流、各厂站功率、频率，经过 EMS 运算后得出控制各发电机出力的功率值，送到各发电厂（机组）RTU，调控机组有功功率。由于系统分布广，响应速率受系统数据采集周期和各厂站控制系统影响很大，响应时间为数十秒到几分钟不等，调整速率由每分钟数兆瓦到数十兆瓦不等。

一次调频则属于当地控制系统，一般由发电机调速器附加控制功能实现，水电机组通过整定调速器永态转差系数 e_p 实现，可以在 $0 \sim 10\%$ 之间整定，对于电网一次调频来说，一般要求整定为 $4\% \sim 5\%$，根据发电机转速偏差控制导叶开度，如图 7.6 所示。

当频率偏离 50Hz 时，按式（7.9）调整出力，即

$$\Delta P = \frac{\Delta f^*}{e_p} P_{\max} \tag{7.9}$$

式中　Δf^*——频率偏差，按百分比计算，$\Delta f^* = \Delta f / f_0$；

　　　e_p——永态转差系数；

　　　$P_{\max}$——按开度限制折算机组的最大功率。

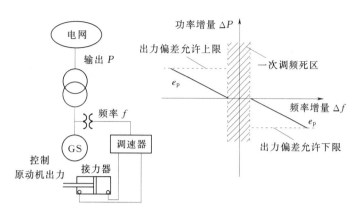

图 7.6 一次调频示意图

其响应速率取决于调速器暂态转差率和接力器速率，一般水轮发电机组全开全关导叶时间不超过 20s，但水电机组一次调频参数的整定如导叶全关时间、永态转差率、暂态转差率受调保计算的限制，不可能任意选择，即便如此，水电机组的一次调频响应速率、范围仍远高于火电机组。此外，为避免接力器频繁动作，调速器必须设置转速死区，在小范围的频率波动时，机组出力不予响应；当频率变化超过某一定值，调速器按预先整定的斜率调整机组出力。

由上可知，AGC 的控制方式为功率闭环模式，其控制环涵盖全网；一次调频控制方式为频率闭环模式，只按照设备所在地频率偏差进行调节。两者的控制目标、控制方式、响应时间均有较大差异，在一些情况下，双方的控制目标会出现矛盾。

1. 控制幅度矛盾

AGC 一般采用功率控制方式，其电厂执行端也是采用功率闭环控制，如水电厂普遍应用的监控系统大多采用功率闭环方式控制机组出力，非 AGC 机组由人工或负荷曲线设定机组功率；当机组接入 AGC 时，其功率给定信号由系统 RTU 给出。由于出力偏差涉及考核，为保证 AGC 或机组跟踪负荷曲线的精度，机组出力在允许偏差范围内都取得比较小，大都在 10MW 内。而一般水电机组 e_p 值都取得比较小，为 3%～6%，即使在系统频率允许偏差范围内，其一次调频响应的功率也会超出允许的出力偏差，如图 7.6 所示。

由于 AGC 本地功率闭环响应快，在系统频率发生较大波动时，一次调频将机组功率调整超出功率闭环允许偏差值时，本地功率闭环控制将回调机组出力到之前 AGC 的定值，而此时电网 EMS 的解算尚未完成，新的 AGC 定值尚未下发，一次调频没有起到在 AGC 之前抑制频率偏差的作用。即一次调频受功率闭环的影响，其响应过程类似于微分控制，而不是比例控制。

2. 控制方向矛盾

一次调频只对频率进行响应，但从全网角度而言，AGC 的控制方向可能与一次调频完全相反，按频率偏差调节未必使系统更加安全。如在潮流单一的南方电网，其调节性能优异的水电大多集中在西部，东部大多为火电大机组，在系统压极限运行时，当东部损失机组较多而引起频率降低，西部水电一次调频快速响应将可能引起系统潮流加重而导致稳定恶化。

7.3.2　AGC 与一次调频的配合

一个良好的系统，其不同的控制子系统应有良好的配合，应当满足无缝过渡的要求。AGC 和一次调频的控制方式、目标、响应周期有较大差异，但就全网控制而言，AGC 应具有高的优先级，一次调频只是作为快速和基本控制，弥补 AGC 响应周期长的缺陷。

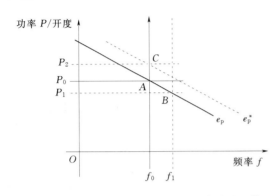

图 7.7　AGC、一次调频对调速器转差率曲线的作用
A—基准点；B—频率变化后的工作点；
C—基准功率变化后的工作点

对于调速器，从理论上讲，功率控制是根据出力给定值平移调速器的静态特性，一次调频是根据电网频率沿静态特性移动调速器的工作位置，可以由 AGC、一次调频各自操作调速器转差率曲线的不同参数，形成合理的配合：AGC 定值直接下达基准功率值 P_0，一次调频根据永态转差率进行调节，如图 7.7 所示。此外，为防止一次调频快速加负荷导致系统失稳，一次调频应有功率增量上限。

但是，这将改变目前电网管理、控制的方式，发电厂侧监控-电调的接口也需做较大改动，实用中会遇到一定困难。在目前模式下，通过合理整定 AGC 与一次调频的定值，也可以在一定程度上改进现有控制方式的缺陷，减少 AGC 与一次调频配合不当给系统带来的安全风险。

由于一次调频参数是整定在调速器上的，修改定值比较困难，而且影响机组调节的品质，因此不宜在运行中改变调速器定值。改进思路是：AGC 功率定值仍然沿用现有方式传递，只在 AGC 本地控制环节增加允许功率偏差、频率死区、延迟控制等附加限制环节，使一次调频与 AGC 取得较好的配合效果。该定值可以通过 RTU 下达，也可以采用定值单方式管理，只需要对现有机组控制方式进行少量修改，实现相对简单。

1. 短时闭环 AGC

本地功率闭环不设功率偏差控制，在 AGC 参数下发时，短时将功率控制闭环，调节结束后断开功率闭环，机组出力随频率按一次调频方式自动调节，这种控制方式适合不受线路输送能力限制、靠近负荷中心的调频机组，如抽水蓄能机组。正常情况下，由于电网频率与标准频率误差不大，AGC 短时闭环调节等效于移动一次调频转差率曲线，接近前述的理想控制方式。由于不做功率限制，一次调频甚至可以采用变斜率 e_p 曲线方式增强其调频能力，即 e_p 线按不同的频率段分成多个斜率，在标准频率中心采用大斜率以稳定出力；频率偏差超出一定值后，取中间值斜率（3%～8%）以响应频率变化；频率偏差严重超标时，则以 0～1% 小斜率大幅度响应频率变化。

这种控制方式的出力随系统频率变化较大，可能导致发电量误差偏大，不宜进行曲线跟踪考核，宜以累计误差电量考核。

2. 带功率增量限制的 AGC

AGC 本地控制采用功率闭环，设置功率上限，如一次调频作用机组出力超 AGC 定值允许偏差上限时，AGC 本地功率闭环控制保持机组出力在功率允许偏差上限或将机组出力降回设定值，机组出力向下漂移，AGC 不做限制。如图 7.8 所示，A 为初始工作点，系统频率变化后，一次调频受功率增量限制在 B 点，随后 AGC 调整到 C 点。该方法适合于远端受输送容量限制的调频机组，其功率增量上限按线路允许的输送容量进行设置。但此类控制对频率响

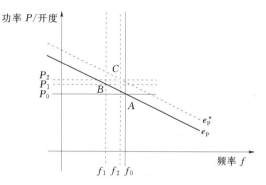

图 7.8 AGC 与一次调频配合
A—初始工作点；B——次调频工作点；
C—AGC 调整后的工作点

应是不对称、非线性的，影响 EMS 对系统状态的估计，发电侧的发电误差累计负偏。

3. 常规的 AGC 延迟控制

AGC 本地控制采用功率闭环，设置允许功率偏差上、下限值。一次调频引起的功率偏差在允许范围内时，功率闭环控制不起作用；功率偏差超出允许范围时，AGC 本地功率控制延迟一定时间后再将功率回调到 AGC 给定值，其功率偏差、控制延迟时间根据系统频率特性、EMS 和 AGC 响应时间进行整定。

总之，AGC、一次调频在系统中的作用日渐重要，已逐渐替代人工控制，其影响也将是深远的，在实践当中出现的新问题也要不断加以研究和解决。

7.4　水电厂自动电压控制

电力系统的电压如同频率一样是电能质量的重要指标之一。过大的电压偏离会导致工业产品质量的降低，甚至系统稳定的破坏。因此，维持系统内各点的电压水平，特别是枢纽点电压水平是保证系统安全运行的重要措施之一。

电力系统自动电压控制的基本任务如下：

（1）保证各监视点的电压偏差在一定允许范围内。

（2）要求系统中无功功率热备用量按比例均匀分布于各无功功率电源中，以保证系统不会因局部地区发生故障时，由于缺乏无功功率而造成电压的崩溃。

（3）控制系统内无功功率潮流，以减少输电线损耗，防止联络线无功功率过载。

电力系统电压和无功功率控制与负荷频率控制不同，有它自己的特点。全系统的频率是完全相同的，而系统内各点电压却是不同的。参加系统调频的电厂通常是不多的，而参加调电压和调无功功率的设备却散布在系统各处，不仅电厂有，而且变电站也有。调节某一电厂或变电站调压设备，总是要影响系统内其他各处母线电压和无功功率潮流的分布。如果不加协调势必引起其他各处调节设备动作，有可能造成乱调（追逐）现象。因此，必须从全局观点来综合进行电压和无功功率的控制。

上述电压偏差是相对其期望值而言的。虽然电压控制的最终目的是保持负荷节点电压

在一个规定的允许范围内，但必须同时注意安装在电厂、变电站和输电线上设备处的电压变化也不要超过允许的范围。电压控制问题归根到底是如何确定电压期望值和如何操作各调压设备来维持这个期望值。

电力系统电压和无功功率控制的方式可以有两种，一种是集中型控制，另一种是分散型控制。采用集中型控制时，每一个调压设备的恰当运行值均由中央计算机根据来自系统各点的信息计算出来的，再由中央计算机向各处调压设备发出控制命令。这种方式只适用于较小的电力系统。采用分散型控制时，将电力系统分成几个子系统（电厂或变电站）由中央计算机根据系统的信息计算出各子系统监控母线的电压基准值（期望值）。再由各子系统计算为维持此电压基准值（期望值）子系统内各调压设备该如何动作。当电力系统较大时，采用分散型控制。这样做可以减少数据传送量，控制系统的安全，可靠性也可得到提高。

电力系统电压和无功功率控制通常分两个阶段实现：第一阶段，调节各调压设备使得维持电压期望值的条件得到满足；第二阶段，协调各调压设备，使得因无功功率潮流产生的各种损耗为最小。两个阶段也可交错进行。

水电厂的自动电压控制是整个电力系统电压和无功功率控制的一个组成部分。如果电力系统自动电压控制采用集中型控制方式，设在中心调度所的中央计算机直接计算系统内各调压设备的动作值，水电厂的自动电压控制就变得很简单，只是执行中心调度所中央计算机下达的控制命令。如果电力系统自动电压控制采用分散型控制时，水电厂自己就是一个子系统，根据中心调度所下达的高压母线基准值，控制发电机的励磁和带负荷调整变压器分接头位置，使高压母线电压偏差不超过允许值，又同时在运行机组间进行无功功率的合理分配，使因潮流引起的损耗为最小。

一般分两步实现上述目标，先调节发电机的励磁和带负荷调整变压器分接头位置以满足电压偏差不超过允许值；再合理分配机组间无功功率和调整上述变压器分接头位置使损耗为最小。

无功功率分配有以下两种方式：

（1）控制全厂无功负荷分配方式，其计算式为

$$Q_{AVC} = Q_S - Q'_{AVC} \tag{7.10}$$

式中　Q_S——全厂无功功率设定值；

　　Q'_{AVC}——不参加 AVC 机组的实发无功功率总和。

（2）按照调度中心给定的母线电压值，对全厂无功功率进行分配，使母线电压维持在给定水平。其计算式为

$$Q_{AVC} = Q_A - K_f \Delta V - Q'_{AVC} \tag{7.11}$$

式中　Q_A——全厂实发无功功率；

　　ΔV——电压偏差；

　　K_f——调压系数，它分正常调压系数和紧急调压系数。

当母线电压值在正常范围值时，按正常调压系数进行调节；当母线电压值超出正常范围值时，按紧急调压系数进行调节。

当机组间分配无功时，考虑以下因素：

（1）无功功率的调整首先由调相运行的机组承担，剩余的部分由参加无功调节的机组分担。

（2）运行机组间的无功功率一般按机组承担无功负荷的能力成比例地分配。

（3）考虑各机组有功负荷的大小，按一定的功率因数分配机组的无功功率。

（4）当电厂的升压变压器带有有载调压抽头时，机组的无功功率的调整要与变压器的抽头调节相结合。一般在调整变压器的抽头之前，应最大限度地利用发电机的电压调整范围。

（5）考虑机组的最大、最小无功功率的限制。

水电厂 AVC 控制结构与 AGC 类似，如图 7.9 所示，只是此时的母线电压调节由励磁调节器来完成。

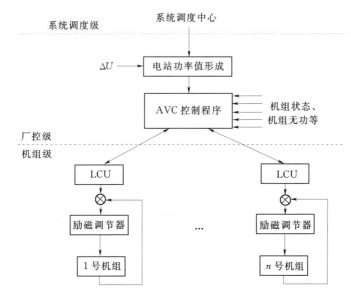

图 7.9　水电厂 AVC 控制结构示意图

思　考　题

1．水电厂自动发电控制的基本任务是什么？

2．主要有哪几种自动发电控制的模型和算法？各有什么特点？

3．水电厂自动发电控制的功能有哪些？

4．什么是一次调频？

5．水电厂 AGC 与一次调频之间有什么矛盾？应如何协调？

6．水电厂自动电压控制的基本任务是什么？

第8章

计算机监控系统抗干扰

影响水电厂计算机监控系统可靠性的因素是多种多样的，干扰是影响其可靠性的重要因素之一。水电厂所处的条件恶劣，存在强的干扰，用作数据采集和控制的计算机系统时时处在具有各类干扰信号的环境中。例如，由发电机和大功率电机以及其他电气设备产生的磁场，各种高压设备产生的电场及各种电磁波辐射等。计算机系统是以微弱的直流信号工作的，现场干扰信号通过各种途径叠加在有用的信号上，将导致测量和控制不希望的误差和差错，有时达到难以工作的程度，严重的情况还有可能使计算机遭到灾难性破坏。干扰造成的主要后果有：①损坏硬件设备；②影响数据采集精度；③控制失灵；④数据发生变化；⑤程序运行失常；⑥造成计算机死机；⑦影响显示。因此对计算机控制系统抗干扰问题必须予以高度的重视。

所谓干扰，就是有用信号以外的噪声或造成计算机设备不能正常工作的破坏因素。在与干扰作斗争的过程中，人们积累了很多经验，有硬件措施，有软件措施，也有软硬结合的措施。硬件措施如果得当，可将绝大多数干扰拒之门外，但仍然有少数干扰窜入微机系统，引起不良后果，所以软件抗干扰措施作为第二道防线是必不可少的。软件抗干扰措施是以 CPU 的开销为代价的，影响到系统的工作效率和实时性。因此一个成功的抗干扰系统是由硬件和软件相结合构成的。硬件抗干扰效率高，但要增加系统的投资和设备的体积。软件抗干扰投资低，但要降低系统的工作效率。

8.1 干扰源和干扰传播途径

实用的计算机监控系统，通常运行于各种各样的生产现场中，即使在遥控方式下，也不可能把整个系统安装在一个理想的环境里。对具体系统而言，设计上的某些不尽合理之处，制造与安装工艺的不足等，均在所难免。因此，各种类型和强度的干扰信号将以不同形式窜扰系统，轻者使系统品质下降，严重时使系统失效（故障）、控制崩溃。为了减少失效，提高运行系统的可靠度，首先应当研究干扰信号的来源与传播途径，以便采取相应的抗干扰措施。

8.1.1 干扰信号和干扰源

计算机监控系统中干扰信号的来源和传播途径都比较复杂，有的带有很大随机性，这是由系统特性与其所处环境特点决定的。在计算机、接口和控制对象构成的环路中，来自控制对象的大量数据，经计算机处理后又送往控制对象。这些数据就是系统中流通的有用信号，而有用信号以外各种类型的噪声信号统称为干扰信号。干扰信号是由干扰源产生和维持的。干扰源可粗略地分为内部干扰源和外部干扰源。内部干扰源的形成原因主要在系统内部。例如，系统结构布局不合理，线路设计考虑不周，制造工艺粗糙，元器件性能不稳定等导致分布电容、分布电感引起的耦合感应，电磁场辐射感应，长线传输的波反射，多点接地造成的电位差引起的干扰，寄生振荡引起的干扰等，元器件产生的噪声也属于内部干扰。至于外部环境如温度、湿度、光照和射线作用引起的噪声，只要不超过系统所用集成电路芯片的噪声容限，则不会产生什么影响。与内部干扰源不同，外部干扰源主要是由外部环境或其他存在物的不良影响造成的，通常与系统本身无关。因此，外部干扰源产生的干扰显得更复杂些。

从水电厂计算机监控系统在现场应用的情况看，干扰来源主要有以下 4 个方面，并通常以脉冲的形式进入计算机。

（1）电源问题引起的干扰。水电厂计算机监控系统的工作电源一般来自水电站的厂用电源，厂用电源又来自于电网或水轮发电机组机端。当电网中电气设备工作时，特别是一些大功率设备在启停过程中，对电网造成很大的冲击，产生电压相对较高的尖峰脉冲，叠加在交流正弦波电压上，如在 AC380V 额定电压的电网上，尖峰脉冲电压的幅值有时可达到 1000V 以上，这种尖峰脉冲对计算机的正常工作危害很大。

（2）输入/输出接口通道干扰。水电站计算机监控系统与电站设备的接口数量众多，相应的接口通道数量也很多，众多的接口通道就成为干扰进入计算机监控系统的途径。

（3）电磁场干扰。电磁场干扰来自计算机监控系统外部和内部两个方面。发电机、高电压强电流母线、变压器、高压输电线路等都属于电磁场发射体，它们周围的电磁场强度要大大高于一般环境下的强度，这些设备的电磁场对计算机监控系统干扰大，影响其可靠性，这是计算机监控系统电磁场干扰的主要来源。

（4）计算机监控系统内部。计算机是采用大规模集成电路元件安装在印刷电路板上组成的，由于集成电路管脚数量多，印刷电路板的线路通常设计得很密集，多数采用多层布线技术，当印刷电路板上的集成电路器件、电源线、信号线布置得很密集时，则这些元器件和线路之间的电磁感应干扰就不能被忽略。

8.1.2　干扰信号的类型和传播途径

1. 干扰信号的类型

干扰源，尤其是外部干扰源往往带有较大的随机性，在一个实际系统中，内部干扰和外部干扰又很难截然分开，这就使干扰信号呈现多样性，而且常常带有不确定性。关于干扰信号的类型，目前还没有严格统一的分类方法。下面综合列出常用的一些分类方法和干扰信号类型。

（1）按干扰信号作用方式划分，有常态干扰信号和共态干扰信号。常态干扰信号以与有用信号串联的方式作用信号输入回路；共态干扰信号电压只有在转换成等效的常态干扰信号电压后才起干扰作用，共态干扰信号，是系统信号源接地点与主机侧接地点间电位差对一个信号（源）的两个输入端点施加的公共干扰。

（2）按干扰信号的时间历程特性划分，有周期性干扰信号和非周期性干扰信号，后者是无规律的随机信号。

（3）按干扰信号的传播途径划分，有线路公共阻抗或互阻抗耦合干扰信号、电磁感应干扰信号、静电干扰信号、辐射干扰信号、漏电干扰信号和电源干扰信号。

（4）按干扰源划分，有内部干扰源产生的干扰信号和外部干扰源产生的干扰信号。材料或元器件质量低劣、性能不稳定，系统线路具有分布参数，长线传输特性阻抗失配，多点接地电位差，均可形成内部干扰源，系统外的用电设备、系统的外部设备、系统电源等都是外部干扰源。

2. 干扰信号的主要传播途径

从上述干扰信号分类情形可以看出，干扰信号传播途径主要有以下几种：

（1）公共阻抗耦合。控制系统中的电源线、公共地线或汇流总线都具有一定量值的电阻、电容或电感，对于多回路而言，它们的作用相当于公共阻抗。公共阻抗上通过的电流较大时，它产生的干扰信号不可忽视。

（2）电磁耦合。众所周知，电磁感应（自感和互感）现象在电子线路中是普遍存在的，计算机控制系统也不例外。从直导线至多匝电抗元件，其相互间的电磁感应大多属于分布电感的影响。分布参数引入的信号是干扰信号。

（3）静电耦合。控制系统的元器件间、线间、匝间和绕组的层间屏蔽，以及插件板、金属框架与大地之间，都存在着分布电容。经过分布电容耦合，干扰电场形成的干扰信号窜入耦合回路。在屏蔽不佳或屏蔽接地不良时，尤为严重。

（4）电磁波辐射。电磁场理论表明，高频电流流过导体时必有电磁波辐射出去。运行中的控制系统，除了因环境影响可能接收到外部辐射源的干扰信号外，由于天线效应，各种引线或未屏蔽的元器件，还会受到系统自身的辐射干扰。

（5）漏电流耦合。系统中紧密相邻的线路之间、元器件之间、部件的输入与输出之间，以及印刷电路板的表面上，由于材料或工艺方面的原因，都可能产生漏电流。漏电流将两个无关的回路联系起来，形成了干扰信号的通路。

（6）电源引入。除非特殊需要，一般控制系统的电源都是由市电供电，市电是取自现代大电力网的。无论是电网中经常发生的瞬变过程，还是自然界中雷电等对电网的冲击，都有各种干扰信号经电源馈线引入控制系统。

上述 6 种传播途径，（1）、（5）传播的主要是内部干扰信号；（6）传播的是外部干扰信号；（2）、（3）、（4）传播的既有内部干扰信号，也有外部干扰信号。

8.2　电网干扰及其抑制方法

电网干扰属于强电干扰，一般以随机出现的脉冲形式进入计算机控制系统。这类干扰，轻者可能破坏某些器件的正常工作状态，造成测量上的误差、计算上的错误、控制上的误动作；重者破坏器件，威胁到系统的安全。

8.2.1　电网干扰的产生

由电网供电的计算机控制系统，希望取得稳定的 220V、50Hz 的交流电压。但实际上，运行中的电网却由于不断地经历暂态过程而难以绝对稳定。频繁出现暂态过程的原因是各种类型的停电，大功率电抗性负荷的投入或切除，电力系统中晶闸管装置容量比例较大，以及自然雷击放电等。此外，电力网类似一个庞大的网状天线，经常接收各种类型的射频噪声。频繁出现暂态过程，造成电网的正常潮流不稳定，出现各种类型的电压畸变，其中尤以停电电压、脉冲浪涌电压、毛刺电压和缺口电压酿成的干扰最为严重。很明显，若不防范，电网干扰信号极易经馈线进入系统。

8.2.2　电网干扰的抑制

设法净化供电电源，抑制电网干扰，提高运行系统的可靠性和稳定性，是计算机监控系统抗干扰设计的重要内容。系统的抗干扰指标视系统的规模和重要性而定；而系统所采用的抗干扰方法，又通常根据系统抗干扰指标来选择。

1. 使用低通滤波器

为了滤除 ms 和 μs 量级的高次谐波干扰，可以使用低通滤波器。低通滤波器有 LC、RC 和 LRC 共 3 种基本型。LC 型的功率损耗较小，常被采用。当电网中有共态干扰时，最好选用具有中点接地端结构形式的 LC 低通滤波器，如图 8.1 所示。为了减小 LC 低通滤波器的体积和获得宽而平坦的通频带，可在滤波器中使用铁芯或磁芯。但带铁芯或磁芯的 LC 低通滤波器，在大干扰信号作用下，易产生磁饱和而失去抗干扰能力，所以，又常在这种滤波器的前面再加一级分布参数滤波器。分布参数滤波器的制造比较简单，可在屏蔽箱内用数十至数百米绞扭双导线绕成空心电抗器，导线的具体长度由现场实验确定。

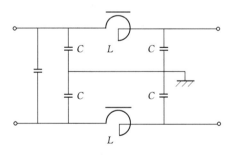

图 8.1　具有中点接地的 LC 低通滤波器电原理

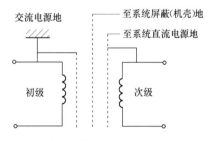

图 8.2　具有铁芯和 3 层屏蔽的隔离变压器电原理

2. 使用隔离变压器

使用隔离变压器也能抑制来自电网的高次谐波干扰信号。例如，具有性能良好的铁芯和 3 层屏蔽结构的产品，除了抑制高频干扰外，对低频共模和市电工频干扰也能收到相当满意的抗干扰效果。图 8.2 给出的是这种隔离变压器的电原理接线。

3. 使用浪涌电压吸收器

浪涌电压吸收器，可以吸收由电网引入系统电源的浪涌电压，抑制其对系统的干扰，

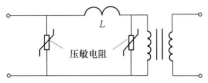

图 8.3　半导体浪涌吸收器的原理接线

保障系统的安全。经常选用的有两种，即间隙式吸收器和半导体（压敏电阻器）吸收器。半导体吸收器，灵敏度高、响应快、功耗低、体积小，尤其受到设计者的欢迎。图 8.3 示出一种半导体浪涌吸收器的原理。

4. 使用交流稳压器

交流稳压器是一种简单的供电设备，主要由铁磁谐振电路、保护电路、控制电路 3 部分组成，制造技术成熟，工作可靠，使用广泛。若将交流稳压器、隔离变压器、低通滤波器设计成一个整体，就成了传统的交流稳压电源。交流稳压电源有标准的系列产品，可供选择使用。

5. 使用不间断电源

实时控制系统，计算机网络系统或运行在重要岗位上的单机系统，普遍采用不间断电源（UPS）供电。市电正常，UPS 具有自动稳频、稳压、隔离等抗干扰作用；市电电压过低或因故切断时，UPS 内的自动装置立刻切换到蓄电池直流逆变系统继续供电，以确保计算机系统的正常、持续运行。现在，国内、外有多种 UPS 定型产品能满足不同用户的需要。

6. 使用正弦波恒压变压器

普通的小型系统和多种抗干扰措施联合使用的系统，经常选择正弦波恒压变压器，用以稳定供电电压，抑制来自电网的多种干扰信号。

7. 设计计算机控制系统综合抗干扰电源

在设计抗干扰电源时，既要考虑计算机控制系统的规模、地位和可靠性要求，给出安全保证率和抗干扰性能的各项指标，也要研究当地电网供电质量和环境干扰信息，获得外部干扰信号的种类和量值数据。经过分析综合，选择一种或几种抗干扰设备，组成不同方案进行技术经济比较，然后确定最优的计算机监控系统综合抗干扰电源，如图 8.4 所示。

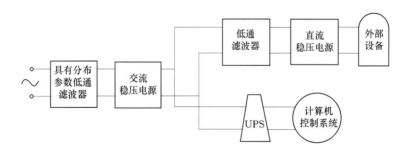

图 8.4　一种综合抗干扰电源选择方案

8.3　计算机系统过程通道的抗干扰

计算机实时控制系统是一个从传感器到执行机构的多个回路的自动化系统。在水电站中被控参数往往分布在现场的各个地方，由传感设备或执行设备到计算机的通道连接线可长达几十米，甚至数百米，传送微弱的直流低频信号。而现场充满着各种干扰以电磁波形式辐射，将会沿着过程通道进入计算机；同时各电流回路（设备和计算机接地间）耦合又可能产生电路性干扰。下面就干扰作用的方式进一步讨论抑制干扰的措施。

8.3.1　串模干扰及其抑制方法

1. 串模干扰

所谓串模干扰是指叠加在被测信号上的干扰噪声。这里的被测信号是指有用的直流信号或缓慢变化的交变信号，而干扰噪声是指无用的变化较快的杂乱交变信号。串模干扰和被测信号在回路中所处的地位是相同的，总是以两者之和作为输入信号。串模干扰也称为常态干扰，如图 8.5 所示。

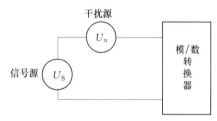

图 8.5　串模干扰示意图

2. 串模干扰的抑制方法

串模干扰的抑制方法应从干扰信号的特性和来源入手，分别对不同情况采取相应的措施。

（1）如果串模干扰频率比被测信号频率高，则采用输入低通滤波器来抑制高频串模干扰；如果串模干扰频率比被测信号频率低，则采用高通滤波器来抑制低频串模干扰；如果串模干扰频率落在被测信号频谱的两侧，则应用带通滤波器。一般情况下，串模干扰均比被测信号变化快，故常用二级阻容低通滤波网络作为模/数转换器的输入滤波器，如图 8.6 所示，它可使 50Hz 的串模干扰信号衰减 600 倍左右。该滤波器的时间常数小于 200ms，因此，当被测信号变化较快时，应相应改变网络参数，以适当减小时间常数。

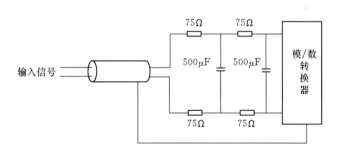

图 8.6　二级阻容滤波网络

（2）当尖峰型串模干扰成为主要干扰源时，用双积分式 A/D 转换器可以削弱串模干扰的影响。因为此类转换器对输入信号的平均值而不是瞬时值进行转换，所以对尖峰干扰具有抑制能力。如果取积分周期等于主要串模干扰的周期或为整数倍，则通过积分比较变换后，对串模干扰有更好的抑制效果。

（3）对于串模干扰主要来自电磁感应的情况下，对被测信号应尽可能早地进行前置放大，从而达到提高回路中的信号噪声比的目的；或者尽可能早地完成模/数转换或采取隔离和屏蔽等措施。

（4）从选择逻辑器件入手，利用逻辑器件的特性来抑制串模干扰。此时可采用高抗扰度逻辑器件，通过高阈值电平来抑制低噪声的干扰；也可采用低速逻辑器件来抑制高频干扰；当然也可以人为地通过附加电容器，以降低某个逻辑电路的工作速度来抑制高频干扰。对于主要由所选用的元器件内部的热扰动产生的随机噪声所形成的串模干扰，或在数字信号的传送过程中夹带的低噪声或窄脉冲干扰时，这种方法是比较有效的。

（5）采用双绞线作信号引线的目的是减少电磁感应，并且使各个小环路的感应电势互相呈反向抵消。选用带有屏蔽的双绞线或同轴电缆做信号线，且有良好接地，并对测量仪表进行电磁屏蔽。

8.3.2 共模干扰及其抑制方法

1. 共模干扰

所谓共模干扰是指模/数转换器两个输入端上公有的干扰电压。这种干扰可以是直流电压，也可以是交流电压，其幅值可达几伏甚至更高，取决于现场产生干扰的环境条件和计算机等设备的接地情况。共模干扰也称为共态干扰。

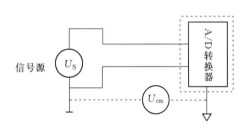

图 8.7 共模干扰示意图

因为在计算机控制生产过程时，被控制和被测试的参量可能很多，并且是分散在生产现场的各个地方，一般都用很长的导线把计算机发出的控制信号传送到现场中的某个控制对象，或者把安装在某个装置中的传感器所产生的被测信号传送到计算机的模/数转换器。因此，被测信号 U_s 的参考接地点和计算机输入信号的参考接地点之间往往存在着一定的电位差 U_{cm}，如图 8.7 所示。

对于模/数转换器的两个输入端来说。分别有 $U_s + U_{cm}$ 和 U_{cm} 两个输入信号。显然，U_{cm} 是共模干扰电压。

在计算机监控系统中，被测信号有单端对地输入和双端不对地输入两种输入方式，如图 8.8 所示。对于存在共模干扰的场合，不能采用单端对地输入方式，因为此时的共模干扰电压将全部成为串模干扰电压，如图 8.8（a）所示。所以必须采用双端不接地输入方式，如图 8.8（b）所示。

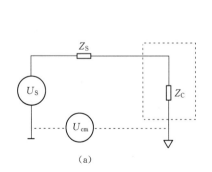

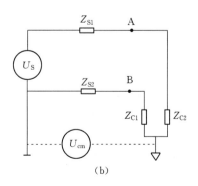

图 8.8 被测信号的输入方式

（a）单端接地；（b）双端不接地

图 8.8 中，Z_S、Z_{S1}、Z_{S2} 为信号源 U_S 的内阻抗，Z_C、Z_{C1}、Z_{C2} 为输入电路的输入阻抗。由图 8.8（b）可见，共模干扰电压 U_{cm} 对两个输入端形成两个电流回路，每个输入端 A 和 B 的共模电压分别为

$$U_A = \frac{U_{cm}}{Z_{S1} + Z_{C1}} Z_{C1} \tag{8.1}$$

$$U_B = \frac{U_{cm}}{Z_{S2} + Z_{C2}} Z_{C2} \tag{8.2}$$

两个输入端之间的共模电压为

$$U_{AB} = U_A - U_B = \left[\frac{Z_{C1}}{Z_{S1} + Z_{S2}} - \frac{Z_{C2}}{Z_{S2} + Z_{C2}} \right] U_{cm} \tag{8.3}$$

如果此时 $Z_{S1} = Z_{S2}$，$Z_{C1} = Z_{C2}$，那么 $U_{AB} = 0$，表示不会引入共模干扰，但上述条件实际上无法满足，只能做到 Z_{S1} 接近 Z_{S2}，Z_{C1} 接近 Z_{C2}，因此有 $U_{AB} \neq 0$。也就是说，实际上总存在一定共模干扰电压。显然，当 Z_{S1} 和 Z_{S2} 越小，Z_{C1} 和 Z_{C2} 越大，并且 Z_{C1} 与 Z_{C2} 越接近时，共模干扰的影响就越小。一般情况下，共模干扰电压 U_{cm} 总是转化成一定的串模干扰 U_n 而出现在两个输入端之间。

为了衡量一个输入电路抑制共模干扰的能力，常用共模抑制比 CMRR（Common Mode Rejection Ratio）来表示，即

$$\text{CMRR} = 20 \lg \frac{U_{cm}}{U_n} \quad (\text{dB}) \tag{8.4}$$

式中 U_{cm}——共模干扰电压；

$\quad\quad U_n$——U_{cm} 转化成的串模干扰电压。

显然，对于单端对地输入方式，由于 $U_n = U_{cm}$，所以 CMRR $= 0$，说明无共模抑制能力。对于双端不对地输入方式来说，由 U_{cm} 引入的串模干扰 U_n 越小，CMRR 就越大，所以抗共模干扰能力越强。

2. 共模干扰的抑制方法

（1）变压器隔离。利用变压器把模拟信号电路与数字信号电路隔离开来，也就是把模拟地与数字地断开，以使共模干扰电压 U_{cm} 不成回路，从而抑制了共模干扰。另外，隔离前和隔离后应分别采用两组互相独立的电源，切断两部分的地线联系。

在图 8.9 中，被测信号 U_S 经放大后，首先通过调制器变换成交流信号，经隔离变压器 B 传输到副边，然后用解调器再将它变换为直流信号 U_{S2}，再对 U_{S2} 进行 A/D 变换。

（2）光电隔离。光耦合器是由发光二极管和光敏三极管封装在一个管壳内组成的，发光二极管两端

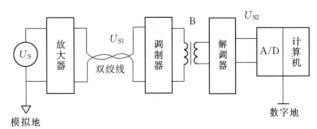

图 8.9 变压器隔离

为信号输入端，光敏三极管的集电极和发射极分别作为光耦合器的输出端，它们之间的信号是靠发光二极管在信号电压的控制下发光，传给光敏三极管来完成的。

光耦合器有以下几个特点：首先，由于是密封在一个管壳内，或者是模压塑料封装的，所以不会受到外界光的干扰。其次，由于是靠光传送信号，切断了各部件电路之间地线的联系。第三，发光二极管动态电阻非常小，而干扰源的内阻一般很大，能够传送到光耦合器输入端的干扰信号就变得很小。第四，光耦合器的传输比和晶体管的放大倍数相比，一般很小，远不如晶体管对干扰信号那样灵敏，而光耦合器的发光二极管只有在通过一定的电流时才能发光。因此，即使是在干扰电压幅值较高的情况下，由于没有足够的能量，仍不能使发光二极管发光，从而可以有效地抑制掉干扰信号。此外，光耦合器提供了较好的带宽，较低的输入失调漂移和增益温度系数。因此，能够较好地满足信号传输速度的要求。

在图 8.10 中，模拟信号 U_S 经放大后，再利用光耦合器的线性区，直接对模拟信号进行光耦合传送。由于光耦合器的线性区一般只能在某一特定的范围内，因此，应保证被传信号的变化范围始终在线性区内。为保证线性耦合，既要严格挑选光耦合器，又要采取相应的非线性校正措施，否则将产生较大的误差。另外，光电隔离前后两部分电路应分别采用两组独立的电源。

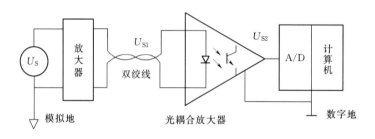

图 8.10　光电隔离

光电隔离与变压器隔离相比，实现起来比较容易，成本低，体积也小。因此在计算机控制系统中光电隔离得到了广泛的应用。

（3）浮地屏蔽。采用浮地输入双层屏蔽放大器来抑制共模干扰，如图 8.11 所示。这是利用屏蔽方法使输入信号的"模拟地"浮空，从而达到抑制共模干扰的目的。

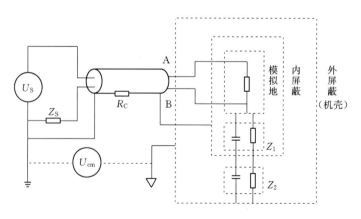

图 8.11　浮地输入双层屏蔽放大器

图中 Z_1 和 Z_2 分别为模拟地与内屏蔽盒之间和内屏蔽盒与外屏蔽层（机壳）之间的绝缘阻抗，它们由漏电阻和分布电容组成，所以此阻抗值很大。图中，用于传送信号的屏蔽线的屏蔽层和 Z_2 为共模电压 U_{cm} 提供了共模电流 I_{cm1} 的通路，但此电流不会产生串模干扰，因为此时模拟地与内屏蔽盒是隔离的。由于屏蔽线的屏蔽层存在电阻 R_C，因此共模电压 U_{cm} 在 R_C 电阻上会产生较小的共模信号，它将在模拟量输入回路中产生共模电流 I_{cm2}，此电流在模拟量输入回路中产生串模干扰电压。显然，由 $R_C \leqslant Z_2$，$Z_S \leqslant Z_1$，故由 U_{cm} 引入的串模干扰电压是非常弱的。所以，这是一种十分有效的共模抑制措施。

（4）采用仪表放大器提高共模抑制比。仪表放大器具有共模抑制能力强、输入阻抗高、漂移低、增益可调等优点，是一种专门用来分离共模干扰与有用信号的器件。

8.3.3 长线传输干扰及其抑制方法

1. 长线传输干扰

计算机控制系统是一个从生产现场的传感器到计算机，再到生产现场执行机构的庞大系统。由生产现场到计算机的连线往往长达几十米，甚至几百米。即使在中央控制室内，各种连线也有几米到十几米。由于计算机采用高速集成电路，致使长线的"长"是相对的。这里所谓的"长线"其长度并不长，而且取决于集成电路的运算速度。例如，对于 ns 量级的数字电路来说，1m 左右的连线就应当作长线来看待；而对于 10ns 量级的电路，几米长的连线才需要当作长线处理。

信号在长线中传输遇到 3 个问题：一是长线传输易受到外界干扰；二是具有信号延时；三是高速度变化的信号在长线中传输时，还会出现波反射现象。当信号在长线中传输时，由于传输线的分布电容和分布电感的影响，信号会在传输线内部产生正向前进的电压波和电流波，称为入射波；另外，如果传输线的终端阻抗与传输线的波阻抗不匹配，那么当入射波到达终端时，便会引起反射；同样，反射波到达传输线始端时，如果始端阻抗也不匹配，还会引起新的反射。这种信号的多次反射现象，使信号波形严重失真和畸变，并且引起干扰脉冲。

2. 长线传输干扰的抑制方法

采用终端阻抗匹配或始端阻抗匹配，可以消除长线传输中的波反射或者把它抑制到最低限度。

（1）终端匹配。为了进行阻抗匹配，必须事先知道传输线的波阻抗 R_P，波阻抗的测量如图 8.12 所示。调节可变电阻 R，并用示波器观察门 A 的波形，当达到完全匹配时，即 $R = R_P$ 时，门 A 输出的波形不畸变，反射波完全消失，这时的 R 值就是该传输线的波阻抗。

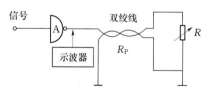

图 8.12　测量传输线波阻抗

为了避免外界干扰的影响，在计算机中常常采用双绞线和同轴电缆作信号线。双绞线的波阻抗一般在 100～200Ω 之间，绞花越密，波阻抗越低。同轴电缆的波阻抗为 50～100Ω 范围。根据传输线的基本理论，无损耗导线的波阻抗 R_P 为

$$R_{P} = \sqrt{\frac{L_0}{C_0}} \tag{8.5}$$

式中　L_0——单位长度的电感，H；

　　　C_0——单位长度的电容，F。

最简单的终端匹配方法如图 8.13（a）所示，如果传输线的波阻抗是 R_P，那么当 $R = R_P$ 时，便实现了终端匹配，消除了波反射。此时终端波形和始端波形的形状相一致，只是时间上滞后。由于终端电阻变低，则加大负载，使波形的高电平下降，从而降低了高电平的抗干扰能力，但对波形的低电平没有影响。

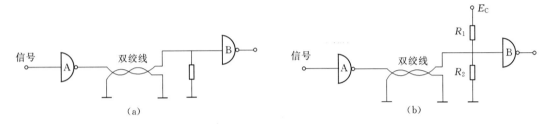

图 8.13　终端匹配

为了克服上述匹配方法的缺点，可采用图 8.13（b）所示的终端匹配方法。其等效电阻 R 为

$$R = \frac{R_1 R_2}{R_1 + R_2}$$

适当调整 R_1 和 R_2 的阻值，可使 $R = R_P$。这种匹配方法也能消除波反射，优点是波形的高电平下降较少，缺点是低电平抬高，从而降低了低电平的抗干扰能力。为了同时兼顾高电平和低电平两种情况，可选取 $R_1 = R_2 = 2R_P$，此时等效电阻 $R = R_P$。实践中，宁可使高电平降得稍多一些，而让低电平抬高得少一些，可通过适当选取电阻 R_1 和 R_2，使 $R_1 > R_2$ 达到此目的，当然还要保证等效电阻 $R = R_P$。

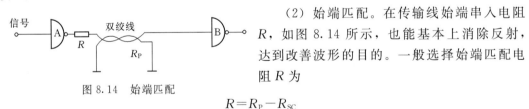

图 8.14　始端匹配

（2）始端匹配。在传输线始端串入电阻 R，如图 8.14 所示，也能基本上消除反射，达到改善波形的目的。一般选择始端匹配电阻 R 为

$$R = R_P - R_{SC}$$

式中　R_{SC}——门 A 输出低电平时的输出阻抗。

这种匹配方法的优点是波形的高电平不变，缺点是波形低电平会抬高。其原因是终端门 B 的输入电流 I_{sr} 在始端匹配电阻 R 上的压降所造成的。显然，终端所带负载门个数越多，则低电平抬高越显著。

8.4　CPU 抗干扰技术

对于越过外部防线进入系统内部的干扰，可能导致程序运行出轨。可以采用看门狗

（WatchDog）技术，看门狗有软件抗干扰和硬件抗干扰之分。软件抗干扰实质上是一个由 CPU 复位的计数器，只要应用程序正常工作，它不会发生计时溢出。如果因干扰引起系统出错和程序出轨，内部定时器将会产生计时溢出脉冲，使系统自动复位，重新装入应用程序，这是一种很有效的抗干扰措施。硬件看门狗即硬件复归技术，如图 8.15 所示。图中 A 点接至微机并行接口的某一输出位。当 CPU 没有出轨时，由软件安排使其按一定的周期在"1"和"0"之间变化，使得其后的延时元件不会有报警信号输出。延时时间应比 A 点电位变化的周期长，因此在正常时延时元件不会动作。此时运行人员还可以看到面板上一个运行监视发光二极管不断闪烁，标志装置在正常运行。一旦程序出轨，A 点电位将停止变化，不论它停在"1"态还是"0"态，延时元件动作，发出一个报警脉冲，并使 CPU 重新初始化（RESET），恢复正常工作。这个电路不仅可用于对付程序出轨，还可用于在装置主要元件（如 CPU）损坏而停止工作时发出告警信号。由图 8.15 可见，这种情况下单稳态触发器发出复位（RESET）脉冲已不能使 A 点电位恢复变化状态，于是通过延时 τ 后，它将发出告警信号并闭锁装置。

这里再介绍一种用于 CPU 监视的常用芯片 MAX1232。

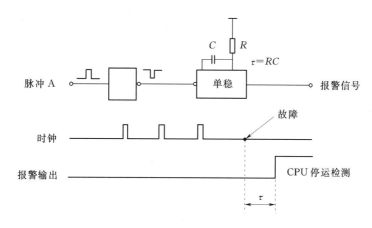

图 8.15 CPU 监视原理

1. MAX1232 的结构原理

MAX1232 微处理器监控电路给微处理器提供辅助功能以及电源供电监控功能，MAX1232 通过监控微处理器系统电源供电及监控软件的执行，来增强电路的可靠性，它提供一个反弹的（无锁的）手动复位输入。

当电源过压、欠压时，MAX1232 将提供至少 250ms 宽度的复位脉冲，其中的容许极限能用数字式的方法来选择 5% 或 10% 的容限，这个复位脉冲也可以由无锁的手动复位输入；MAX1232 有一个可编程的监控定时器（即 WatchDog）监督软件的执行，该 WatchDog 可编程为 150ms、600ms 或 1.2s 的超时设置。图 8.16（a）给出了 MAX1232 的引脚排列，图 8.16（b）给出了 MAX1232 的内部结构框图。

其中：

$\overline{\text{PBRST}}$ 为按键复位输入。反弹式低电平有效输入，忽略小于 1ms 宽度的脉冲，确保识别 20ms 或更宽的输入脉冲。

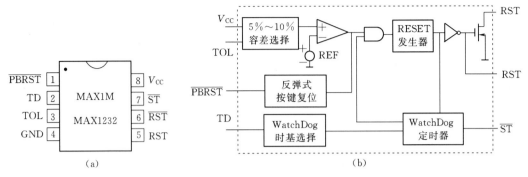

图 8.16　微处理器监控电路 MAX1232
(a) 引脚排列；(b) 内部结构

TD 为时间延迟，WatchDog 时基选择输入。TD=0V 时，$t_{TD}=150\text{ms}$；TD 悬空时 $t_{TD}=600\text{ms}$；TD=V_{CC} 时，$t_{TD}=1.2\text{s}$。

TOL 为容差输入。TOL 接地时选取 5% 的容差；TOL 接 V_{CC} 时选取 10% 的容差。

GND 为地。

RST 为复位输出（高电平有效）。RST 产生的条件为：若 V_{CC} 下降低于所选择的复位电压阈值，则产生 RST 输出；若 $\overline{\text{PBRST}}$ 变低，则产生 RST 输出；若在最小暂停周期内 $\overline{\text{ST}}$ 未选通，则产生 RST 输出；若在加电源期间，则产生 RST 输出。

$\overline{\text{RST}}$ 为复位输出（低电平有效）。产生条件同 RST。

$\overline{\text{ST}}$ 为选通输入 WatchDog 定时器输入。

V_{CC} 为+5V 电源。

N. C. 悬空。

2. MAX1232 的主要功能

(1) 电源监控。电压检测器监控 V_{CC}，每当 V_{CC} 低于所选择的容限时（5% 容限时的电压典型时为 4.62V，10% 容限时的电压典型时为 4.37V）就输出并保持复位信号。选择 5% 的容许极限时，TOL 端接地；选择 10% 的容许极限时，TOL 端接 V_{CC}。当 V_{CC} 在容许极限内，复位输出信号至少保持 250ms 的宽度，才允许电源供电并使微处理器稳定工作。RST 输出吸收和提供电流。当 $\overline{\text{RST}}$ 输出时，形成一个开路漏电极 MOSFET（即金属氧化物半导体场效应晶体管），该端降低并吸收电流，因而该端必须被拉高。

(2) 按钮复位输入。MAX1232 的 $\overline{\text{PBRST}}$ 端靠手动强制复位输出，该端保持 t_{PBD} 是按钮复位延迟时间，当 $\overline{\text{PBRST}}$ 升高到大于一定的电压值后，复位输出保持至少 250ms 的宽度。

一个机械按钮或一个有效的逻辑信号都能驱动 $\overline{\text{PBRST}}$，无锁按钮输入至少忽略了 1ms 的输入抖动，并且被保证能识别出 20ms 或更大的脉冲宽度。该 $\overline{\text{PBRST}}$ 在芯片内部被上拉到大约 $100\mu\text{A}$ 的 V_{CC} 上，因而不需要附加的上拉电阻。

(3) 监控定时器（WatchDog）。WatchDog 俗称"看门狗"，是工业控制机普遍采用的抗干扰措施。尽管系统采用各种抗干扰措施，仍然难以保证万无一失，WatchDog 则有看守大门的作用，刚好弥补了这一缺憾。WatchDog 有多种用法，但其最主要的应用则是用于因干扰引起的系统"飞程序"等出错的检测和自动恢复。

微处理器用一根 I/O 线来驱动 $\overline{ST}$ 输入，微处理器必须在一定时间内触发 $\overline{ST}$ 端（其时间取决于 TD），以便检测正常的软件执行。如果一个硬件或软件的失误导致 $\overline{ST}$ 被触发，在一个最小超时间间隔内，$\overline{ST}$ 触发仅仅被脉冲的下降沿作用，这时 MAX1232 的复位输出至少保持 250ms 的宽度。

图 8.17 是一个典型的启动微处理器的例子。如果这个中断继续，那么在每一个超时间隔内将产生一个新的复位脉冲，直到 $\overline{ST}$ 被触发为止。这个超时间隔取决于 TD 输入的连接，当 TD 接地时，WatchDog 为 150ms；当 TD 悬空时，WatchDog 为 600ms；TD 接 V_{CC} 时，WatchDog 为 1.2s。触发 $\overline{ST}$ 的软件例行程序是非常关键的，这个代码必须是在

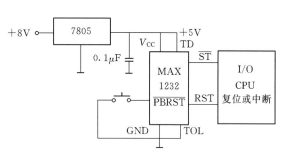

图 8.17　监控电路 MAX1232 的典型应用

循环执行的软件中，并且这个时间（工作步长）至少要比所定的 WatchDog 的时间短。一个普通的技术是从程序中的两个部分来控制微处理器的 I/O 线。当软件工作在前台时，可以设置 I/O 线为高，当软件工作在后台方式或中断方式时，可以设置为低，如果这两种模式都不能正确执行，那么监控定时器，即 WatchDog 就会产生复位脉冲信号。

3. 掉电保护和恢复运行

电网瞬间断电或电压突然下降将使微机系统陷入混乱状态，电网电压恢复正常后，微机系统难以恢复正常。掉电信号由监控电路 MAX1232 检测得到，加到微处理器 2 的外部中断输入端。软件中将掉电中断规定为高级中断，使系统能够及时对掉电作出反应。在掉电中断服务子程序中，首先进行现场保护，把当时的重要状态参数、中间结果、某些专用寄存器的内容转移到专用的有后备电源的 RAM 中。其次是对有关外设作出妥善处理，如关闭各输入输出口，使外设处于某一个非工作状态等。最后必须在专用的有后备电源的 RAM 中某一个或两个单元作上特定标记即掉电标记。为保证掉电子程序能顺利执行，掉电检测电路必须在电源电压下降到 CPU 最低工作电压之前就提出中断申请，提前时间为几百微秒至数毫秒。

当电源恢复正常时，CPU 重新上电复位，复位后应首先检查是否有掉电标记，如果没有，按一般开机程序执行（系统初始化等）。如果有掉电标记，不应将系统初始化，而应按掉电中断服务子程序相反的方式恢复现场，以一种合理的安全方式使系统继续未完成的工作。

8.5　系统供电与接地技术

8.5.1　供电技术

1. 供电系统的一般保护措施

计算机监控系统的供电一般采用如图 8.18 所示的结构。

图 8.18　一般供电结构

为了抑制电网电压波动的影响而设置交流稳压器，保证 220VAC 供电。交流电网频率为 50Hz，其中混杂了部分高频干扰信号。为此采用低通滤波器让 50Hz 的基波通过，而滤除高频干扰信号。最后由直流稳压电源给计算机供电，建议采用开关电源。开关电源用调节脉冲宽度的办法调整直流电压，调整管以开关方式工作，功耗低。这种电源用体积很小的高频变压器代替了一般线性稳压电源中的体积庞大的工频变压器，对电网的波动适应性强，抗干扰性能好。

2. 电源异常的保护措施

计算机控制系统的供电不允许中断，一旦中断将会影响生产。为此，可采用不间断电源 UPS，其原理如图 8.19 所示。正常情况下由交流电网供电，同时电池组处于浮充状态。

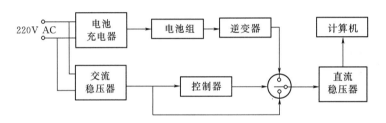

图 8.19　具有不间断电源的供电结构

如果交流供电中断，电池组经逆变器输出交流电代替外界交流供电，这是一种无触点的不间断切换。UPS 是用电池组作为后备电源。如果外界交流电中断时间长，就需要大容量的蓄电池组。为了确保供电安全，可以采用交流发电机，或第二路交流供电线路。

8.5.2　接地技术

1. 地线系统分析

在计算机监控系统中，一般有以下几种地线：模拟地、数字地、安全地、系统地、交流地。

模拟地作为传感器、变送器、放大器、A/D 和 D/A 转换器中模拟电路的零电位。模拟信号有精度要求，有时信号比较小，而且与生产现场连接。因此，必须认真地对待模拟地。

数字地作为计算机中各种数字电路的零电位，应该与模拟地分开，避免模拟信号受数字脉冲的干扰。

安全地的目的是使设备机壳与大地等电位，以避免机壳带电而影响人身及设备安全。通常安全地又称为保护地或机壳地，机壳包括机架、外壳、屏蔽罩等。

系统地就是上述几种地的最终回流点，直接与大地相连，如图 8.20 所示。众所周

知，地球是导体而且体积非常大，因而其静电容量
也非常大，电位比较恒定，所以人们把它的电位作
为基准电位，也就是零电位。

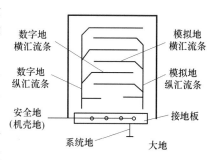

图 8.20 回流法接地示例

交流地是计算机交流供电电源地，即动力线地，
它的地电位很不稳定。在交流地上任意两点之间，
往往很容易就有几伏至几十伏的电位差存在。另外，
交流地也很容易带来各种干扰。因此，交流地绝对
不允许分别与上述几种地相连，而且交流电源变压
器的绝缘性能要好，绝对避免漏电现象。显然。正
确接地是一个十分重要的问题。根据接地理论分析，低频电路应单点接地，高频电路应就
近多点接地。一般来说，当频率小于 1MHz 时，可以采用单点接地方式；当频率高于
10MHz 时，可以采用多点接地方式。在 1～10MHz 之间，如果用单点接地时，其地线长
度不得超过波长的 1/20，否则应使用多点接地。单点接地的目的是避免形成地环路，地
环路产生的电流会引入到信号回路内引起干扰。

在过程控制计算机中，对上述各种地的处理一般是采用分别回流法单点接地。模拟
地、数字地、安全地（机壳地）的分别回流法如图 8.20 所示。回流线往往采用汇流条而
不采用一般的导线。汇流条是由多层铜导体构成，截面呈矩形，各层之间有绝缘层。采用
多层汇流条以减少自感，可减少干扰的窜入途径。在稍考究的系统中，分别使用横向及纵
向汇流条，机柜内各层机架之间分别设置汇流条，以最大限度地减少公共阻抗的影响。在
空间上将数字地汇流条与模拟地汇流条间隔开，以避免通过汇流条间电容产生耦合。安全
地（机壳地）始终与信号地（模拟地、数字地）隔离开。这些地之间只在最后汇聚一点，
并且常常通过铜接地板交汇，然后用线径不小于 300mm^2 的多股铜软线焊接在接地极上后
深埋地下。

2. 低频接地技术

在一个实际的计算机控制系统中，通道的信号频率绝大部分在 1MHz 以下。因此，
本节只讨论低频接地而不涉及高频问题。

（1）一点接地方式。信号地线的接地方式应采用一点接地，而不采用多点接地。一点
接地主要有两种接法，即串联接地（或称共同接地）和并联接地（或称分别接地），如图
8.21 和图 8.22 所示。

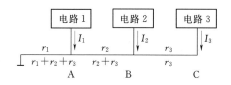

图 8.21 串联一点接地

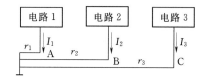

图 8.22 并联一点接地

从防止噪声角度看，如图 8.21 所示的串联接地方式是最不适用的。由于地电阻 r_1、
r_2 和 r_3 是串联的，所以各电路间相互发生干扰。虽然这种接地方式很不合理，但由于比
较简单，用的地方仍然很多。当各电路的电平相差不大时还可勉强使用；但当各电路的电

平相差很大时就不能使用了，因为高电平将会产生很大的地电流并干扰到低电平电路中去。使用这种串联一点接地方式时，还应注意把低电平的电路放在距接地点最近的地方，即图 8.21 所示的最接近于地电位的 A 点上。

并联接地方式在低频时是最适用的，因为各电路的地电位只与本电路的地电流和地线阻抗有关，不会因地电流而引起各电路间的耦合。这种方式的缺点是需要连很多根地线，用起来比较麻烦。

（2）实用的低频接地。一般在低频时用串联一点接地的综合接法，即在符合噪声标准和简单易行的条件下统筹兼顾。也就是说，可用分组接法，即低电平电路经一组共同地线接地，高电平电路经另一组共同地线接地。注意不要把功率相差很多、噪声电平相差很大的电路接入同一组地线接地。

在一般的系统中至少要有 3 条分开的地线（为避免噪声耦合，3 种地线应分开），如图 8.23 所示。一条是低电平电路地线；一条是继电器、电动机等的地线（称为"噪声"地线）；一条是设备机壳地线（称为"金属件"地线）。若设备使用交流电源，则电源地线应和金属件地线相连。这 3 条地线应在一点连接接地。使用这种方法接地时，可解决计算机控制系统的大部分接地问题。

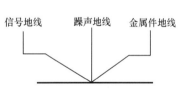

图 8.23　实用低频接地

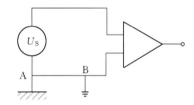

图 8.24　错误的接地方式

3. 通道馈线的接地技术

在"导线"的屏蔽中针对电场耦合和磁场耦合干扰，讨论了屏蔽和抑制这种干扰的措施。其中也涉及了接地问题，但只讨论了该怎样接地，并没有说明应该在何处接地。这里则从如何克服地环流影响的角度来分析和解决应在哪里接地的问题。

（1）电路一点地基准。一个实际的模拟量输入通道，总可以简化成由信号源、输入馈线和输入放大器 3 部分组成。图 8.24 所示的将信号源与输入放大器分别接地的方式是不正确的。这种接地方式之所以错误，是因为它不仅会导致磁场耦合的影响，而且还会因 A 和 B 两点地电位不等而引起环流噪声干扰。忽略导线电阻，误认为 A 和 B 两点都是地球地电位应该相等，是造成这种接地错误的根本原因。实际上，由于各处接地体几何形状、材质、埋地深度不可能完全相同，土壤的电阻率因地层结构各异也相差甚大，使得接地电阻和接地电位可能有很大的差值。这种接地电位的不相等，几乎每个工业现场都要碰到，一定要引起注意。

为了克服双端接地的缺点，应将图 8.24 所示的输入回路改为单端接地方式。当单端接地点位于信号源端时，放大器电源不接地；当单端接地点位于放大器端时，信号源不接地。

（2）电缆屏蔽层的接地。当信号电路是一点接地时，低频电缆的屏蔽层也应一点接地。如欲将屏蔽一点接地，则应选择较好的接地点。

当一个电路有一个不接地的信号源与一个接地的（即使不是接大地）放大器相连时，输入线的屏蔽应接至放大器的公共端；当接地信号源与不接地放大器相连时，即使信号源端接的不是大地，输入线的屏蔽层也应接到信号源的公共端。这种单端接地方式如图8.25所示。

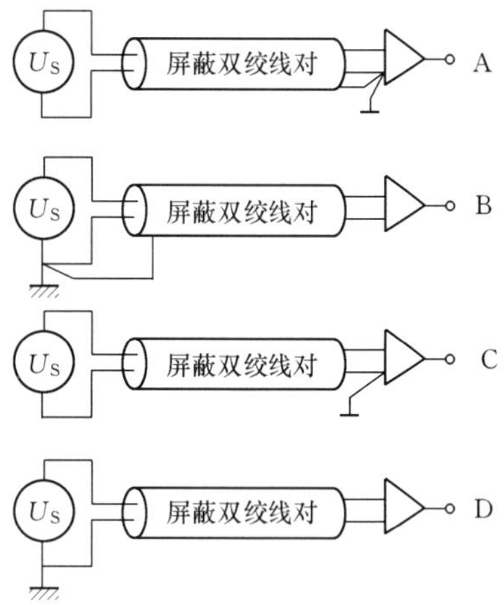

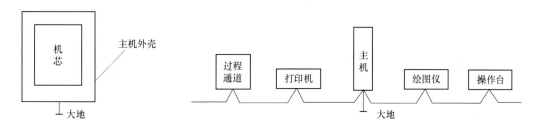

4. 主机外壳接地但机芯浮空

为了提高计算机的抗干扰能力，将主机外壳作为屏蔽罩接地。而把机内器件架与外壳绝缘，绝缘电阻大于 $50M\Omega$，即机内信号地浮空，如图 8.26 所示。这种方法安全可靠，抗干扰能力强，但制造工艺复杂，一旦绝缘电阻降低就会引入干扰。

图 8.25　在低频时屏蔽
电缆的单端接线方式

5. 多机系统的接地

在计算机网络系统中，多台计算机之间相互通信，资源共享。如果接地不合理，将使整个网络系统无法正常工作。近距离的几台计算机安装在同一机房内，可采用类似图 8.27 所示的多机一点接地方法。对于远距离的计算机网络，多台计算机之间的数据通信，通过隔离的办法把地分开，如采用变压器隔离技术、光电隔离技术和无线电通信技术。

图 8.26　外壳接地、机芯浮空　　　　　图 8.27　多机系统的接地

8.6　软件抗干扰技术

为了提高监控系统的可靠性，仅靠硬件抗干扰措施是不够的，需要进一步借助于软件措施来克服某些干扰。在计算机控制系统中，如能正确地采用软件抗干扰措施，与硬件抗干扰措施构成双道抗干扰防线，无疑将大大提高工业控制系统的可靠性。经常采用的软件抗干扰技术是数字滤波技术、开关量的软件抗干扰技术、指令冗余技术、软件陷阱技术等。下面分别加以介绍。

8.6.1　数字滤波技术

监控系统的模拟输入信号中，均含有种种噪声和干扰，它们来自被测信号源本身、传感器、外界干扰等。为了进行准确测量和控制，必须消除被测信号中的噪声和干扰。噪声

有两大类：一类为周期性的；另一类为不规则的。前者的典型代表为 50Hz 的工频干扰。对于这类信号，采用积分时间等于 20ms 的整数倍的双积分 A/D 转换器，可有效地消除其影响。后者为随机信号，它不是周期信号。对于随机干扰，可以用数字滤波方法予以削弱或滤除。所谓数字滤波，就是通过一定的计算或判断程序减少干扰在有用信号中的比例。故实质上它是一种程序滤波。相关内容已在第 5 章中讲述，这里不再赘述。

8.6.2　开关量的软件抗干扰技术

1. 开关量（数字量）信号输入抗干扰措施

干扰信号多呈毛刺状，作用时间短，利用这一特点，在采集某一开关量信号时，可多次重复采集，直到连续两次或两次以上结果完全一致方为有效。若多次采样后，信号总是变化不定，可停止采集，给出报警信号，由于开关量信号主要是来自各类开关型状态传感器，如限位开关、操作按钮、电气触点等，对这些信号的采集不能用多次平均方法，必须绝对一致才行。

如果开关量信号超过 8 个，可按 8 个一组进行分组处理，也可定义多字节信息暂存区，按类似方法处理。在满足实时性要求的前提下，如果在各次采集数字信号之间接入一段延时，效果会好一些，就能对抗较宽的干扰。

2. 开关量（数字量）信号输出抗干扰措施

输出设备是电位控制型还是同步锁存型，对干扰的敏感性相差较大。前者有良好的抗"毛刺"干扰能力，后者不耐干扰，当锁存线上出现干扰时，它就会盲目锁存当前的数据，也不管此时数据是否有效。输出设备和惯性（响应速度）与干扰的耐受能力也有很大关系。惯性大的输出设备（如各类电磁执行机构）对"毛刺"干扰有一定的耐受能力。惯性小的输出设备（如通信口、显示设备）耐受能力就小一些。在软件上，最为有效的方法就是重复输出同一个数据。只要有可能，其重复周期尽可能短些。外设设备接收到一个被干扰的错误信息后，还来不及作出有效的反应，一个正确的输出信息又来到了，就可及时防止错误动作的产生。另外，各类数据锁存器尽可能和 CPU 安装在同一电路板上，使传输线上传送的都是已锁存好的电位控制信号，对于重要的输出设备，最好建立检测通道，CPU 可以检测通道来确定输出结果的正确性。

8.6.3　指令冗余技术

当 CPU 受到干扰后，往往将一些操作数当作指令码来执行，引起程序混乱。当程序跑飞到某一单字节指令上时，便自动纳入正轨。当跑飞到某一双字节指令上时，有可能落到其操作数上，从而继续出错。当程序跑飞到三字节指令上时，因它有两个操作数，继续出错的机会就更大。因此，应多采用单字节指令，并在关键的地方人为地插入一些单字节指令（NOP）或将有效单字节指令重复书写，这便是指令冗余。指令冗余无疑会降低系统的效率，但在绝大多数情况下，CPU 还不至于忙到不能多执行几条指令的程度。故这种方法还是被广泛采用。

在一些对程序流向起决定作用的指令之前插入两条 NOP 指令，以保证跑飞主程序迅速纳入正确轨道。在某些对系统工作状态重要的指令前也可插入两条 NOP 指令。以保证正确执行。指令冗余技术可以减少程序跑飞的次数，使其很快纳入程序轨道，但这并不能保证在失控期间不干坏事，更不能保证程序纳入正常轨道后就太平无事了，解决这个问题必须采用软件容错技术。

8.6.4 软件陷阱技术

指令冗余使跑飞的程序安定下来是有条件的。首先，跑飞的程序必须落到程序区，其次，必须执行到冗余指令。所谓软件陷阱，就是一条引导指令。强行将捕获的程序引向一个指定的地址，在那里有一段专门对程序出错进行处理的程序。如果把这段程序的入口标号记为 ERR 的话，软件陷阱即为一条无条件转移指令。为了加强其捕捉效果，一般还在它前面加两条 NOP 指令，因此真正的软件陷阱由 3 条指令构成：

NOP

NOP

JMP ERR

软件陷阱安排在以下 4 种地方：

（1）未使用的中断向量区。

（2）未使用的大片 ROM 空间。

（3）表格。

（4）程序区。

由于软件陷阱都安排在正常程序执行不到的地方，故不影响程序执行效率，在当前 EPROM 容量不成问题的条件下，还是多多益善。

8.7 提高可靠性的其他措施

系统的可靠性还与设计、制造及使用等各个环节有关，这就要求从硬件和软件两个方面采取措施提高系统的可靠性。

8.7.1 系统容错设计技术

系统容错设计主要是指在硬件结构上采用冗余技术。硬件冗余技术主要有 3 种方法：静态冗余法、动态冗余法、混合冗余法。

静态冗余法通过掩蔽掉硬件故障的影响来实现容错，采用冗余元件和冗余工作部件来实现掩蔽作用。图 8.28 所示为 3 模块冗余法示意图。在该方法中，所用模块增到 3 个。每个模块以平行方式处理相同数据。这 3 个模块的输出都汇至一个主模块。

动态冗余法即备用冗余法，一般是一个模块工作，其他模块作备用，根据备用模块是处在断电状态还是处在工作状态，可分为冷备用和热备用。在微机保护和监控系统中，为满足实时切

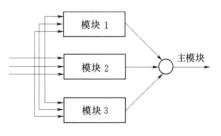

图 8.28 3 模块冗余法示意图

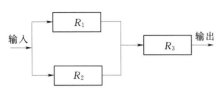

图 8.29　双机备用系统框图

换要求，应采用热备用方式。图 8.29 所示为一种双机备用系统框图，正常时 R_1 在工作状态，R_2 在备用状态，一旦 R_1 故障，R_2 自动切换进入工作状态。

混合冗余法是静态冗余法和动态冗余法的综合应用，混合冗余法不需要像在热备用方式中必须迅速判明工作模块的故障。

使用冗余技术设计容错系统是为使各模块的工作彼此不受影响，各模块的时钟也应完全独立。

以下是三峡右岸电站计算机监控系统的冗余方式。

1. 电源的冗余

电源是带电设备最重要的组成部分，再可靠的电源也有出问题的时候，因此电源的冗余是冗余系统中最重要的组成部分。监控系统供电的电源主要分成两部分：一部分是主站设备的电源（即上位机），另一部分是现地控制单元的电源（即下位机）。现地控制单元的电源又可以分成现地设备电源和 I/O 工作电源，均要采用冗余的方式。

引入 UPS 的电源，一路来自厂用 400V 的两段，另一路则来自厂用的直流 220V 电源，通过 UPS 给主站和现地控制单元提供 220V 的交流电。

2. 网络结构的冗余

三峡右岸计算机监控系统采用电站控制网与信息网分离的模式，重要控制设备与控制网连接，管理辅助设备与信息网连接，避免了管理信息对控制网络的影响，确保系统控制的实时性、安全性和可靠性。电站控制网和电站信息网均采用双网冗余 1000MB 环光纤以太网结构，避免了单纯的环网以太网设备节点多、传输时延长的缺点，两个网同时工作，互为备用，其网络结构如图 8.30 所示。

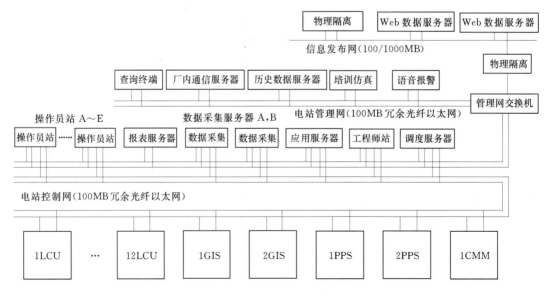

图 8.30　三峡右岸监控系统总体结构略图

为确保 LCU 控制器与各远程 I/O 单元之间的可靠通信，控制器与远程 I/O 单元间，及各远程 I/O 单元之间通信均采用双总线光纤连接，同时每根光纤总线首尾相接，组成双光纤环网结构，增强了冗余性。

3. 主要设备的冗余

（1）主站各节点设备采用双机热备冗余配置。如数据采集服务器、数据管理服务器、操作员站、历史数据管理服务器、高级应用服务器、厂内通信服务器、调度通信服务器及 GPS 时钟等。冗余配置的双机系统同时运行相同的任务，备机一般不输出任何数据，互相监测，互相备用，当监测发现主机故障时，根据具体情况，备机可自动升为主机运行。

（2）现地控制单元的各重要环节也考虑采用冗余措施，如双 CPU（采用的 Quantum 的 140CPU67160，可热备）、双现场总线、双工作电源、双采样电源。同期装置采用 ABB 自动准同期，同时用手动同期装置备用。为了确保 LCU 稳定、可靠地运行，LCU 的控制电源与 I/O 的工作电源分开，均采用 POWER ONE 公司的 CONVERT 系列电源作为供电电源，同时厂用 220VAC，220VDC 两路输入，24V 输出。当 I/O 与主控制器距离较远时，就地设置远程控制柜，在各远程控制柜中均独立设置冗余 CONVERT 电源。PLC 均采用双电源模块供电，其结构如图 8.31 所示。

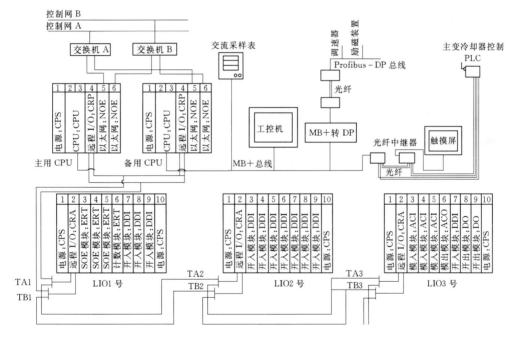

图 8.31　Quantum PLC 的冗余方式及 MODBUS 总线结构

4. 重要 I/O 信号的冗余

PLC 的输入方式有开关量、模拟量、脉冲量、中断量等。其中，开关量分开关输入量和开关输出量，模拟量也可分为模拟输入量和模拟输出量。三峡一台机组的模拟输入量有 800 点，开关输入量有 1000 点，对于如此大量的信号，全部采用冗余的方式是不现实的，为了防止 PLC 受到干扰产生误动作，只对一些重要的信号输入量，如事故停机信

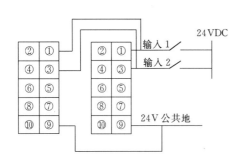

图 8.32 开关输入量的冗余配置

号、断路器状态信号及转速信号采用冗余的配置，配置方式如图 8.32 所示。

对一些重要的输出量也应进行冗余配置，如跳主变高压侧断路器、跳发电机出口侧断路器、跳电制动开关、跳灭磁开关、投高压油顶起油泵、投机械制动电磁阀等。对于开出量的冗余配置方式，可以采用硬接线的方式实现：如采用将两个继电器并起来使用。但最简单的方式还是在 PLC 程序中直接对两个开出的地址同时进行写操作，分别用两个继电器进行输出。

8.7.2 装置故障自动检测技术

装置的元器件损坏可能导致保护装置拒动或误动作，也可能导致监控装置传输误码，所以要求装置上的元器件损坏时，应该立即发现并报警，以便迅速采取措施予以修复，装置故障自动检测的目的便在于此。目前，监控装置许多硬件故障都可以准确地查出损坏元件的部位并打印出相应的信息。

目前监控装置的自动检测方法有以下几类。

（1）按照检测时机分为即时检测和周期检测。即时检测指连续监视或检测时间间隔不大于采样周期的监视。周期检测指利用保护功能执行的小块的富裕时间，积零为整来进行检测，其检测周期可能较长，通常不具有即时性。它用来进行 CPU 处理量较大情况下的检测，如 EPROM 等。

在 EPROM 未使用地址区，内容写 0，如图 8.33 所示，一旦程序跑飞至此，可触发报警或中断，以使其恢复正常。

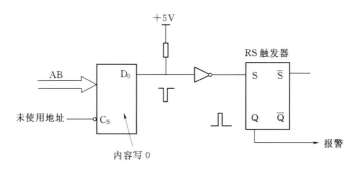

图 8.33 EPROM 程序出错检测

（2）按照检测对象不同可分为元器件检测和成组功能检测。元器件检测是指对某个元器件进行检测，包括发现故障和故障复位。成组功能检测则是通过对模拟系统故障的模拟程序和数据的处理来判断硬件是否有缺陷。

8.7.3 对出口回路的监视和闭锁

加强对遥控和保护回路的出口异常状态监视和必要的自动闭锁功能。对保护出口前，

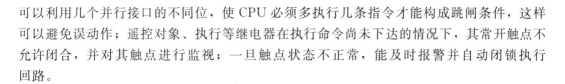

可以利用几个并行接口的不同位,使 CPU 必须多执行几条指令才能构成跳闸条件,这样可以避免误动作;遥控对象、执行等继电器在执行命令尚未下达的情况下,其常开触点不允许闭合,并对其触点进行监视;一旦触点状态不正常,能及时报警并自动闭锁执行回路。

8.7.4 从系统电路设计和结构形式上提高可靠性

微机保护和监控装置可以采用单 CPU、双 CPU 备用方式及多 CPU 方式。采用单 CPU 的系统,一旦此 CPU 出故障,则全套系统就不能正常工作。如果采用双 CPU 系统,尽管双 CPU 互为备用,但如果外围电路没有备用,这样的系统可靠性也不高。

采用多 CPU 分层控制系统,把保护和控制装置分成各个功能单元,每个功能单元独立工作,互不干扰,当某一回路的单元部件发生故障时,可整体更换,而不影响其他回路的正常工作,这样可以大大提高系统的可靠性。

8.7.5 防止人为失误措施

当人在大脑疲劳或高度紧张的情况下,往往容易发生误操作。对于那些绝对不允许误操作的地方,设计时应考虑预防措施,以保证设备安全可靠地正确操作。例如,对断路器的分合闸,必须在硬件、软件上进行多重校验,对于一些定值的设定以及重要参数的修改,在硬件上应设有操作锁,操作时必须打开规定的操作锁方可操作。

8.7.6 掉电处理

AC 掉电后,一般在 10ms～1s 内,5VDC 才降低,此时可按以下步骤对掉电现场进行处理。

(1) 检测 AC 掉电。

(2) NMI 中断 CPU,保护 RAM 数据。

(3) 检测 V_{cc} 电压低。

(4) 停止 CPU 工作,禁止写 RAM。

(5) 电源恢复后,正常工作。

思 考 题

1. 什么是干扰?

2. 什么是串模干扰?如何抑制串模干扰?

3. 什么是共模干扰?如何抑制共模干扰?

4. 简述系统供电与接地的抗干扰措施。

5. 软件抗干扰措施有哪些?

6. 什么是系统设计的冗余技术?

第 9 章

监控系统软件的可靠性设计与实现

9.1 水电厂计算机监控系统软件

9.1.1 概述

与早期采用逻辑电路的自动化装置不同，软件是计算机监控系统必不可少的组成部分，一个完整的计算机监控系统，必然由硬件和软件两部分构成。监控系统软件是随着计算机监控系统的发展而逐渐发展起来的，主要包括系统软件、应用软件、支持软件等。

系统软件包括计算机操作系统、语言编译器、数据库系统、系统恢复与切换、系统诊断等软件，但主要是指操作系统软件，目前使用最多的操作系统是 UNIX/Linux 操作系统和 Microsoft Windows 操作系统。

应用程序是指在特定操作系统的环境下，为了满足最终用户的特定应用需要及完成某些特定功能而开发的专用程序，计算机监控系统的应用软件通常是按照功能划分，采用模块化编制的，每个应用程序都能以多种方式启动，并且能够作为整体进行修改和扩充，还可以按照用户的要求进行整合，最后以应用软件包的形式提供给最终用户。对于水电厂计算机监控系统而言，其应用程序就是为实现监控而开发的程序，如数据采集与处理程序、界面显示与打印程序、通信程序、顺序控制程序、自动发电控制（AGC）程序、自动电压控制（AVC）程序等，这些模块化的应用程序又可以分为基本应用程序和高级应用程序两部分，前者用于实现基本或通用性的监控功能，如数据采集与处理程序、界面显示与打印程序、通信程序、顺序控制程序等，后者用于实现高级或专业性较强的功能，如自动发电控制程序、自动电压控制程序等。

除了上面提到的系统软件和应用软件外，支持软件也是不可或缺的，它用于系统生成、软件开发及系统的运行和维护，主要包括第三方提供的支撑平台、各种标准库程序、软件开发管理程序等，如数据库管理软件、组态软件、制表生成软件、档案管理软件等。

9.1.2 计算机监控系统软件的分层结构

计算机监控系统的硬件通常都采用分层分布式结构，这种分层结构同样应用于软件部分，一般地，计算机监控系统的软件也是按照层次模型构成的。

这里首先介绍德国西门子公司开发的 PROKON－LSX 水电厂计算机监控系统软件的层次模型的构成情况。

该软件分层模型的第一层称为标准程序层，也是分层模型中的最底层，包括操作系统（UNIX）、数据管理系统（ORACLE 数据库）、图形处理器接口（X－Windows）以及所有必需的通信服务程序（TCP/IP）等，主要用于将更高层与硬件平台隔离开来。该层次基本上建立在国际标准上，因此使得硬件的独立性达到了很高的程度。

第二层称为工具程序层，主要包括用于运行数据系统创建、管理、参数设置、测试及诊断的软件工具（X/OSF MOTIF）。

第三层称为系统核心程序层，该层是 PROKON－LSX 监控系统的核心，包括所有基本的用户独立功能，如过程耦合和目标处理、通信和冗余、监测和报警、全图形过程显示和操作、档案记录、系统和过程的参数设置等。需要说明的是，第三层本身也是按照层次模型设计的，共分为 5 层，这里就不再详细描述了。

第四层称为应用程序层，也是分层模型中的最高层，主要包括水电厂监控专用程序，如水位流量控制程序等。用户自行编制的应用程序也可以置于该层中，并通过标准的开放性接口，连接到第三层。

以上介绍的层次模型结构较为简单，其基本思想是提高系统的兼容性，具体表现在：通过标准程序层，使系统对于硬件平台具有很好的独立性和适应性；通过应用程序层，又使系统具有了应用上的灵活性。

下面再以加拿大 CAE 公司的 SCADA 监控系统软件为例介绍另外一类较为复杂的层次模型。该系统软件的层次较多，从最底层到最高层依次为操作系统扩展（OSX）层、项目源文件（PROJECT）层、实用服务程序层、实时数据库（DBS）层、通信与双机冗余（LAN）层、数据采集（ACQ）层、人机接口（MMI）层、应用程序（APP）层、高级应用程序（ADV）层、调度培训系统（DTS）层、监控系统控制程序（ECS）层。这种分层模型的最大特点是高层程序对低层程序的依赖性非常强，高一层的程序必须在其下各层程序都正常运行的情况下才能正常运行，而低一层的程序的正常运行则不需要其上各层程序都正常运行，即高层程序依赖于低层程序，而低层程序不依赖于高层程序，因此，这种塔形层次模型结构对低层程序的可靠性要求非常高，一旦低层程序出现问题，则其上各层程序都会出现问题。

9.1.3 监控系统的系统软件

操作系统软件是整个计算机监控系统的软件平台，目前比较常用的操作系统软件主要是 UNIX 系列、Microsoft Windows 系列和后来发展起来的 Linux 系列操作系统。

UNIX 系列操作系统已经经历了 30 余年的发展历史，被广泛应用于大型计算机系统中，其最大的优点就是系统运行非常稳定，极少死机，其次是安全性好，不存在软件病毒侵扰的问题，而且其功能强大，支撑软件和软件工具很多，对硬件的要求也不高。UNIX 系列操作系统的最大缺点在于人机交互界面不友好，操作难度大。在水电厂计算机监控系统中，UNIX 系列操作系统通常运行于工作站（Workstation）级计算机，较适合于大型水力发电厂。

Windows 系列操作系统是在计算机软件行业中具有垄断地位的微软（Microsoft）公司推出的操作系统，在个人计算机（PC）操作系统中占有压倒性的优势，如早期的 Windows3.1、Windows95、Windows98，以及现在的 Windows NT、Windows 2000 和 Windows XP 等。在水电厂计算机监控系统中，使用最多的 Windows 系列操作系统是 Windows NT 系列操作系统，它的最大优点是操作界面非常友好，其次是支撑软件和软件工具相当丰富，而且运行也比较稳定。Windows NT 系列操作系统的最大缺点在于其安全性较差，有软件病毒的问题需要防范，而且对硬件的要求较高。在水电厂计算机监控系统中，Windows NT 系列操作系统通常运行于 PC 或工控机，较适合于中小型水力发电厂。

Linux 系列操作系统是新近发展起来的操作系统，其运行稳定，安全性高，对硬件要求低，甚至在早期的 386、486 计算机中都能流畅地运行，因此发展前景看好，但由于其发展历史较短，在水电厂计算机监控系统中应用较少，远非主流，这里就不再介绍了。

下面以 Windows NT Server V3.51 中文版操作系统为例，简要介绍在中小型水力发电厂中应用最为广泛的 Windows NT 系列操作系统。Windows NT Server V3.51 中文版是一个适应工业环境的抢先式多任务、多线程调度的真正 32 位开放式网络操作系统，主要用作高性能客户/服务器的应用平台，其技术上的特点包括以下内容：

（1）支持文件打印、信息传递、内置磁盘备份工具与应用服务、支持前后台操作。

（2）支持 NETBEUI、TCP/IP 等多种网络协议标准，方便网络之间的互联。

（3）拥有多用户管理，服务器管理，系统性能监视，事件查看，系统诊断等系统管理工具。

（4）拥有系统账户管理、文件与目录保护、服务器镜像安全性和容错功能。

（5）支持多种客户端及远程访问服务。通过网络动态数据交换（NETDDE）功能，系统不仅支持客户端的远程访问，还能与其他操作系统的局域网或广域网连接。

（6）拥有良好的中文界面环境，有利于操作。

除了 Windows NT Server 操作系统外，Windows NT 系列操作系统还包括 Windows NT Workstation 操作系统，其中 Windows NT Server 操作系统一般安装在监控系统的网络服务器上，而 Windows NT Workstation 操作系统一般安装在监控系统的操作员站和软件工程师站上。

9.1.4　监控系统的应用软件

9.1.4.1　监控系统的应用软件概述

水电厂计算机监控系统的应用软件通常是以模块化的形式组成的，每个模块分别执行不同的功能，且模块之间有一定的联系和依赖关系，这些模块按照用户的需要组合起来共同完成特定监控系统的监控任务。下面是水电厂计算机监控系统的常用应用软件模块。

（1）设备驱动软件。设备驱动软件主要包括与生产过程接口的各种设备的驱动程序，用以完成这些设备的基本功能，如数据采集、数据通信、接收和执行控制或调节命令、数据越限/复限检查等。

（2）人机接口界面软件。人机接口界面软件主要包括图形显示程序、人机交互操作界面程序、报表打印程序等。其中，图形显示程序用于读取图形文件、显示各种画面（如系统接线图、运行工况图、系统配置图、实时/历史曲线图等)、动态刷新，并按规定处理各种图形功能。人机交互操作界面程序用于实现运行操作人员与监控系统的人机交互操作的图形界面。报表打印程序用于实现事件、操作、报警、自诊断的记录和显示，以及运行/统计报表的打印等功能。

(3) 实时数据库软件。实时数据库软件主要是用于完成实时数据的管理功能，包括实时数据库的加载，处理其他程序对实时数据库的存取要求，并按照功能规定完成对实时数据的运算或其他处理任务等。

(4) 历史数据库软件。历史数据库软件主要用于完成历史数据库的管理功能，包括历史数据的存取及检索、历史数据的保存以及历史趋势的选点、显示、时间段修改、变倍等功能。

(5) 顺序控制软件。顺序控制软件主要用于实现顺序控制流程的检查及执行操作等功能，可以按照调试或运行的要求单步或连续地执行顺序控制程序，并能实现相应反馈信息的显示及应答处理。

(6) 网络软件。网络软件主要包括客户端/服务器软件及网络冗余管理软件。其中客户端/服务器软件是服务请求与服务程序之间的纽带，它接收来自不同客户端的客户服务请求，并将客户服务请求发给相应的服务程序，最后将服务程序的处理结果发还给对应的客户端。而网络冗余管理软件负责判断节点和网络信道的工作状态，并进行双网信息传送的分配，以保证冗余网络系统的可靠工作。

(7) 通信与远方控制软件。通信与远方控制软件主要用于实现本地计算机监控系统与远方中心调度所、水情测报站等系统之间的通信和数据互传，以及执行中心调度所的控制命令等。

(8) 高级应用软件。高级应用软件主要包括自动发电控制(AGC)软件、自动电压控制(AVC)软件、经济调度(EDC)软件等，其中 AGC 软件负责根据电力系统的负荷状况、频率要求以及机组本身的状况，确定运行机组的最优组合、启停顺序以及全厂机组的经济负荷分配等。而 AVC 软件则是负责电力系统的电压或无功功率要求，实现全厂母线电压及机组无功功率的最优化控制。

(9) 监控系统组态软件。监控系统组态软件主要包括交互式图形组态软件、交互式报表组态软件、实时/历史数据库组态软件、通信组态软件及顺序控制组态软件等。

(10) 专家系统软件。专家系统软件是根据水电厂监控领域的一个或多个人类专家提供的知识和经验，运用人工智能技术，采取推理机的方法，模拟人类专家进行决策，解决那些需要人类专家决定的复杂问题的程序。水电厂计算机监控系统的专家系统软件涵盖的范围较广，较为常见的有专家设备故障诊断软件、专家运行指导系统软件、专家事故紧急处理软件等。

(11) 操作员培训仿真软件。操作员培训仿真软件可以仿真水电厂生产设备和监控系统的特性，模拟正常运行工况和事故工况，它不但可以用于对操作员进行操作培训和考核，还可以提高操作员判断和处理事故的能力，除此之外，还可以对高级应用软件进行投运前的校验。

(12) 多媒体软件。多媒体软件主要包括语音及电话语音报警软件、视频信息处理及

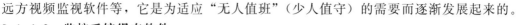

远方视频监视软件等，它是为适应"无人值班"（少人值守）的需要而逐渐发展起来的。

9.1.4.2　监控系统组态软件

组态软件（Configurable Software）是一种基于计算机操作系统的软件开发平台，一般由大的专业软件公司进行开发并经过严格的测试，因此其可靠性很高。监控系统组态软件作为一类特殊的应用软件，能以灵活多样的组态方式，而不是编程方式，为用户提供良好的开发界面和简捷的使用方法，其预设置的各种功能软件模块可以非常容易地实现和完成监控系统的各项功能，并能同时支持各硬件厂家的计算机和 I/O 设备，灵活地实现系统集成。

组态软件通用性强，一般不需用户编写程序，这样使得监控系统的开发人员不必再重复开发功能软件，而只需调用相应的模块，通过填表、连线的方式就能生成可靠性很高的应用程序。因此，组态软件把控制工程师从艰难、繁重的软件编程工作中解放出来，越来越受到欢迎和重视。

目前，组态软件已成为工业控制软件领域的关键产品，国内外许多公司已开发出不少优秀的监控系统组态软件，其中国外公司的产品占据了绝大多数的市场份额，国内的产品也占有一席之地，这些组态软件品种繁多，性能不一，各有优缺点：国外的软件功能完善、通用性强，但价格昂贵，而且存在界面汉化问题，往往还因为汉化不彻底而造成产品不成熟，某些功能不能满足国内用户的要求；国内的软件功能不够完善，通用性较差，但价格较低，特别适合一般中、小型企业。下面分别予以详细介绍。

（1）Fix 组态软件。Fix 组态软件是美国 Intellution 公司的产品，该软件既可单机运行，也可构成复杂的、功能强大的工厂控制网络系统，是目前全世界范围内应用最为广泛的工控组态软件之一。Fix 组态软件是一个真正模块化的工控软件，它提供了 10 多个基本功能模块和扩展功能模块，支持多种软件平台，包括 DOS 版、16 位 Windows 版、32位 Windows 版、OS/2 版和其他一些版本。其人机界面功能特别强大，除具有一般的动态显示外，还能方便地实现画面漫游、局域缩放、在线复制以及网络环境下的报警处理。其I/O 硬件驱动也很丰富，但是驱动程序需要单独购买。最新推出的 iFix 组态软件是 Fix 组态软件的改进版，它是一种全新模式的组态软件，思想和体系结构都比较新，提供的功能也较为完整，但也许过于庞大，对系统资源耗费得非常多，用户最为明显的感受就是运行速度缓慢，提供的许多大而全的功能对于中国用户也并不实用，而且经常受到 Windows操作系统的影响而导致不稳定。

（2）Intouch 组态软件。Intouch 组态软件是美国 Wonderware 公司的产品，它以Windows 操作系统为基础，作为一个实时的人机界面程序的程序生成器，可以生成管理级别上的监控和数据采集程序，依靠菜单驱动在 Windows 多任务环境下运行，并通过动态数据交换协议（DDE）实现其与外围设备的数据交换。Intouch 组态软件主要由两大部分组成，即 Windows Maker（应用开发环境）和 Windows Viewer（实时运行环境），前者用以建立窗口的图形显示，并定义与工业控制器、I/O 系统和其他窗口应用程序的连接，后者用以显示由 Windows Maker 建立的图形窗口。值得一提的是 DDE 协议，它是Intouch 组态软件的核心。Intouch 组态软件正是采用了基于消息的 DDE 协议，而没有直接内置与下位机的通信软件模块，从而在保证应用程序间的兼容性的同时兼顾了与下位机的通信；Intouch 组态软件还使用专利技术 Fast DDE 为应用程序间的高速数据交换提供了有效的手段，在 Fast DDE 的基础上，Intouch 组态软件进一步使用 Net DDE 技术，有效地解决了 UNIX 与 Windows（Intouch）两个不同操作系统平台之间的数据交换问题。需要用户自行编写通信程序，并通过 Intouch 组态软件的核心功能——动态数据交换协议（DDE）实现其与外围设备的数据交换。该软件的其他特点还包括 I/O 点数和最大画面数不受限制，具有十几种数据类型及数据类型转换功能等。

（3）WinCC 组态软件。WinCC 组态软件是德国西门子公司的专用组态软件，虽然它的新版软件有了很大进步，也属于比较先进的产品之一，但其体系结构相对来说比较保守，在网络结构和数据管理方面要比 iFix 差，而且，西门子公司似乎只是想把这个软件产品作为其硬件产品的陪衬品，对第三方硬件的支持较差。若选用西门子公司的硬件产品，能免费得到 WinCC 组态软件，而对于使用其他硬件的用户，WinCC 组态软件并不是一个好的选择。

（4）CITECH 组态软件。CITECH 组态软件是澳大利亚 CIT 公司的产品，它是组态软件中的后起之秀，在世界范围内扩展得很快。CITECH 组态软件包括 16 位和 32 位 Windows 两种版本，但版本升级不是很快，而且一直没有很大的体系改变。该组态软件的优点在于界面部分和控制算法部分做得比较好，价格也略低于 Intouch 和 Fix 组态软件，但是其使用的方便性和图形功能不及 Intouch 组态软件。另外，其 I/O 硬件驱动相对比较少，但大部分驱动程序可随软件包提供给用户。

（5）RSView32 组态软件。RSView32 组态软件是美国 Rockwell 公司为工业自动化和过程控制而开发的基于 PC、小型机、工作站和服务器等硬件平台的工业控制组态软件。它由实时数据库和一些应用软件模块组成，是一种易用的、可集成的、基于组件的 MMI 系统，具有用户所需的全部特征和功能，而且它还是第一个把 ActiveX 控制嵌入画面的 MMI 软件包。由于可与 PSTools 及其他 Rockwell Software 产品集成，为监视和运行控制系统的设计提供了极大的灵活性。

（6）组态王。北京亚控科技公司的"组态王"是国内第一家较有影响的组态软件开发公司的产品，组态王提供了资源管理器式的操作主界面，并且提供了以汉字作为关键字的脚本语言支持，而且组态王也提供了多种硬件驱动程序。

（7）MCGS 组态软件。MCGS 组态软件是昆仑通态计算机研究所开发的一套组态软件，它是真正的 32 位、多任务应用系统，功能全面，并且具有开放性结构，用户可以挂接自己的应用程序模块，具有良好的通用性和可维护性。其缺点在于，该组态软件属于设计思想和设计理念都比较独特的产品，有很多特殊的概念和使用方式，因此大多数使用过其他组态软件的人使用 MCGS 组态软件都会感到有些不习惯。

（8）ControlX2000 组态软件。哈尔滨华富公司的 ControlX2000 是一种比较新的组态软件，其产品体系结构很先进，与 iFix 的体系结构非常相似，而且界面漂亮，使用起来也比较方便，有许多自己的特色，但是有些方面设计得尚不够成熟。从它 DEMO 演示版运行效果来看，该软件的执行代码的运行效率不是很高，特别是图形处理环节，似乎有些缺陷，而且该软件运行也不十分稳定，即使运行其演示应用程序都可能导致死机。

（9）ForceControl 组态软件。大庆三维公司的 ForceControl（力控）从时间概念上来

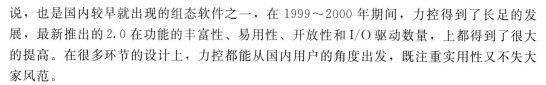

说，也是国内较早就出现的组态软件之一，在 1999～2000 年期间，力控得到了长足的发展，最新推出的 2.0 在功能的丰富性、易用性、开放性和 I/O 驱动数量，上都得到了很大的提高。在很多环节的设计上，力控都能从国内用户的角度出发，既注重实用性又不失大家风范。

9.1.4.3　几种常见的水电厂监控系统应用软件包

1. NARI Access 软件

NARI Access 软件是我国最早推出、最早实现工业应用的基于开放环境的水电厂计算机监控软件，其研制的初衷是提供一个适合于中国用户要求，支持开放环境，性能完善，能够与当时的先进国外同类软件相竞争的厂站计算机监控系统软件。该软件的最初版本由原电力部电力自动化研究院（现为国家电力公司自动化研究院/南京南瑞集团公司自动控制分公司）于 1993 年开发成功，其名称的含义即南瑞自控公司基于开放环境的水电厂计算机监控系统软件。

NARI Access 软件采用 UNIX 作为操作系统平台，采用 X－Windows/Motif 作为用户接口，采用 TCP/IP 协议作为网络通信接口，其整体上最显著的特点就是采用开放环境和分布式处理。采用开放环境的优点在于实现了应用程序、操作系统、数据库之间接口的标准化和程序之间的数据库共享，而且软件的高度模块化使某个功能软件修改时对其他功能软件影响很少，从而简化了程序的调试工作。而采用基于网络的全分布式处理则使在每个节点上配置的功能只能影响本节点，而独立于其他节点，从而保证了网络上的每个节点都能获得较好的独立性和可开发性。

水电厂计算机监控系统的基本和高级功能可以分别由 NARI Access 基本软件及其选装软件完全予以实现。按照功能进行划分，整个 NARI Access 软件主要可以分为以下 9个部分：

（1）于 TCP/IP 网络接口和 UNIX IPC 接口的通信软件，包括冗余双节点通信管理软件。

（2）基于 UNIX 标准库开发的数据库软件，包括自行定义的适用于厂站监控系统应用的数据库语言。

（3）基于 X－Windows、Motif 和 UNIX 标准库开发的图形人机接口软件。

（4）基于 UNIX 标准库开发的顺序控制软件。

（5）基于 X－Windows 和 UNIX 标准库开发的报表软件。

（6）基于 UNIX 标准库开发的设备驱动软件。

（7）高级应用软件，主要包括 AGC、AVC、EMS、视像与语音软件、专家系统软件，以及用于实现四遥（遥测、遥信、遥调、遥控）功能的软件等。

（8）基于 Motif、X－Windows 和 UNIX 标准库开发的应用管理软件，用于对整个分布式系统进行管理，主要包括各进程的本地及远程启动管理，操作员的使用级别及系统安全性管理，简报窗口管理，系统文件的备份管理等。

（9）基于 X－Windows 和 UNIX 标准库开发的汉字编辑软件，用于解决开放环境的汉化工作。

采用 NARI Access 软件的水电厂计算机监控系统 SSJ－3000 于 1994 年初在葛洲坝二

江水电厂、新丰江水电厂等几个水电厂，首次投入运行并取得了成功，使用情况良好，在此基础上进行了推广，目前已应用于大峡、李家峡、二台山、满拉、天生桥一级等一大批水电厂。

2. H9000 软件

H9000 软件是中国水利水电科学研究院自动化研究所于 20 世纪 90 年代中期开发成功的新一代面向对象的分布开放式计算机监控软件，其最初版本仅支持 UNIX 操作系统，1996 年完成了向 Windows NT 平台的移植，使 H9000 软件成为在 UNIX 和 Windows NT 两个主流操作系统平台都能够运行的监控软件。

H9000 软件以 Windows/Motif 为人机界面用户接口，以 TCP/IP 协议作为网络通信协议，而数据库则采用了面向网络的实时数据库和历史数据库，编程语言采用 C/C++。该软件的特色之一是其强大的应用开发支持软件系统，包括交互式图形报表工具（IPM）软件、数据库生成调试工具（DBgen）软件、连锁生成调试工具（Control Lock）软件等，这些支持软件不但提高了系统集成的质量和效率，还改善了系统的可维护性。其中值得一提的是 IPM 软件，由于采用了面向对象技术，使得图形和人机界面的设计简单易学、使用方便，即使不熟悉软件编程的操作员也可以通过 IPM 软件开发出自己所需的监视画面、控制流程、人机联系等内容，而且 IPM 软件还具有动态测试功能，确保人机界面的开发质量。

H9000 软件的另一特色是其标准化和通用化。软件的标准化保证了软件质量，而通用化则使软件不仅能满足水电厂用户的要求，还能满足其他应用领域用户的要求。目前，该软件已成功应用于水电厂监控系统、水库调度自动化系统、防洪调度自动化系统等多个领域。尤其是针对水电厂计算机监控应用，H9000 软件还专门配备了完善的水电厂监控应用功能软件，包括了经济运行（EDC）、AGC、AVC、梯级优化、防误操作等高级应用软件。

采用 H9000 软件的水电厂计算机监控系统 H9000 首先成功应用于湖南凤滩水电站，其 V1.0 版本和 V2.0 版本累计成功应用于国内外近百个水电厂。2001 年，H9000 软件进行了较大的修改，升级为 V3.0 版本，并成功应用于大张庄泵站和白山、徐村、龙羊峡、乌溪江等多个水电厂。与老版本相比，V3.0 版本软件在系统结构、Web 浏览、系统集成工具（Toolkit）软件、新规约通信软件、高级应用（AGC/AVC）软件及培训仿真（Simulog）软件等方面都有了很大的改进，不但保证了技术上的先进性，扩充了功能，还保持了与老系统的兼容性。

近年来，随着我国水电建设不断向大机组巨型电站方向发展，对计算机监控系统的技术要求也越来越高，最新的 H9000 V4.0 版本软件应运而生。新 V4.0 版本软件的开发紧密围绕三峡等巨型机组特大型电站对控制系统可靠性、安全性及实时性等方面的具体要求进行，其主要升级体现在以下几个方面：

（1）三网（电站控制网、电站信息网和信息发布网）四层（现地控制单元层、厂站控制层、厂站信息层和生产信息查询层）的全冗余分层分布开放系统总体结构，保证了海量数据采集与处理的高可靠与实时性。

（2）采用开放的图形硬件平台，人机界面软件 OIX 基于最新的 GTK［GNU 图像处

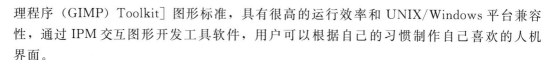

理程序（GIMP）Toolkit］图形标准，具有很高的运行效率和 UNIX/Windows 平台兼容性，通过 IPM 交互图形开发工具软件，用户可以根据自己的习惯制作自己喜欢的人机界面。

（3）通用报表软件子系统 HReport 简化了复杂的报表定制生成过程，用户界面友好，任何熟悉 Excel 和生产过程的用户经过简单培训，均可快速生成电厂的绝大部分生产报表，并对报表进行方便、有效的管理和查阅。

（4）在原操作用户权限和控制条件闭锁的基础上增加了操作员站控制范围设定功能和操作对象锁定功能，便于水电站实现运行管理和防止多台操作员站对同一设备同时操作。

（5）通过在所有控制命令加入时标，使得 PLC 能够对接收到的控制命令进行时限判断，超时命令将被拒绝并自动取消，同时对所有命令操作成功和失败的结果进行记录，满足控制的高可靠性要求。

（6）进一步完善了历史数据管理子系统 HistA，不仅可将实时数据按不同周期自动存入历史数据库，形成各类报表数据，而且可以将各类报警信息、趋势记录等自动存入数据库，形成各类报警记录历史数据。

新 H9000 V4.0 版本软件于 2007 年 3 月首先在三峡右岸电站成功投入使用，并陆续应用于瀑布沟、缅甸瑞丽江、新疆察汗乌苏和龙头石等电厂。

3. EC2000 软件

EC2000 软件是国家电力公司自动化研究院总结多年水电厂计算机监控系统开发经验，吸收国内外技术成果，在原有的 NARI Access 等软件的基础上，独立开发的新一代基于 Windows NT 或 Windows 2000 操作系统的计算机监控软件。该软件的设计遵循了 TCP/IP、ODBC、Active X、IEC-1131-3、COM/DCOM（组件对象模型/分布组件对象模型）等国际标准，采用了 SQL 商用数据库、C++、Office 等被广泛支持的商用软件工具，因此具有良好的开发性和可扩展性。自从 1999 年 EC2000 软件推出以来，目前已被 60 余家水电厂或泵站采用。

EC2000 软件技术上最大的特点是采用了面向对象的方法，在系统设计、编程语言选择、用户界面等各个方面都面向对象的理念、原则和技术，为用户的使用和维护提供了极大的便利，其主要优点如下：

（1）操作直观方便。操作员面对的是自己熟悉的设备对象，打开对象即可看到有关参数及工况信息，而无需关心内部的数据运算及处理细节。

（2）操作员可以直接在接线图上选取对象进行操作，而相应的对象处理软件能自动根据现时工况给出允许或禁止操作的明确提示，从而降低了出现误操作的可能性。

（3）信息处理更加理性化。现场信号与相关对象建立起了映射关系，而不再作为独立的信息出现。一旦有信号发生，系统会自动根据关联设备的状态来综合判断该信号的处理对策，而不是孤立地、机械式地予以处理，从而摒弃了不必要的报警等不合理的、非理性的信号处理方法。

EC2000 软件的其他功能特点还包括丰富的图形显示界面、可视化的顺序控制流程、智能化报警处理、灵活的光字显示及查询功能、Web 浏览及远程诊断（RAS）功能、关系型历史数据库、完善的 AGC/AVC 功能等。

4. NC2000 软件

NC2000（NARI Access plus）软件是国家电力公司自动化研究院自控所（南瑞自控）开发的具有真正跨平台（UNIX/Linux/Windows）风格的计算机监控系统软件。与 EC2000 软件类似，NC2000 软件也采用了面向对象的技术，由此带来的优点这里就不再重复了，下面主要介绍其技术上的其他亮点，即分布对象计算技术和 3 层次客户/服务器结构技术。

将面向对象的思想方法应用到分布环境中，就产生了所谓的分布对象计算技术 DOC（Distributed Object Computing），它是解决当前基于网络的分布式应用环境中，由于系统的异构性造成的，数据信息和软件资源共享性差的问题的有效方法之一。所谓系统的异构性，是指构成系统的各硬件平台上所采用的操作系统软件，支持软件和网络通信软件各不相同，而水电厂计算机或流域/梯级调度中心的监控系统就是非常典型的异构系统，在这种异构环境之下，实现数据信息和软件资源共享是非常困难的。

针对这个问题，NC2000 使用了 Sun Microsystems 公司的 EJB（Enterprise Java Beans，企业 Java Beans）/RMI（Remote Method Invocation，远程方法调用）分布式对象计算架构标准。该架构标准是分布式对象计算技术领域的 3 大架构标准之一，采用了以 Java 程序设计语言为主体的分布式对象架构，其主体 EJB 提供了 3 种与远程对象交互的机制，即通过 JDBC 接口协议访问数据库服务器；通过 IIOP（Internet Inter‐ORB Protocol）协议访问 CORBA 服务器；通过 RMI 访问 Java 服务器。由于 EJB 是使用 Java 语言开发的，因此其具有"一次编写，随处可用"的全面支持异构平台的特性，使这些 EJB 组件不但可以在任何平台上执行，也能在不同厂商提供的容器内执行，非常适合水电厂计算机监控系统或流域/梯级调度系统的跨平台需求。

在具体编程实现时，NC2000 软件采用了 C 和 Java 两种程序设计语言。其中，在监控软件内核采用的是代码执行效率非常高的 C 语言，从而一方面保证了系统在实时监控中的响应性能，另一方面可以继承可靠性和稳定性都经过实践验证的已有源代码，缩短开发周期。而在其他部分则采用面向对象的跨平台程序设计语言 Java，这样就可以充分利用 RMI、JDBC 协议和 Java Beans 组件来建立具有异构平台特性的分布式对象计算的应用程序，从而在根本上解决了由系统异构性造成的数据信息和软件资源共享性差的问题。

NC2000 采用的另一项领先技术是 3 层次客户/服务器（Client/Server）结构技术。该架构基于一种先进的协同应用程序开发模型，其在客户端和服务器之间加入了一层或多层服务应用程序，从而将应用逻辑放在中间的服务层上，使应用逻辑与用户界面分开。3 层次指的就是客户端层、中间应用服务层、数据服务层，其中中间服务层是联系客户和数据服务的纽带，它响应客户端发出的服务请求，执行相应的应用任务，并对相应的数据进行处理或与数据库交互，用户不需要与数据库直接打交道。

3 层次客户/服务器结构技术应用于监控系统的优势在于以下几点：

（1）解决了不同技术平台上的系统之间实现互联的问题。

（2）数据库的并发连接不会因用户的增加而增加，而且客户端不需要安装连接不同数据库的客户软件。

（3）无需公开内部数据模式，从而保证了对其修改的自由度。

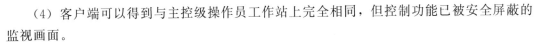

（4）客户端可以得到与主控级操作员工作站上完全相同，但控制功能已被安全屏蔽的监视画面。

NC2000 软件的其他技术特点还包括友好的图形显示界面、可视化的顺序控制流程、智能电话报警服务系统，面向对象的光字显示及查询功能，Internet/Intranet 上的 Web 浏览及远程诊断（RAS）功能，支持 ODBC、JDBC 接口标准的历史数据库，面向对象的分布式数据库，完善的 AGC/AVC/EDC 功能，电子表格化的报表子系统等。

采用 NC2000 软件的计算机监控系统已经在广东清溪、贵州红枫一级水电站、红枫梯级调度中心等单位投入使用。

5. CSCS‑H 监控系统软件

CSCS‑H 监控系统软件是华工电气开发的基于 Windows NT4.0 中文操作系统的监控软件，该软件采用 Visual Basic5.0 和 Visual C++5.0 全 32 位开发平台编程，应用 Client/Server 模式和分布式处理技术实现监控功能，且全部程序均采取面向对象的方法设计。该软件能够完成各层及各单元的控制功能，整个软件系统由以下基本软件模块组成：数据采集与处理软件、实时数据库处理软件、人机联系软件、故障事故处理软件、历史数据库管理与查询软件、交互式图形编辑软件、时钟管理软件、打印管理软件、通信软件、EDC（厂内经济运行）软件、AGC 软件、AVC 软件、主控机双机自动切换软件、自诊断软件、系统监视与维护软件、系统仿真与培训软件等。

该软件系统支持异型机联网，从而完全摆脱了对具体硬件平台的依赖，配置灵活，维护和扩展都很方便。CSCS‑H 软件还具有友善的全面汉化人机界面功能，操作员可以参与系统功能的二次开发，通过各自的工作站完成画面制作、画面显示、打印制表、参数设置和控制操作等功能。

采用 CSCS‑H 软件的计算机监控系统已经在云南昆明柴石滩水库坝后电站（3×20MW）、浙江青田大奕坑水电站（2×6300kW）等多个水电站投入使用。

6. SDJK 监控系统软件

SDJK 系列水电站计算机监控系统软件是水利部农村电气化研究所针对中、小型水电站的特点而自行开发研制成功的。它使用高级语言与汇编语言混合编程及汉化弹出式菜单结构，并采用了模块化软件设计方法，可以根据现场的不同需要对软件系统进行组态，其主要功能是对中、小型水电站的运行工况进行自动检测、监视、控制和保护，以实现对水电站的“四遥”，即遥测、遥信、遥调和遥控，具体包括实时控制、数据管理与显示、事故报警及事故追忆、事件顺序记录、统计计算、数据通信及打印等。

在人机图形界面方面，该软件提供了离线的图形画面文件生成与编辑软件，用户可以根据现场的变动或系统功能的再扩充，真正地离线生成，修改所需图形画面。用户还可以使用普通的编辑软件，根据自己的喜好和实际情况，简单方便地定义菜单，修改测控量的点号与内容。

在保证软件系统可靠性方面，该软件具有 3 个主要特点：

（1）具有容错设计，可以通过自动出错处理程序，过滤操作员的错误输入，而且一旦计算机外部设备不正常（如打印机故障）或由于某种意外原因造成死循环，程序能自动诊断并做出相应处理，从而能够自动恢复系统级错误，保证软件系统的持续运行。

（2）系统软件能够根据设备对上位机通信命令的不同反应（包括无反应），实时检测设备运行的状态。一旦设备通信不正常，系统能够直观地报告设备发生的故障，并自动初始化通信链接，力图恢复正常。

（3）针对系统突然停机，冷热启动或时间改动对数据库造成的破坏，具有实时数据备份和安全性检查等数据保护处理措施，一旦系统重新启动运行，系统能够自动读取保护信息，修补数据库，以保证系统的可靠运行。

采用该软件系统的 SDJK 系列水电站计算机监控系统已被浙江东阳横锦一级电站（2×4000kW），浙江淳安铜山梯级电站（一级 2×3200kW、二级 2×2500kW），河北迁西南关电站（2×4000kW），辽宁本溪松树台电站（2×2500kW＋4×500kW），浙江开化齐溪电站（2×5000kW＋2×1250kW）等十多个中、小型水电站采用。

7. 其他监控软件

除了前面介绍的监控软件外，还有多种监控软件投入使用并取得了良好的运行效果，其中包括水利部亚太小水电中心开发的 DZWX 系列监控系统软件、长江水利委员会设计院机电研究所开发的 PSC－2100H 计算机监控系统软件、ABB 公司开发的 HPC 水电厂控制系统软件、西门子公司推出的 PROKON－LSX 水电厂监控系统软件等，这里限于篇幅就不予介绍了。

9.1.4.4　在三峡水电厂的典型应用

1. 三峡水电厂监控特点

三峡水电厂计算机监控系统由中国水利水电科学研究院自动化所设计和制造，采用 H9000 V4.0 系统结构。

针对巨型机组特大型电站的特点，充分采用当前先进的计算机、网络和自动控制设备技术上的最新成果，系统总体设计具有超前性。

继续采用分层分布和开放的系统结构和成熟、可靠的系统软件，尽可能采用计算机信息化领域成熟的标准技术，提高 UNIX 与 Windows 两个 H9000 平台软件的兼容性。

开展适用于特大型电站结构较为复杂的多层多机多网冗余系统结构的研究，升级完善系统内部数据规约设计，在全面分析计算监控系统数据命令流的基础上，采用数据分流和冗余技术，提高数据传输处理能力、可靠性和效率，满足巨型机组特大型电站在可靠性、实时性等方面的应用需要。

进一步提高系统结构和配置的灵活性与可扩展性，除运用于特大型电站的多层多机多网冗余系统结构外，也可根据用户实际需求配置成最简单的单机单网系统、冗余的双机双网系统，或配置成多厂站的复合网络系统。

继承和发扬 H9000 系统的成功经验，发挥在系统设计和软件开发方面的优势，尽可能地利用当代技术进步的最新成果，有所为有所不为，集中精力搞好应用软件的开发。

在保证控制系统安全性与实时性的基础上，完善历史数据库功能，充分考虑电站运行人员的习惯和需要，进一步提高系统的人性化水平，满足特大型电站对控制系统的运行和维护要求。

提高系统软件的灵活性与可靠性，系统功能应可方便地配置在网络中任意位置的节点上，并可被复制和重复使用，进一步完善开发工具软件系统，提高系统的可维护性。

2. 系统结构

系统结构采用分层分布式冗余多网络系统结构，总体结构分为两层：全厂控制层（PCL）和现地控制层（LCL），两层之间采用冗余的高速网络连接。

（1）系统总体结构。对于三峡右岸电站这样有着众多巨型机组的特大型电站，经过分析计算和试验研究，系统总体结构在厂站层和现地控制单元层的基础上，宜将电站监控系统厂站层进一步分为厂站控制层、厂站信息层和生产信息查询层；网络分为电站控制网、电站信息网和信息发布网 3 层，即整个系统采用三网四层的全冗余分层分布开放系统总体结构。

（2）网络结构。针对有着众多巨型机组的特大型电站，采用分层网络结构，分为电站控制网、电站信息网和信息发布网 3 层，可最大限度地隔离不同网络信息，减少相互干扰，网络的安全性和可靠性均得到了提高。此外，因为实现了网络信息分流，系统的性能也可显著提高。

水电站控制网，主要连接厂站控制层与现地控制层，用于传输与现地控制单元相关的实时监控信息，如 LCU 上行实时数据采集信息和下行控制命令等。

水电站信息网，主要连接厂站控制层和厂站信息层等有关设备。由于特大型电站规模巨大，信息量多，为了确保系统总体的实时性和可靠性，系统增设电站信息网，将与现场 LCU 控制无直接关系的网络信息从控制网分离，主要是与数据处理特别是历史数据管理有关的信息，如后台数据处理信息、历史数据备份操作、报表打印数据等，以减轻控制网的网络负荷，提高系统的实时性。

信息发布网，主要连接信息发布层有关设备。信息发布层通过网络安全单向物理隔离设备与电站信息网层网络连接。

在进行网络结构设计时，通过对星型网络结构和环型网络结构的对比及分析研究，开发者认为当系统网络节点集中分布在不同区域时，宜分布配置高性能主交换机，采用双千兆以太网环网结构互连，形成高可靠性的系统主干网络，而系统各区域的节点应分别采用双星型网络结构接入区域主交换机，双星型网完全可以满足系统可靠性方面的要求。如三峡右岸和地下电站监控系统主交换机之间采用双千兆以太网环网连接，构成系统主干双环网，厂站层设备和各 LCU 网络采用双星型网接入主交换机，形成紧密耦合的一个完整控制系统，这种星型网加环型主干网的结构，不仅具有星型网络配置简单灵活的全部优点，而且具有环型网的冗余链路，使网络系统可靠性得到提高。

环型网络结构具有双环自愈功能，可靠性很高，但网络节点不应过多，在电站监控系统中，只要条件许可，应尽量避免采用将所有 LCU 交换机和厂站层交换机组成大环网的结构，因该结构共用同一网络带宽且信息需逐级转发，不利于网络性能的提高，只适用于网络负荷较轻的系统，同时环网结构各 LCU 网络之间存在相互影响，LCU 投运时现场施工比较复杂。

（3）全冗余分布式实时数据库。为最大限度地保证系统的实时性与可靠性，H9000系统中实时数据库采用独具特色的全冗余分布式结构，即厂站层所有服务器与计算机均配置有完整的全厂实时数据库，并通过冗余配置的高可靠性网络实现实时数据库的实时同步刷新。各服务器与计算机可通过本机配置的实时数据库实现数据更新、画面显示，控制调节，各类报警、操作记录检索，综合统计计算，管理指导和事故分析等功能。并通过数据库复制和全数据召唤传送等手段，有效地解决了冗余分布式数据库结构的同步和一致性等问题，实时数据库常驻本机内存，使系统具有很高的实时性能。

采用全冗余分布式数据库结构可有效地避免 C/S 模式中实时数据集中存放带来的可靠性和通信瓶颈等问题。C/S 模式只能满足中、小型电站监控系统的运行要求，对于大型和特大型电站，随着厂站层配置的服务器与计算机节点的增加，也就是客户数量的增加，系统性能将急剧下降。

（4）软件结构。吸收采用面向服务的分布式系统架构的优点，监控系统功能软件结构清晰简洁，除完整齐全并标准化外，各系统功能还可以方便地在网络中任意位置的节点上进行配置，并可被复制和重复使用，既可独立运行也可协同工作，使系统软件的灵活性与可靠性都得到了提高。

系统功能分布在系统的各个节点上，每个节点严格执行指定的任务并通过系统网络与其他节点进行通信，某个设备故障只影响系统的局部功能，采用冗余配置时，单个设备的故障不影响系统功能；现地控制层各 LCU 可与全厂控制层离线独立运行。系统中全部冗余设备的检测及切换由软件自动完成，必要时也可通过手动切换，切换过程无扰动。

对于特大型电站，系统网络采用电站控制网与信息网分离的模式，合理分布系统负荷。重要控制设备与控制网连接，管理辅助设备与信息网连接，避免了管理信息对控制网络的影响，确保系统控制功能的实时性、安全性和可靠性。对于常规电站通过简单配置控制网与信息网可采用同一套网络设备，H9000 V4.0 所有系统功能和性能均不受影响。其系统功能软件结构如图 9.1 所示。

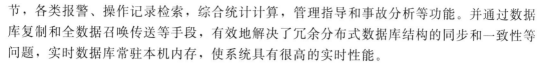

OIX 监控人机接口界面				WOIX 信息发布浏览界面	
H9000 应用软件	H9000/Bascline 基本应用软件 DPPS DPS LAN DMS PLC SMS Hvoice	H9000/DB 数据库软件 RTDB HistA	H9000/A Plib 应用函数库 APlib Hislib	H9000/Toolkit 工具软件 IPM DEtool HReport DBgen PDC SimuGen	H9000/APS 高级应用软件 AGC AVC EDC Simulog
H9000 数据库平台	实时数据库			历史数据库	
系统软件	操作系统 UNIX/Windows	通信软件 TCP/IP	图形系统 GTK X/Motif MS/GUI		编程语言 ANSI CC++Net C# PB
	32/64 位工作站/服务器				

图 9.1　H9000 V4.0 系统功能软件结构

3. 主要新功能

系统新功能的开发，是紧密围绕三峡等特大型电站对控制系统可靠性、安全性及实时性等方面的具体要求进行的。

（1）特大型电站海量数据的高可靠性、高实时性采集与处理。通过与国外设备厂家的技术合作，对巨型机组的数据采集与控制等关键技术进行深入研究，确定了采用多线程并行网络通信技术的方案，彻底解决了巨型机组信息采集点多，通信数据量大而导致的实时性问题。

系统还首次采用多服务器负荷平衡管理与互备冗余技术，有效地提高了数据采集的可靠性与实时性，同时通过冗余优化策略的研究，实现了网络和 CPU 的快速自动切换。

此外，系统在高数据精度、丰富数据属性、数据趋势报警、三态点及智能报警处理等方面的研究开发，显著提高了系统的数据处理功能。

系统针对特大型电站海量数据的高可靠性与高实时性采集，采取的主要技术措施包括：采用主进程＋多子进程＋多线程技术；按数据类型的多 TCP/IP 连接并行工作模式；数据扫描周期的多数据传送请求与处理；多数据采集服务器的负荷平衡管理与互备冗余（各服务器同时工作分担负荷，并相互备用）；采用冗余优化策略，实现网络和 CPU 的快速自动切换。

在数据处理功能上，系统进行了以下改进：高精度、宽数据表示范围（浮点、4 字节整型数）；数据趋势报警；丰富的数据属性定义（事故/故障/重要点/语音报警点/统计点等）；灵活的三态点处理功能；分类的数据记录区（事件区；未复归报警区）；智能报警功能（条件闭锁）；完善的重复报警处理机制。

（2）全冗余的系统网络通信。在该系统中，通过数据包编号、冗余传输等技术方法，实现了完全的双网冗余，保证任何节点只要有一个网络正常即可实时收到全部数据，且无网络切换时间和数据丢失，保证了系统各节点实时数据库和记录区的实时性与可靠性。系统在主机和网络故障状态的检测功能与切换速度方面也有了显著提高，保证了系统和网络的可靠性。

系统实时采集服务根据配置对主要设备的运行状态和运行参数自动定时进行采集，并做必要的预处理、计算，存于实时数据库，为提高监控系统的实时性，减少数据传输量，实时数据采用不变不送加定时全送的方式，对模拟量无变化时不传送，当变化超过传送死区或数据品质有变化时传送；状态量有状态变位或数据品质有变化时才传送，同时当达到定时周期时进行全数据传送，更新监控系统实时数据库。

（3）可靠的控制操作。该系统针对特大型电站控制设备多的特点，在原操作用户权限的基础上增加了操作员站控制范围设定功能，可对每台操作员站操作控制的设备进行设定，便于水电站实现运行管理。

为防止多台操作员工作站对同一设备同时操作，该系统开发了操作对象锁定功能。当某台操作员工作站对某一设备操作时，通过设置锁定标志，其他操作员工作站对该设备操作系统将给出相应提示，并闭锁其对该设备的操作。

系统中所有控制命令均带有时标，除进行命令条件闭锁外，PLC 对接收到的控制命令进行时限判断，超时命令将被拒绝并自动取消；同时对所有命令操作成功、失败的结果进行记录，满足控制的高可靠性要求。

（4）新型人机联系。系统采用开放的图形硬件平台，OIX 人机界面软件基于最新的 GTK 图形标准，具有程序编程代码运行效率高、可在 UNIX 和 Windows 两个平台下运行的特点，不仅保持了 H9000 系统在数据模型及数据代码兼容的特点，而且实现了平台之间图形系统源代码级的兼容，避免了采用 Java 语言存在运行效率和稳定性等方面的缺陷，使系统本身在跨平台兼容性方面前进了一大步。

新的 OIX 软件界面新颖、美观、大方，人机界面非常友好，保持了该系统面向对象操作的特点。系统支持多屏、多窗口显示，全鼠标驱动、多窗口无级缩放、矢量汉字，数据状态等信息可采用丰富的色彩库、三维符号图形库、字符库、动态曲线、表格等方式表示，立体三维、实时动画等多媒体图形功能更加丰富多彩，还可方便地采用专业图形表示电站的运行状态，如模拟仪表、发电机 $P-Q$ 图、闸门水位图等。

报警处理记录充分考虑运行人员的习惯，将事故信息与其他信息自动分开显示，并提供多种跟踪查询搜索功能及调试手段。对于任何报警信息，运行人员通过鼠标单击可方便地查询该报警点的全部相关信息。在重要设备操作时，不仅可以监视有关操作过程，而且可以通过逻辑图直观地监视影响这些操作的条件，系统中增加了控制对象数据类型，在操作员工作站上可以很方便地完成设备控制操作，查看到与控制对象相关的所有实时信息。

系统还提供 IPM 交互作图、交互制表、全组态功能软件，用户可以根据需要制作自己风格的人机界面。

（5）Web 信息发布技术。H9000 V4.0 的信息发布系统由 Web 信息发布服务器软件加 WOIX 软件构成，客户端采用 IE 浏览器，监控系统的画面可转换为 SVG 格式在 Web 站点上展示，动态缩放，提供多种动态效果展示生产过程。管理信息系统不再需要与监控系统进行复杂的数据规约转换及数据通信，也不需要存储和管理这些数据，只需在用户内部信息网上建立一个链接，访问监控系统的 Web 服务器即可，极大地简化系统的开发与维护工作。

（6）开放的报表定制。由于报表的内容随现场需求及管理模式而变化，要求报表能很方便地生成与修改。对用户开放的报表系统是计算机监控系统长期存在的一个薄弱环节。

为了提高监控系统报表的开放性与友善性，该系统增加了 HReport 通用报表软件子系统。它根据电力生产企业的需要建立报表数据与周期模型，以 Microsoft Excel 自动化技术、OleDb 数据库访问技术及 XML 技术为基础，在 Net Framework 平台上构建 Excel 插件，将报表生成逻辑及数据库访问嵌入到 Excel 界面，利用 Excel 强大的编辑功能，完成报表静态部分的编辑，如表格列宽、行宽、边框样式等。通过将查询变量关联到 Excel 的样式，完成表格动态数据格式的定制，如字体、字号、颜色等。

HReport 的主要功能是报表模板制作、报表查询及管理，包括用户管理、模板管理、数据库配置、数据查询、数据曲线、目录树管理、报表周期定义、报表样式管理等 8 个功能模块。

HReport 报表系统简化了复杂的报表定制生成过程，用户界面友好，任何熟悉 Excel 和生产过程的用户经过简单培训，均可快速生成电厂的绝大部分生产报表，并对报表进行方便有效的管理查阅。HReport 生成的报表与 Excel 电子表格和 SVG 文档完全兼容，可通过 Excel 访问或通过 Web 信息发布系统向外发布。

（7）HistA 历史数据管理系统。HistA 子系统完成 H9000 V4.0 的历史数据存储、查询与维护管理功能，以 Oracle 等商用数据库为后台数据库，B/S 与 C/S 相结合的体系结构，不仅可将实时数据按不同周期自动存入历史数据库，形成各类报表数据，而且可以将各类报警信息、趋势记录等自动存入数据库，形成各类报警记录历史数据。历史数据包括各类报警信息、温度趋势分析记录、相关量记录信息、重要运行工况转换记录、各种历史曲线和报表数据等。

　　HistA 子系统支持不同的后台关系数据库系统，与 H9000 系统实时数据库的运行维护协调一致，具有方便、高效的商业关系库数据表结构设计和通用开放的商业历史库接口，通过采用数据组包技术、数据压缩和数据插值技术实现了大容量秒级数据存取。

　　三峡右岸电站首台机组于 2007 年 5 月 21 日下午 12：58，由 H9000 V4.0 计算机监控系统自动开机并成功并入电网，经过 72h 试运行后直接进入商业运行，标志着 H9000 V4.0 计算机监控系统的成功投运。几年来的现场运行实践表明，H9000 V4.0 系统结构合理，功能完善，人机联系友好，操作方便，系统稳定可靠。

9.2　软件的可靠性设计

　　我国水电厂计算机监控系统应用开发 30 多年来，其规模越来越大，计算机系统的配置也越来越高，因此要求其硬、软件运行的可靠性也越来越高。对于计算机系统硬件可靠性，由于可靠性技术已有 50 余年的发展历史，冗余技术、差错控制、故障自动检测、容错技术和避错技术等可靠性设计技术已经成熟，以及大规模、超大规模集成电路被采用，可使整机的可靠性大体上每经过 6 年就提高 10 倍。相比之下，软件可靠性的研究只有 20 多年的发展历史，加上软件生产基本上仍处于作坊式的手工制作，其提高软件可靠性的技术与管理措施还处于不十分完善的状况。由于计算机系统规模的迅速扩大，软件结构也越来越复杂，其复杂的程度对软件可靠性的影响也日益明显，通常在对软件制定技术要求时，较多地注重控制的实时性、结果的正确性及人机界面的友善性等，而在某种程度上容易忽略软件的可靠性，当然这也与目前缺少一些对软件可靠性的评价和界定标准有关。

　　通常认为构成软件产品的三要素是软件功能、软件质量和软件价格。软件质量与传统制造业的产品质量一样，受到生产（设计）过程中各种因素的制约，包括在开发时采用的技术、开发人员的素质、开发过程中的质量控制，以及开发时间、开发成本等。然而，软件产品又有与传统制造业产品不同之处，其特点为：①抽象性：它没有形体，没有物理化学性质，不像传统产品那样独立存在，它寄存于介质（硬件）上；②复杂性：软件产品内部结构比传统制造业的产品更为复杂；③多样性：没有完全相同的软件；④易变性：软件在开发过程中以及交付使用后常常会因各种原因而修改，甚至结构、功能发生根本性的变化；⑤软件需求难以把握：软件开发常常会出现用户需求不明确，在开发过程中需求不断变更等情形。软件的生产不能像硬件那样上生产线完成，因而表现为更多地决定于人的因素，即开发人员的素质、当时的精神状态、对技术要求了解的情况和深度等。目前还没有一种理想的软件可靠性的验证方法，也没有关于软件可靠性的完整理论体系，采用简单的冗余方法并不能提高软件的可靠性，基于这些原因，有人认为目前的软件可靠性要比硬件的可靠性低一个数量级，因此更应予以重视。

　　软件质量分为内部质量、外部质量和使用质量 3 部分。内部质量是指产品属性的总和，决定了产品在特定条件下使用时满足明确或隐含要求的能力；外部质量是指产品在特定条件下使用时满足明确或隐含要求的程度。内部质量和外部质量具有 6 个特性，即功能性、可靠性、易用性、效率、可维护性、可移植性。使用质量是指软件产品由指定用户在特定的使用环境下达到满足有效性、生产率、安全性及满意度要求的特定目标的能力。使用质量的基础是用户观点的、包含软件在内的、环境的质量，而且是通过在该环境中使用此软件的结果而不是软件本身的属性来测量的。

软件质量必须在设计和实现中加以保证。软件测试是发现和排除错误的重要手段。软件测试包括程序的找错、确认、修改和评估，其中确认和评估两个环节的意义和难度更引人注目。软件测试应尽量避免采用手工作坊的方式。软件测试的方法学和管理学也应引起软件开发、软件测试和开发管理人员的格外关注。本章后续内容将讨论影响软件可靠性的因素、软件的可靠性设计方法、提高软件可靠性的途径、软件测试的方法及软件测试自动化的问题。

9.3 影响软件可靠性的因素及提高可靠性的方法

9.3.1 影响软件可靠性的因素

软件的可靠性是指在指定条件下使用时，软件产品维持规定的性能级别的能力。它反映了系统能正确实现各种功能要求的可靠程度，软件的可靠性高，就表示系统能实现各种预定功能的能力强，且在遇到异常情况时也能正确判断，给出提示或报警信息，几乎不会出现差错或死机现象。软件不会损耗和老化，是需求、设计和实现中的故障影响软件可靠性。由这些故障引起的失效取决于软件产品的使用方式和所选择的程序选项，而不是时间。软件可靠性包括成熟性、容错性、易恢复性和可靠性的依从性4个要素。成熟性是指软件产品为避免由软件中故障而导致失效的能力；容错性是指在软件出现故障或者违反其指定接口的情况下，软件产品维持规定的性能级别的能力，其中包括失效防护能力；易恢复性体现在失效发生的情况下，软件产品重建规定的性能级别并恢复受直接影响的数据的能力；可靠性的依从性则是指软件产品遵循与可靠性相关标准、约定或法规的能力。可以说影响软件可靠性的主要因素有两个，即由于人为的原因而引起的软件差错和软件对于一些异常情况的抵御能力，即所谓的容错性或鲁棒性。

由人为因素引起的软件差错，常常表现为以下几种情形：

（1）功能需求不完整。软件功能需求是由用户提出的。软件分析员根据用户提出的需求进行需求分析。软件需求分析是软件设计、软件测试、软件验收的依据。通常由于用户提出的功能需求不完整、用户在设备投运前需求有变化、技术要求说明不清楚或软件开发人员对需求的理解不同等造成软件差错。

（2）设计差错。可能由逻辑控制流程考虑不完善，如顺控流程数据处理的方法或算法有错误、数据缓冲区的定义过小或有重叠、模块输入/输出条件错误、对特殊情况的处理考虑欠妥以及对各种流程没有充分给足出路等原因引起。

（3）编码错误。常见的有初始化错误、指令或语法错误、数据类型和结构错误等。

（4）程序修改错误。在调试中对程序进行修改是较常见的，程序修改常涉及程序代码的多处修改，不能遗漏，否则可能改正一个错误而引发更多的错误。

（5）测试的局限。对程序进行测试也是一项技巧性很强的工作，但要穷尽每一种条件

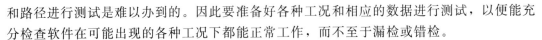

和路径进行测试是难以办到的。因此要准备好各种工况和相应的数据进行测试，以便能充分检查软件在可能出现的各种工况下都能正常工作，而不至于漏检或错检。

软件质量可以从两个角度来考虑：①使用者角度，主要体现为软件的功能性、可靠性、易使用性及效率；②生产者角度，主要体现为软件的可维护性、可移植性和可复用性。软件质量的影响因素从大的方面来看主要有以下 3 种：

（1）管理因素。管理因素包括组织机构与职责分工、项目管理、过程管理、产品管理（配置管理）等。在实际开发工作中，这几种管理因素往往交错在一起，互相影响、互相渗透。组织机构与职责分工的管理对象是人。大到企业，小到项目组，都需要有一个明确而行之有效的组织机构和职责分工，以便将整个开发过程中的最不确定的因素——人，有效地管理组织起来。项目管理包括立项、开发、实施、验收等各个项目进行阶段，在各阶段要进行进度控制、资源调度、成本控制、风险控制和人力资源管理等。过程管理的管理对象是软件开发中的整个过程，即软件过程。软件过程是生产软件的途径，不同的组织有不同的软件过程，而且不同的组织对软件过程中的各个阶段的重视程度也不同。软件过程大致可分为以下几个阶段：需求阶段、规格说明（分析）阶段、计划阶段、设计阶段、实现阶段（编码和测试）、集成阶段、维护阶段。软件过程管理是软件质量的最直接影响因素，也是目前国内外研究的热点。产品管理的管理对象是软件本身，这里主要是指软件配置管理。软件配置是指软件产品在不同时期的组合。软件配置管理对软件质量的影响是多方面的。软件配置管理的基本目标是在产品生存周期中对软件配置进行有效的管理。软件配置管理使得开发过程得到较好的控制，并且能够尽早地对项目的成功与否进行评价，以保证产品的修改是系统化的和完整的，并保持系统的一致性。软件配置管理有助于保证产品及其各部分在生存周期中是清晰的、易于跟踪和易于控制的。总之，用产品化的思想、方法进行软件生产和管理是提高软件质量的必由之路。

（2）技术因素。这包括软件分析、设计、实现的技术方法和技术手段等。选用不同的技术方法对软件产品质量有明显的影响。技术因素包括软件开发技术和应用领域技术等。软件开发技术涉及软件开发的诸多方面。比如，软件的实现语言。常见的开发语言就有数十种之多，不同的语言适用于不同的软件领域。显然，确定软件项目的问题后，选择适合的实现语言是保证软件质量的重要因素。

（3）辅助开发手段。这包括 CASE 工具、测试工具、软件配置管理工具等。一组合适的辅助开发工具将有效地提高开发效率，降低人为错误，保障软件质量；反之，若开发过程中不采用有效的辅助开发工具，将使软件质量过于依赖人为因素，缺乏可管理性和可靠性。

9.3.2　提高软件可靠性的方法

在明确了影响软件可靠性的因素之后，就可以有针对性地探讨提高其可靠性的方法。根据有关文献资料，采取的主要措施包括：开发全过程的质量控制、选择合适的开发方法、关于软件的复用、实现软件开发管理、完善的软件测试以及实现软件容错设计等几个方面。

1. 开发全过程的质量控制

在软件的开发过程中，有一种观点认为应在尽可能短的时间内来完成开发的全过程，以便能早日开始测试，从而实现软件开发的快速和高质量的目标。应该说这个观点并不很全面，原因是软件的差错随着软件的开发而呈现"扩散"的趋势，如果在每个阶段不能将差错控制到最小，以后的开发将是很困难的，因此软件的质量控制是既要重视全部开发工作完成后的总体测试，也要注意每个阶段每个模块完成后的分阶段测试。只有保证了前一阶段各种成果的正确性，才能保证最后成果的正确性，所以要尽量把错误消除在开发的前期阶段。

这里引入产品质量和过程质量两个概念，这两者都是软件质量的构成因素，前者主要是指有关软件成品的质量，包括上述各种文档、编码的可读性、可靠性、正确性以及用户需求的满足程度等，后者则包括一些与开发各个环节有关的质量。例如，所采用的方法和技术，参加开发人员的素质、层次和连贯性，开发的组织管理等方面的问题，在保证开发人员素质的同时，要保持开发人员的稳定性。

另外，软件质量还可分解成动态质量和静态质量，所谓动态质量是指与软件运行水平有关的评价，如平均无故障间隔时间、平均故障修复时间、监控系统资源的利用率和操作成功率等。而静态质量是表示软件模块化程度、程序编制的精炼和调用的简易程度、程序的完整性等。

2. 开发方法的选择

开发方法总体上说与技术发展水平有关，也可以说与所处时代有关。开发方法的不同对软件质量的影响也会不同。

作为一种知识密集型的工作，技术因素在软件开发过程中始终起着举足轻重的作用。这里所讲的技术包括开发过程的各个阶段的技术，如分析方法、设计方法、实现技术、测试技术等。

在应用软件开发领域，目前的主流技术包括 3 层（多层）：应用软件体系结构、中间件技术、面向对象技术（OOA/ OOD/ OOP），以及对象分布技术、组件技术等，这些技术相互关联，共同构成了新的主流计算模式。根据不同领域的应用特点和具体要求，可以选择不同的软件架构和实现技术。

3 层（多层）结构确立了"瘦客户端＋应用服务器＋资源管理器"的应用模式。这种层次划分并不是物理上的划分，而是逻辑结构上的划分。该模式使得客户端不需要驻留应用程序，可采用标准化软件，后端的应用逻辑实现（如程序）与资源存储（如数据库）相对分离，这样更能适应网络计算的需要，更能有效地提高软件的功能性、可维护性和易使用性。

中间件是一个独立软件层，它提供平台（硬件和 OS）和应用之间的通用服务，具有标准的程序接口和协议，从而避免了应用系统与具体平台之间的紧耦合。中间件技术包括消息中间件、交易中间件、对象代理中间件等，是 3 层（多层）结构的核心技术，应用服务器就建立在中间件技术基础之上。

面向对象技术包括了面向对象的分析（OOA）、设计（OOD）、实现（OOP）3 个方面。由于对象本身的封闭性、可继承性、多态性等特性，使得面向对象技术成为提高软件功能性（如安全性）、可维护性（如易更改性）、可移植性（如易替换性）的有效方法。面向对象的分析与设计（OOA&D）方法在 20 世纪 80 年代末至 90 年代中出现了一个高潮，UML 是这个高潮的产物。它不仅统一了 Booch、Rumbaugh 和 Jacobson 的表示方法，而且对其作了进一步的发展，并最终统一为大众所接受的标准建模语言。

分布对象技术和构件技术在应用领域还属于比较新的技术。分布对象技术目前主要应用在综合信息增值服务和嵌入式系统方面，而构件技术由于实现难度较大，目前尚未大面积推广使用，但它将是软件技术发展的主流趋势，因为它能够使软件生产真正走上工业化、产业化的道路，从根本上实现软件复用，解决软件危机问题。另外，还有一个技术领域值得关注，就是软件自动化技术。这种不依赖于人的软件生产技术，将使软件生产过程和软件质量更加可靠。

3. 关于软件复用

在软件开发中使用标准库程序或专用子程序是提高软件质量和可靠性的一项重要措施，前述的面向对象方法大量使用库程序也是其提高可靠性的一种方法。这些子程序一般只具有单一的功能，解决一个问题，但有完善的调用条件和输入/输出约定，特别是数据的类型、数据的合理性检查等。以上这些复用实质上是代码复用，真正的软件复用是部件（Component）的应用，包括 COM/DCOM、CORBA 等的应用，使得软件复用更为方便，甚至不需再进行编译，实现了真正的软件复用。软件复用是最大限度地复用现有的成熟软件，提高开发效率，缩短开发周期，更主要的是提高软件的可靠性。软件复用的概念还适用于开发思想和开发过程，知识、文档、工具和标准的复用等。

4. 容错技术

上述先进的软件分析与开发技术，都只属于避错技术。然而，无论使用多么高明的避错技术，也无法做到完美无缺，这就需要采用容错技术，以使错误发生时不致影响系统的特性，对用户的影响也能限制在容许的范围内。具有容错功能的软件，在一定程度上，对自身错误的作用有屏蔽能力，也能从错误状态自动恢复到正常状态，发生错误时仍能完成预期的功能。

实现容错技术的主要手段是冗余，它包括结构冗余、信息冗余和时间冗余。结构冗余就是说由多个人同时用不同方式开发功能相同的模块，运行时通过表决和比较，以最多结果为系统的最终结果，借此来屏蔽系统中出现的错误。信息冗余是以检测和校正信息在运算或传输中的错误为目的而外加的一部分信息，如奇偶码、定重码、循环码等冗余码制式，可以发现甚至纠正通信和计算机系统中的错误。时间冗余法是以重复执行指令或程序来消除瞬时错误带来的影响，当有错误恢复请求信号时，重复执行该指令，但如果重复执行仍然无效，则发出中断，转入错误处理程序。

5. 使用和优化辅助开发手段

有了管理、技术、行业知识，似乎就可以预期拿出一个理想的产品。但软件毕竟是一种特殊的产品，其质量好坏会受到各种因素的影响，包括一些不可预知的因素。要使软件质量是可受控的，必须在开发过程中和开发完成后使用各种质量保障手段和工具来保证和检测软件质量。

常用的辅助开发手段包括软件分析工具、建模工具、集成编译环境、测试工具、软件配置管理工具、开发平台及软件可靠性评估工具等。

目前，CASE 工具普遍用于软件生命周期的各个阶段。例如，在开发过程的前期阶段（即需求、规格说明、计划和设计阶段），给开发人员提供帮助的 CASE 工具有时称为高层 CASE 或称前端工具；而那些辅助实现、集成、维护的工具称为低层 CASE，或称后端工具。这些工具的使用对文档的编制与控制、实现的效率与质量都产生了明显的好处。另外，基于开发平台进行开发是个好的方法。通常一个开发平台应包括支撑环境、原型系统、函数（或构件）集、开发工具、模板等，更完整的还包含领域知识及相关逻辑实现。它可以极大地提高开发效率，降低质量隐患。

9.4 水电厂监控系统软件的可靠性设计

水电厂计算机监控系统的可靠性是系统设计、研制、运行、维护人员共同关心的问题。水电厂监控系统，特别强调要满足实时性、可靠性、安全性、可维护性、可扩充性等要求，并能在恶劣环境下完成数据采集和处理、控制和调节、诊断、通信及信息管理等。经过 20 多年引进和开发研究，我国水电厂计算机监控系统已由引进系统为主逐渐转化为以国产化系统为主。监控系统的国产化首先就是监控系统软件的国产化，所以针对水电厂的特点和无人值班的要求，高可靠性的计算机监控系统软件的开发具有重要的现实意义。

水电厂计算机监控系统的运行实践表明，监控系统的大多数故障与软件的设计和运行有关，尤其在系统运行稳定期，计算机系统硬件可靠性很高，此时的系统故障几乎都由软件引起。所以，很有必要对监控软件的可靠性进行研究，并采取行之有效的技术措施和管理措施来确保软件运行的可靠性。以下是在实践的基础上总结出来的几点经验。

1. 建立有效的质量保证体系

坚持软件工程开发生命周期的思想，按照部颁《水电站计算机监控系统设备技术要求》，采用结构化、模块化的开发方法，因而在设计效率、设计质量和可维护性方面均可取得良好的效果。为了保证监控系统的可靠性，应建立起一套设计、编码、测试组成的完整的质量保证和研发体系，对研发过程的进度和质量进行控制，要有配套的技术手段对开发过程进行监控和管理。对于计算机监控系统的软件结构设计，应从人机界面、数据库、网络通信、数据接口、数据采集及处理、实时控制、系统诊断、功能要求（如 AGC 和 AVC）等多方面加以考虑。

2. 加强系统的基础结构

在设计水电厂计算机监控系统时必须全面考虑先进性、可靠性、实时性、适应性、可扩充性、可维护性等多方面的要求。应采用高可靠性的系统结构，集中与分布相结合的开放系统环境，软件开发与硬件开放的模式相结合，从而使监控软件标准化和通用化，满足对各种规约的支持性和开放性要求。只有软件、硬件结构的合理配置，才能实现系统的高可靠性。软件模块应包括下位控制软件、通信软件和上位监控软件。软件应具有适应性强、操作简单、调试方便等特点。监控系统已不仅仅停留在 SCADA 系统的水平上，而在向更深层次发展。无人值班水电厂对其可靠性要求更高，特别强调其通信可靠性和四遥功能、电话语音报警及远方信息查询功能。操作系统应采用实时多任务操作系统，以符合国

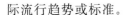

际流行趋势或标准。

3. 软件的结构化设计

结构化软件设计是软件可靠性的重要保证。传统的结构化编程思想追求单输入单输出的程序结构。换言之，一个好的结构化程序应由 3 种基本结构所组成，即顺序结构、选择结构和循环结构，尽量少用或不用直接转向语句。这种结构化编程技术只不过是当代结构化软件开发技术的一个组成部分，且仅仅适用于软件生命期的编码阶段，而结构化软件设计技术贯穿于软件开发的全过程。

首先，根据自上而下的结构化设计原则，对软件需求规格说明书中规定的整体任务进行分解，即将整个软件系统划分为一些独立组成的子系统。系统的划分原则如下：

（1）每个子系统完成一项独立的任务。

（2）除了公用过程子系统外，各子系统是高度独立的功能块，它们之间既无数据联系也无控制联系。

（3）公用子系统与其他子系统的关系只是简单的调用关系。

（4）系统可通过主控程序指挥各子系统完成规定的子任务。

然后，根据模块化设计原则，分解各子系统为一些独立组成的模块。确定模块的标准是：

（1）每个模块具有独立的功能。

（2）模块之间联系程度弱。

（3）模块的信息隐蔽程度高。

最后，用逐步求精技术对模块进行结构编程，从而获得结构良好的源程序。

另外，在软件设计过程中，还要注意运用结构化描述工具将整体软件系统、各子系统和模块的结构、功能及其通信接口一一表达出来，为软件测试阶段和维护阶段提供依据。

4. 采用面向对象技术

面向对象技术包括面向对象的系统分析、面向对象的数据库技术和面向对象的软件技术。面向对象技术是一种生命力极强的软件设计技术。在面向对象编程（OOP）中，对象是由类定义的，而类是一种用户定义的数据类型。OOP 中最重要的 3 个概念是封装、继承、多态性。支持数据抽象机制，可以实现高度模块化，编制、调试、扩展相对简单，可靠性高，能够大幅度降低开发成本。尤其是面向对象的数据库编程，使数据的可操作性和安全性大大提高。面向对象提供了一种崭新的思维方式，对于不支持面向对象的编程语言，如汇编、Fortran、C、PL/M 等，如能按照面向对象的思维方式进行设计，也能从中受益。监控系统总的发展方向是由面向功能向面向对象发展。

5. 建立设计、开发与运行各方的密切协作关系

由于软件开发的特殊性及保密的要求，一般情况下，设计单位只提供监控系统被控对象的工艺流程等配合资料，很少参与软件本身的开发，这就影响了系统的开发和完善。在厂家为运行单位开发源程序时，运行单位的专业人员和设计人员一定要参与进去，及时纠正程序中的流程错误。用户在计算机监控系统开发、投运过程中的参与程度，直接影响其系统的实用性，某些功能的完善往往需要开发人员和运行人员的紧密合作才能完成。

监控软件本身是一个很大的系统，不可能由一人完成，其软件开发也存在协作问题。

软件规模越来越大，需对团队开发和版本控制技术加以研究，基础、功能、用户各方由不同的人员完成，可充分发挥开发人员的潜能，提高软件的可靠性，使软件开发由作坊式向产业化方向发展。

6. 软件滤波技术和控制算法的研究

用软件的方法提高系统自身抗干扰能力是一种经济有效的方法。软件滤波技术是提高监控系统抗干扰能力、使系统稳定可靠的重要软件技术措施，它可补偿各种变化带来的系统扰动，有效滤除输入噪声。软件滤波技术是指应用自适应的滤波算法，通过数字滤波、正确性判断、参数补偿、非线性校正和标度变换等措施去除附加的干扰信号，用软件的方法抑制信号干扰，保证测量结果准确可信，并配合误差处理程序对结果进行修正。软件滤波毋需增加硬件成本，可靠性好，稳定性高。根据干扰的性质，可采取不同的对策。如对于工频电网电压的串模干扰，采用工频整形采样，软件自动校正工频串模干扰误差，可有效消除周期性干扰，特别是工频及其倍频干扰。对于传感器通道中的干扰信号，可采用数字滤波的方法，如算术平均值法、中值法、惯性滤波法、低温滤波法等。对开关量可进行多次重复检测，采用多数表决的方式决定其输入值，在输入检测时，采用多次读入取平均值的方法。对于脉冲信号可用脉冲宽度来判断其是否可靠。用软件的方法还可实现误差的比较。软件滤波功能可以减少接点抖动对数据采集的影响，软件去抖可有效消除遥信的误动、误报。定时校正参考点电位，并采用动态零点，可有效防止零点漂移。对于无法克服零漂的可通过硬件产生零漂补偿信号进行控制；对不能有效补偿的，应立即报警。为了提高系统的响应速度，还应有相应的硬件滤波功能配合。

运行在实时环境中的监控软件，对算法的鲁棒性、计算精度、计算速度、计算结果合理的组织及软件的易维护性等方面都有更严格的要求，特别是在模块的有机互联方面要求更高。因此，应加强对控制算法如水轮机调节的改进 PID 算法和状态反馈控制方法的研究。控制结构和调节算法对提高装置的调节性能有决定性作用。如采用模糊数学方法可有效提高保护动作的可靠性，提高保护的抗干扰能力。按对象特性和成本要求合理选择采样周期，形成多采样周期的计算机控制系统，可经济合理地分配系统资源，实现高品质的调节过程和调节性能。

7. 应用冗余容错技术

所谓容错，是指对故障的弱化。如果系统能够依靠自身的能力保持正确地执行程序，则称系统具有故障容错能力。冗余技术是故障容错的重要措施，它可分为硬件冗余和软件冗余。冗余又分为 n 中取 r 冗余、并联冗余、备用冗余。为了提高系统的可靠性，往往采用冗余容错技术，即允许系统出现故障，但这些故障对系统产生的不良影响可以通过将更多的资源融入系统，即采用冗余的方法使系统在出现故障时也能正常运行。这种方法的特点是使系统不致因发生故障而瘫痪失效，而能维持系统的正常或准正常运行，避免灾难性损失。冗余容错技术是根据系统可靠性并联的原理所采取的工程措施，合理和广泛地采用冗余容错技术是经济地提高系统可靠性的重要途径，使故障模块脱离系统，离线修复后再恢复运行，从而使系统的无故障时间大大延长。

8. 应用适当的数据库故障恢复技术

监控系统是以实时数据库为核心，配以图形界面和网络软件，完成实时状态和电气参数的接收、存储和显示。实时采集到的各种信号按其重要程度，可形成不同级别的报警并通过显示器、警铃或其他通信设施通知运行人员、相关领导和事故处理人员。事件状态及所有操作都被实时记录下来，形成历史数据库，为以后的安全经济运行提供第一手资料。因此，数据库在监控系统中具有重要作用。

对于连续运行的监控系统，应考虑数据库破坏对其可靠性的影响，采用支持故障、自动恢复的软件技术和补救措施。数据库的故障恢复技术是指数据库从各种病态或故障中恢复过来的方法。数据库的故障恢复技术主要有备份转储、映象、装入/卸出等。实时监控系统中往往采用双系统或多系统运行的系统同步存储复制技术，这对于数据库的保护是十分必要的。另一种数据库恢复技术是介质备份的装入/卸出机制，数据库管理员通过不同的卸出模式（如全卸出、增量卸出、累计卸出），按照备份制度和具体备份的要求定期卸出数据到安全的存储介质上，以备故障时予以恢复。

9. 采用软件自恢复技术

由于电磁感应、静电、电磁噪声等干扰的存在，可能对系统造成影响，如出现死机、数据采集误差加大、数据发生突变等现象。这时就需要自恢复，以免引起整个系统的不稳定。自恢复的方法主要有引导法、时钟检测法和强迫复位法。自恢复可以通过在各功能模块内设置看门狗来实现。看门狗处理语句包括在程序流程环的主环中，可有效地防止程序锁死、跑飞。程序中还应定期进行输入通道、出口、时钟、整定值、通信等检测，保证监控系统的正常工作。应合理地选择看门狗的监控周期，选择时间太短容易引起误动作，太长则会影响系统的故障响应性能。同时，在设计时应考虑重要信息、累计量和初始参量的保护问题，采用校验和标志检测的方法，确认数据区是否被破坏。若数据不正确，则进入相应的初始化程序。对程序跑飞的处理还可以采用指令冗余技术和软件陷阱技术，在非程序区采用拦截措施，可有效地防止程序跑飞。当程序跑飞时，将程序强拉至正确运行位置。通过检查当前输出状态单元和循环自检特定部位或内存单元的状态标志，可有效地控制软件运行状态的失常。另外，还可使用定时中断来监视程序的运行状态，如程序进入死循环，定时中断服务程序可使系统复位。

10. 故障预防、预测、自检和闭锁技术

监控系统在正常运行过程中，由于外界干扰与软、硬件的不稳定，随时都可能导致故障发生，影响系统运行。系统应有完善的故障检测与处理功能、必要的容错控制运行能力和较高的数字化程度。干扰的来源可能有电源、信号通道或空间电磁波，可对输入系统、输出系统或软件核心系统造成影响。要从软件设计的角度，重视干扰可能对软件执行代码、流程和数据的破坏。应对数据的读写加以保护、检验、备份，减少数据受干扰的概率，即使数据出错也能很快发现并恢复。对输出接口应定期刷新，减少系统误动作的可能性。时钟不应受到干扰或掉电的影响。在系统运行过程中，不但要避免软件出现死循环、无法自恢复的问题，更要防止软件在执行过程中程序区代码或数据被破坏而引发错误命令的问题。系统从故障中恢复的关键是功能的模块化设计和数据的有效保护，各功能模块应有较强的故障自诊断能力。自诊断信息与采集数据一起周期性地传送至控制和调度中心，应自动校对保护定值，关键环节出错应自闭锁保护出口，并立即发出报警信号。如整个系统具备了完善的自检、互检功能和自诊断功能，就可进行在线或离线诊断检测，发现故障时及时报警并对冗余设备自动进行切换。对于遥控遥调操作，可采用软件和硬件配合的多重校核、回读和多级闭锁技术，确保操作的可靠性。软件闭锁功能可有效防止误操作和不正确的倒闸操作程序。二次设备检测的自动化，可全面实现软、硬件技术结合的全方位5防功能。预测、及时发现并有效地处理故障是系统连续可靠运行的重要措施。通过知识库和专家系统对知识进行加工处理，运用模糊理论和证据理论进行推理，可对故障进行可靠、高效的诊断和报警。故障自检、自测功能是计算机技术所特有的、容易实现的功能，可以弥补硬件装置的一些缺陷，这一点常规装置难以做到。从发展的角度来看，系统不但应有在线自检、自诊断和自我保护、容错功能，还应具有远方维护和远程诊断功能。

11. 异常处理技术

没有人能保证编写的程序不会出现错误，退一步说即使程序代码本身没有任何错误或不妥之处，但由于和程序本身相联系的软件和硬件设备运行不正常，也会使程序出现错误。引起异常的设备包括但不限于操作系统、设备驱动程序、动态链接库、运行库和数据库驱动程序。异常是不可避免的，程序必须能捕获错误，并进行相应的处理。

12. 建立仿真培训系统

现场的运行维护水平一方面取决于运行人员素质，另一方面取决于对运行人员的系统培训。仿真培训系统作为对运行人员的培训手段，可获得实际系统故障的模拟数据。通过事故模拟诊断、系统模拟启停、监控管理等反复训练实际故障情况下的操作，加强学习培训和反事故演习，可提高运行人员处理事故的能力。

13. 调试技术

由于处理的I/O信号有成千上万点，系统逻辑关系复杂，软件流程及其保护、容错等编程复杂性等容易使程序编制出错。因此现场程序调试是不可避免的。如何缩短调试周期和保证调试质量是研发人员都关心的问题。软件调试和检验是监控系统现场投运的重要内容，由于软件开发的特殊性，现场投运调试难度大、时间长。测试一定要有非开发人员的参加，应进行常规测试、极限测试和特殊测试。系统投运后，应尽量避免在线再开发或修改软件，并应切断病毒感染通道。

14. 软件的可扩充性

应充分考虑与其他软件的接口问题，如能量管理系统（EMS）、水情测报系统、消防监控系统、大坝观测系统、关口计量系统、电力企业综合信息管理系统、工业电视监视系统、智能操作票专家系统等。

9.5　水电厂监控系统的软件测试

9.5.1　软件测试的基本问题

软件测试是使用为发现错误所选择的输入和状态的组合而执行代码的过程。对于一个应用系统的测试，有两种不同的角度：开发人员希望提供足够的证据来证明软件系统的功能是可行的，这便是基于规格说明的测试；用户则希望知道系统的缺陷，即找到错误。作为测试人员则要从这两个角度同时考虑，既要对系统已实现的功能提供证据，同时还要

找出系统不能做什么。一般而言，软件测试包含以下基本问题：

（1）如何对一个应用系统选择测试用例。

（2）依据怎样的准则对所选择的测试用例的覆盖程度进行评判。

（3）当系统有改动时，如何进行有效的测试用例修订。

目前对测试方法的研究基本上是针对这几个问题进行的。

1. 测试的主要任务

软件测试一般分为计划阶段、设计阶段、开发阶段、实现阶段和评估阶段。其中设计阶段和评估阶段是关键。根据各个阶段目标的不同，软件测试的主要任务如下：

（1）设计阶段。通过对系统的整体分析，提出有针对性的策略和规范，对系统输入空间进行合理的划分，据此来写出足够的、具体的测试用例。

（2）开发阶段。由于系统的规模庞大，测试用例的多样化，在执行时要考虑效率问题，所以需要开发必要的工具，在测试用例的选择、修订和完善上尽可能采用自动化的手段。

（3）实现阶段。代码完成后产品达到可靠性和稳定性阶段，也是产品的 Beta 版阶段。产品的质量将由该阶段测试实现程度来决定。

（4）评估阶段。根据设计阶段提出的准则对测试用例的覆盖程度进行评判，对测试的有效性及结果的可信性提供量化的依据。

2. 理解测试的局限性

在软件测试理论的发展过程中，有一个分支是程序正确性证明，即试图通过符号演算或理论证明的方法来证明程序的正确性，这种方法被认为在实践中是行不通的。无论是从理论上还是从经验上，都无法发现软件系统中的所有错误，一个软件系统必定存在着缺陷，软件测试必然有一定的局限性。

（1）输入/状态空间的无限性。对于一个很普通的程序，其输入域的集合就可能是一个庞大的数目。例如，程序需要输入 3 个整型数，可能的组合就有 $2^{32} \times 2^{32} \times 2^{32}$（假设计算机字长 32 位），即使计算机的速度足够快，也要花至少几万年的时间，所以不可能把所有情况拿来做测试；对于程序的内部路径而言，各种组合也是一个惊人的数目，再加上循环，情况就更复杂。所以，对于一个应用系统的测试不可能达到对输入/状态百分之百的覆盖，即不可能达到完全穷尽的测试。

（2）故障巧合性。一个成功的测试在于发现一个从未发现的错误，然而不是所有的错误都是如此合作的，大多数的错误可能会隐藏。对某种输入，错误的代码也可能产生正确的结果，具有巧合性。例如，对于 $X + X$ 与 $X \times X$ 的代码错误，如果取 $X = 2$，错误就不会被发现。

（3）系统缺陷的不确定性。针对大型软件系统，由于无法确切知道系统的缺陷数量及所在的位置，对修正这些缺陷而带来的新的缺陷也是不可预测的，所以对系统质量是不可知的。

3. 测试的特点

（1）软件测试是一门实践性很强的学科，任何有效的测试方法都是依赖于具体系统的。不同的系统所关心的侧重点不同，所以采用的方法也就不同。例如，网页系统注重界面的美观、正确性；实时操作系统则关注系统的反应能力与强壮性。

（2）软件测试的执行一般是在开发的后期进行，这就有一定的时间限制。然而，随着软件系统的不断扩大，测试用例集合在不断增加，要在规定的时间内完成有效的测试，开发自动的测试工具就变得非常重要。

（3）软件测试不可能发现软件系统的所有错误，所以系统中必然隐藏着一些缺陷，正是这些缺陷在实际执行过程中可能产生严重的灾难，因此，软件测试本身存在一定的风险。

9.5.2 软件的测试项目

软件测试是软件生产中的一个重要环节，也是软件生产中的一个难点。应该如何对软件产品进行测试和怎样才算对软件产品进行了必要的测试，一般认为既要参考各种相应的理论，更要结合软件开发的实际和自身条件来考虑，总体而言，软件测试应贯穿于开发的全过程，而不仅仅是在开发完成后进行一次测试就行了。

软件测试可以分为若干个小的阶段，阶段的划分标准有多种，通常可按软件开发的顺序生命周期模型（图 9.2）将其分为以下 4 个阶段：

（1）单元测试。由项目人员（程序员）完成。

（2）集成测试。由项目开发小组完成。

（3）系统测试。由专业测试小组完成。

（4）验收测试。由用户和开发商共同完成。

按图 9.3 所示设计，测试的 4 个阶段完全逆向检测了软件开发的各个阶段。

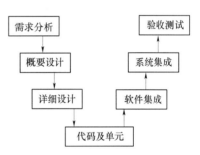

图 9.2　顺序生命周期模型

图 9.3　软件测试的阶段

单元测试 UT（Unit Test），指对一个软件模块的功能单元或子程序进行测试，属于最基础的测试之一，也是实现软件重用的一项重要措施，常常是由开发人员自测或互测。例如，接近硬件的模块要对硬件行为进行检查，输入模块应对输入数据的合理性进行检查等。单元测试主要测试程序代码。

集成测试 IT（Integration Test），主要是对一组模块或一个完整的功能软件进行测试。测试相互之间的配合、接口以及整体功能执行的情况，主要目标是发现与接口有关的问题。如数据穿过接口时是否正确、模块间数据和功能传递是否正确、各子模块组合起来后能否实现预定功能、个别看起来可以接受的误差是否会积累到不可接受的程度、全程数据结构是否有错误等。这是下一步系统测试的基础，通常也是由开发人员进行测试，必要时可由专业测试人员参加。

系统测试 ST（System Test），用于对整个系统的功能、性能进行测试，包括对异常输入数据等情况的测试。按照输入数据分布的概率随机选择输入数据来进行测试，这有利于软件满足用户全部工况正常运行的要求。

系统测试又可分为系统联调测试、出厂验收测试 FAT（Factory Acceptance Test）以及修正补充测试等，系统联调测试是在联调完成后由开发人员配合专业检验人员进行测试，实际上是功能实现的总检验，也是 FAT 的准备。FAT 则是由用户代表、专业检验人员进行的测试，用以确定功能、性能是否满足设计或合同技术条款的要求，是比较全面的测试。修正补充测试则是在 FAT 中发现软件差错后，由开发人员进行差错修改后重新进行的测试。

验收测试 SAT（Site Acceptance Test）则是在最终用户的现场进行的项目验收和投运前的最终测试，由用户代表和厂方代表共同进行，但往往是重点项目和关键项目的测试。

9.5.3　软件测试方法

软件测试的方法和技术是多种多样的，对于软件测试技术，可以从不同的角度加以分类：从是否需要执行被测软件的角度，可分为静态测试和动态测试；从软件测试过程中人的参与角度，又可以分为自动测试和手工测试。当测试所涉及的数据量、工作量非常大时，可以考虑使用自动测试工具，但编写测试用例仍要凭借测试人员的经验。自动测试并不能找到程序中所有错误，手工测试会比自动测试所找到的要多，更具有针对性；从测试是否针对系统的内部结构和具体实现算法的角度来看，又可分为黑盒测试和白盒测试。下面举例说明几种测试方法。

1. 黑盒测试和白盒测试

（1）黑盒测试也称功能测试或数据驱动测试，它是在已知产品所应具有的功能情况下，通过测试来检测每个功能是否都能正常使用。测试时，把程序看作一个不能打开的黑盒子，在完全不考虑程序内部结构和内部特性的情况下，测试者对程序接口进行测试，它只检查程序功能是否按照需求的规定正常使用，程序是否能适当地接收输入数据而产生正确的输出信息并且保持外部信息（如数据库或文件）的完整性。黑盒法着眼于程序外部结构，不考虑内部逻辑结构，只针对软件界面和软件功能进行测试，它主要用于软件验收测试。黑盒法是穷举输入测试，只有把所有可能的输入都作为测试情况使用，才能以这种方法查出程序中所有的错误。测试情况实际上有无穷多个，人们不仅要测试所有合法的输入，而且还要对那些不合法但是可能的输入进行测试。

黑盒测试的缺点是如果规格说明是不正确或不完备甚至是矛盾的，那么它就无能为力了。

（2）白盒测试也称结构测试或逻辑驱动测试，它是在已知产品内部工作过程情况下，通过测试来检测产品内部动作是否按照规格说明的规定正常进行，按照程序内部的结构测试程序，检验程序中的每条通路是否都能按预定要求正确工作，而不涉及它的功能。白盒测试的主要方法有逻辑驱动、基路测试等，白盒法是穷举路径测试，主要用于软件验证。

白盒测试的缺点是对于一些无法得到源程序的软件，难以对它进行测试。白盒测试也无法发现检验程序的外部特性以及发现程序的逻辑错误或遗漏。

Beizer 在总结功能测试和结构测试时指出："从原理上讲，功能测试能检测出所有的错误，但需要花费无限的时间；结构测试本质上是有限的，但即使是全部执行也不能测试出全部的错误。从某种程度上讲，测试的艺术就是在结构测试与功能测试之间如何进行选择。"

2. 面向对象的测试方法

在面向对象的软件开发中，将现实问题空间的实例抽象为类和对象，用类和对象的结构来反映现实问题空间的复杂关系，用类的属性和服务表示实例的特性和行为。所以对一个设计系统而言，行为是相对稳定的，而结构是相对不稳定的。所以对面向对象的测试是从类和对象的测试开始的，测试的方法不再是传统的输入/输出模型，而是有效的动作操作序列，不同的动作操作序列会产生不同的结果。测试用例的选择则是针对使用的一组组操作序列。对系统的图形用户界面 GUI 的测试充分反映出面向对象测试的特点。

3. 基于模型的测试

测试用例的选择问题可以看作是从庞大的输入/状态组合中，搜寻那些可以发现错误的状态及组合。如果不使用抽象的手段，有效的测试是不可能达到的。

模型化的方法被广泛应用于工程领域，模型是系统功能的形式化或半形式化的表示，模型必须支持输入/状态组合的系统枚举，虽然不能产生所有的输入/状态组合，但是模型可以帮助实现这一目的。基于模型的测试主要考虑系统的功能，可以认为是功能测试的一种，但是对基于构件的函数库系统的测试，前面列举的功能测试的方法是无法实现的，必须设计基于模型的测试。

模型体现了被测系统的最本质的关系，而且要比系统本身更易于开发和分析，一个可测试的模型必须提供产生测试用例的足够信息。所以可测试的模型必须满足以下几点：

（1）它必须是某种测试实现的完全和准确的反映，模型必须表示要检查的所有特征。

（2）它是对细节的抽象。

（3）它表示所有事件（状态模型），以便能产生这些事件。

（4）它表示所有的动作（状态模型），以便能确定是否一个必要的动作已产生。

（5）它表示状态以便由可知性的方法来确定已达到或没有达到什么状态。

4. 错误驱动测试

基于规格说明的测试（功能测试）仅能测试系统已实现的功能的完备性，而对系统缺少的部分却无能为力。在用户实际使用的过程中，会有大量的非法操作的输入，此时系统会不会崩溃？基于非法操作或错误的测试就是错误驱动测试。这种情况对操作系统软件尤为突出，由 Carnegie Mellon 大学研制的 Ballista 系统，就是针对操作系统的强壮性测试而设计的。

在对 Windows 操作系统的强壮性测试中，利用 Windows 提供的 API 函数，在操作系统中插入异常输入，再利用系统设定的 WatchDog Timer 和 Core Dumps 来评价系统的反应，分成 Catastrophic、Restart、Abort、Silent、Hindering 5 个不同等级。插入的异常数据包括系统内存管理、文件管理、输入/输出管理、进程控制等。该系统只利用操作系统提供的 API 函数进行操作，而不需要知道系统的代码。

5. 回归测试

软件测试就是一个不断发现错误和不断改正错误的过程。由于程序的复杂性，各个模块及元素（变量、函数、类）之间存在着相互关联性，所以对于改正的错误，还要进行再测试。一方面检查此错误是否真的修改了，另一方面检查此错误的修改是否引入新的错误，这就需要将测过的测试用例拿来重新进行测试，这就是回归测试。

回归测试可以应用于软件测试和软件维护阶段，用来验证错误修改情况，这称为改错性回归测试；同时在软件的增量式开发过程中，通过重测已有的测试用例和设计新的测试用例，来测试改动过（增加或删除）的程序，这称为增量性回归测试。

回归测试在重用已有的测试用例时，有两种方法：一种方法是"重测所有"以前的测试用例，这种方法对于系统规模较小，或系统改动较大的情况是可行的。但是对于测试数据较大，系统改动较小的情况，测试所有的数据会带来时间和人力的浪费，有时是不可能做到的，所以采用另一种方法：选择性回归测试。这样，会大大减少时间和人员的开销，同时又能保证系统的质量。

选择性回归测试的方法有很多种，包括线性方程技术、符号执行技术、路径分析技术、基于程序流程图的技术等。大多数技术都采用对程序结构进行再分析，找出改动了的程序部分与原有部分的关系，选取相关性最大的部分设计测试用例。这样又会有一个新的问题，就是对程序进行分析的花费与运行程序相比，哪一种代价更小。

Rothermel 和 Harrold 在 1996 年提出了对安全缩减测试包的评价标准。

（1）包含性（Inclusiveness）。缩减的测试包所揭示的回归故障与可能显示的回归故障的百分比。

（2）精度（Precision）。缩减的测试包所忽略的不能揭示的回归故障与系统存在的不能揭示的回归故障的百分比。

（3）效率（Efficiency）。识别一个缩减的测试包的成本。

（4）普遍性（Generality）。选择策略的应用范围。

据此，提出了一种搜索算法用于寻找源程序和改变了的程序之间的变化之处。利用程序得到源程序和变化的程序的控制流图，以深度优先进行分别搜索，得到变化（增加的或改变的）节点，选取原测试包中所有达到该节点的测试用例进行重新再测试。

9.5.4　测试用例

所谓测试用例就是输入、执行条件和一个特殊目标所开发的预期结果集合。它按测试目的不同可分为以下几种类型：

（1）需求测试用例。测试是否符合需求规范。

（2）设计测试用例。测试是否符合系统逻辑结构。

（3）代码测试用例。测试代码的逻辑结构和使用的数据。

需求测试用例通常是按照需求执行的功能，逐条地编写输入数据和期望输出。一个好的需求测试用例，可以用尽可能少的测试用例覆盖所有的程序功能。

设计测试用例检测代码和设计是否完全相符，它是对底层设计和基本结构上的测试。设计测试用例可能涉及需求测试用例没有覆盖到的代码空间（如，界面设计）。

代码测试用例是基于运行软件和数据结构上的，它要保证可以覆盖所有的程序分支、语句和输出。

需求测试用例、设计测试用例及代码测试用例所涉及的数据又可分为正常数据、边缘数据和错误数据。

（1）正常数据。在测试中所用的正常数据的量是最大的，而且也是最关键的。少量的测试数据不能完全覆盖需求，但要从中提取出一些具有高度代表性的数据作为测试数据，以减少测试时间。

（2）边缘数据。边缘数据是介于正常数据和错误数据之间的一种数据。它可以针对某一编程语言、编程环境或数据库管理系统而专门设定。例如，使用 SQL Server 数据库，则可把 SQL Server 数据库的关键字（如"AS"、"Where"、"Into"、"By"等）设为边缘数据；又如，使用 HTML 则可以将"HTML"、"<>"、"Body"等关键字设为边缘数据；还可以将 NULL、空格、负数、超长字符、特殊字符等设为边缘数据。边缘数据要靠具有丰富测试经验的测试人员来设定。

（3）错误数据。错误数据就是编写与程序输入规范不符的数据，进而检测输入及错误处理等程序分支的正确性。

9.5.5 单元测试

1. 代码会审

有些程序员习惯于有了测试用例后，就立即进行测试。但如果在正式测试之前先进行代码会审，可能有助于更早、更多、更好地发现通常难以发现的问题。所谓代码会审就是以代码标准为依据，检查代码风格和规则、审核业务逻辑、软件结构及程序设计。代码风格和规则审核是在程序员完成一个模块或类时要进行编码规范检查，随后再召开由项目组所有成员参加的审核会议。业务逻辑的审核必须要在代码完成后进行，业务逻辑审核就是审核单元的功能，这些功能是以系统设计说明书为依据的。引入程序设计和软件结构审核是为了保证软件的质量。代码会审要求审核人员要有先进的软件开发经验，审核之前要设计一个审核列表，如列出软件的概要设计及详细设计。

2. 代码调试

代码的调试是保证程序能按照系统需求正常运行的一种手段。但是这里所提到的这种代码调试并不是简单的调试，它要包括特征调试和代码覆盖调试两部分。

（1）特征调试就是通过运行程序找到代码中的错误，这与常进行的调试相同。程序能运行后，可使用已编好的 3 种类型测试用例（正常数据、边缘数据和错误数据）中的正常数据测试用例进行测试，若不能正常运行则要使用程序调试工具进行调试。在这阶段，要用大量正常数据去测试。测试完成后，该程序应可在绝大多数的正常数据中运行。

（2）代码覆盖调试以达到以下目标为准：①测试到每一条最小语句的代码；②测试到所有的输出结果。

本阶段应该通过一步步的调试去运行每个程序的所有语句和分支。如果想要百分之百地覆盖所有的代码，那么就应该适当地运用边缘数据测试用例和错误数据测试用例。

如果严格按照测试用例的准备、代码会审和调试这样的步骤来做，就可以使代码没有太多的错误；反之，就不能顺利地通过测试。

然而遗憾的是，在代码调试阶段的测试质量是极其难以掌握的，它基于程序员的责任心和经验，由于程序员所具有的素质和责任心的差异，所测试的单元深度也是不同的。

9.5.6 集成测试

经常有这样的情况发生，即每个单元模块都能单独工作，但这些模块集成在一起之后却不能正常工作。其主要原因是模块相互调用时接口会引入许多新问题。例如，数据经过接口可能丢失；一个模块对另一模块可能造成不应有的影响；几个子功能组合起来不能实现主功能；误差不断积累达到不可接受的程度；全局数据结构出现错误等。集成测试也叫组装测试，就是按设计要求把通过单元测试的各个模块组装在一起之后进行综合测试，以便发现与接口有关的各种错误。

1. 自上而下集成

自上而下集成是构造程序结构的一种增量式方式，它从主控模块开始，按照软件的控制层次结构，以深度优先或广度优先的策略，逐步把各个模块集成在一起。深度优先策略首先是把主控制路径上的模块集成在一起，至于选择哪一条路径作为主控制路径，多少带有随意性，一般根据问题的特性确定。以图 9.4 所示为例，若选择了最左一条路径，首先将模块 M_1、M_2、M_5 和 M_8 集成在一起，再将 M_5 和 M_6 集成起来，然后考虑中间和右边的路径。广度优先策略则不

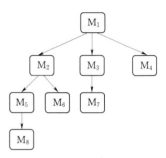

图 9.4　自上而下的集成测试

然，它沿控制层次结构水平地向下移动。仍以图 9.4 所示为例，它首先把 M_2、M_3 和 M_4 与主控模块集成在一起，再将 M_5 和 M_6 与其他模块集成起来。自上而下集成的优点在于能尽早地对程序的主要控制和决策机制进行检验，因而能够较早地发现错误。缺点是在测试较高层模块时，不能反映真实情况，重要数据不能及时回送到上层模块，因而测试并不充分。

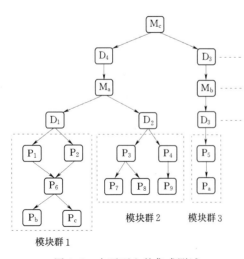

图 9.5　自下而上的集成测试

2. 自下而上集成

自下而上测试是从软件的最低层模块（原子模块）开始组装测试，因测试到较高层模块时，所需的下层模块功能均已测试完毕，所以错误容易定位和纠正，界面测试也可做到完全彻底。该方法测试用例的设计相对简单，但缺点是程序最后一个模块加入时才具有整体形象，自下而上集成与自上而下集成的优缺点正好互补，因而有时把两种方法结合起来使用。

图 9.5 说明了自下而上的软件集成过程。首先原子模块被分为 3 个模块群，每个模块群引入一个驱动模块进行测试。因模块群 1、模块群 2 中的模块均隶属于模块 M_a，因此在驱

动模块 D_1、D_2 去掉后，模块群 1 与模块群 2 直接与 M_a 接口；此时去掉 D_3，M_b 与模块群 3 直接接口；最后 M_a、M_b 和 M_c 全部集成在一起进行测试。

9.5.7　系统测试

由于软件是计算机系统的一个重要组成部分，因而软件开发完毕后应与计算机系统中其他成分集成在一起，进行一系列系统集成测试。系统测试也不仅仅由软件开发人员进行，而是成立一个由软件开发人员参加的测试小组进行专门测试。系统测试方法有许多种，目的是充分运行系统，验证系统各部件是否都能正常工作并实现各自的功能。

1. 恢复测试

恢复测试主要检查系统的容错能力，它首先要采用尽可能多的办法强迫系统失败，然后验证系统是否能尽快恢复。对于自动恢复的系统，需要验证重新初始化、检查点、数据恢复和重新启动等机制的正确性；对于人工干预的恢复系统，还需评测平均修复时间，判定其是否在可接受的范围内。

2. 安全测试

安全测试主要检查系统对非法侵入的防范能力。安全测试期间，测试人员假扮非法入侵者，采用尽可能多的办法试图突破防线。从理论上讲，只要有足够的时间和资源，没有不可进入的系统。因此，系统安全设计的准则是：使非法侵入的代价超过被保护信息的价值。

3. 强度测试

强度测试主要检查程序对异常情况的抵抗能力。强度测试总是迫使系统在异常的资源配置下运行。例如，运行需要最大资源（如存储空间）的测试用例；运行可能导致操作系统崩溃的测试用例等。

4. 性能测试

对于实时系统，软件即使满足功能要求，也未必能够满足性能要求，虽然从单元测试起，每一测试步骤都包含性能测试，但只有当系统集成后，在真实环境中才能全面、可靠地测试运行系统的性能。

9.5.8　验收测试

验收测试也叫交接测试，是软件测试的最后一步，它主要检查软件能否按合同要求进行工作，即是否满足软件需求说明书中的确认标准。验收测试应该着重考虑软件是否满足合同规定的所有功能和性能，文档资料是否完整、准确，人机界面、可移植性、兼容性、错误恢复能力和可维护性等方面是否令用户满意。验收测试的结果有两种可能：一种是功能和性能指标满足软件需求说明的要求，用户可以接受；另一种是软件不满足软件需求说明的要求，用户无法接受。

实际上，软件开发人员不可能完全预见用户实际使用程序的情况，因此软件是否真正满足最终用户的要求，应由用户进行一系列验收测试。验收测试既可以是非正式的测试，也可以是有计划、有系统的测试，有时，验收测试可能长达数周甚至数月。一个软件产品，可能拥有众多用户，不可能由每个用户验收，此时多采用称为 α、β 测试的过程，以期发现那些似乎只有最终用户才能发现的问题。

1. α测试

α测试是指软件开发公司组织内部人员模拟各类用户，对即将面市软件产品（称为 α 版本）进行测试，试图发现错误并修正。测试不能由程序员或测试员完成。α测试的关键在于尽可能逼真地模拟实际运行环境和用户对软件产品的操作，并尽最大努力涵盖所有可能的用户操作方式。经过 α测试调整的软件产品称为 β 版本。

2. β测试

β测试是指软件开发公司组织各方面的典型用户在日常工作中实际使用 β 版本，并要求用户报告异常情况、提出批评意见，然后软件开发公司再对 β 版本进行修改和完善。这种测试一般由最终用户或其他人员完成，不能由程序员或测试员完成。

总之，软件测试的目的不是为了找出错误，但可以通过它发现错误、分析错误，找到错误的分布特征和规律，从而帮助项目管理人员发现当前所采用的软件开发过程的缺陷，以便改进；同时也能够通过设计有针对性的检测方法，改善软件测试的有效性。即使测试没有发现任何错误，也是十分有价值的，因为完整的测试不仅可以给软件质量进行一个正确的评价，而且是提高软件质量的重要方法之一。

9.5.9　软件测试自动化

软件测试工作量很大，在最终用户的运行环境中可能面临的各种工况都不能遗漏，因此像美国微软这样的软件公司都设有专门的测试部门来完成各种测试。测试的内容包括功能测试、性能测试、精度测试等，可以预先给出一组数据，包括合理的和不合理的数据，并给出一组正确的结果，在设置好测试环境后，就可以自动地给出相应的结果，并与正确结果比较，以确定结论是否正确或计算数据的精度是否满足要求。由于上述过程许多都是重复性操作，采用自动化的方法有利于节省人力，并能更好、更快地得到满意的结果。

思　考　题

1. 计算机监控系统的系统软件包括哪些部分？
2. 计算机监控系统应用软件有哪些？
3. 软件质量包含哪些方面内容？
4. 简述软件测试的任务。
5. 软件测试有哪些主要方法？各有什么特点？
6. 什么是 α测试和 β测试？

第10章

抽水蓄能电厂计算机监控系统

10.1 抽水蓄能电厂的特点及特殊控制要求

10.1.1 抽水蓄能电厂的特点

抽水蓄能机组在电力系统中起"削峰填谷"的作用,一方面要在系统"峰"时耗水发电,另一方面要在系统"谷"时用电抽水。因此,"削峰填谷"的作用就决定了抽水蓄能机组的运行特点。

抽水蓄能机组与常规水轮发电机组虽然都是同轴连接的双机式机组,但是常规水轮发电机组是水轮机-发电机组,以单方向的发电工况运行,而抽水蓄能机组则是水泵/水轮机-电动机/发电机组,分别以发电和抽水两个方向运行来完成发电和抽水的任务。因此,抽水蓄能机组与常规水轮发电机组的差别主要表现在与抽水工况有关时,这种基本差别给抽水蓄能机组监控带来许多特点。

1. 运行工况多

常规水轮发电机组的运行工况有静止、发电和调相3种,工况变换仅有6种,而抽水蓄能机组除了有常规机组相同的3种工况外,还有抽水和抽水调相两种工况,因此常用的工况变换有10多种,如图10.1所示。当抽水蓄能机组具有两种抽水转速时,运行工况可达9种,且其工况转换流程有20多种。

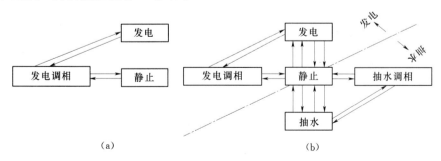

图 10.1 常规机组与蓄能机组运行工况对比示意图
(a) 常规机组;(b) 蓄能机组

2. 控制逻辑复杂

抽水蓄能机组有发电和抽水两种不同的运行工况，且不能实现全压启动（即直接启动），通常需要采用直接异步启动、降压异步启动、同轴小电动机启动、背靠背（BTB）同步启动和静止变频器启动（SFC）等。而小型抽水蓄能机组（如河北岗南和北京密云电厂的机组）容量小，则采用半压启动方式，即取机组正常母线电压的一半作为启动电压来拖动机组。目前大型抽水蓄能电站广泛采用静止变频器（Static Frequency Convertor，SFC）启动，常以背靠背（Back To Back，BTB）启动作为备用，如广州抽水蓄能电厂、北京十三陵抽水蓄能电厂和浙江天荒坪抽水蓄能电厂等。

抽水蓄能电站运行方式的复杂性也导致了多种同期并网方式，主要包括发电并网、SFC 抽水并网、BTB 运行并网等 3 种不同的并网工况。由于不同工况的并网条件不同，给同期装置提出更高要求，这也加大了被控制面，同时增加了许多重要的切换操作和被控的主、辅设备。

3. 操作频繁

抽水蓄能机组除担负电力系统的填谷调峰的任务外，还担负系统的调频和事故备用的任务。它的运行方式取决于电力系统的负荷变化，负荷峰谷变化越厉害，工况变换越频繁。一般一天变化七八次，有些抽水蓄能机组操作甚至达到 40 次，如英国的迪诺威克抽水蓄能机组。

10.1.2　抽水蓄能电厂的特殊控制要求

1. 可靠性要求更高

抽水蓄能机组因常担负系统调频、调峰、事故备用等重要任务，要求其主、辅设备除计划检修外还能随时处于待命状态。又因其启、停频繁，抽水工况时存在充气压水过程，程序控制复杂，辅助设备较多，所以一般情况下抽水工况的成功率比发电工况要低 1% 左右。特别是背靠背启动的过程控制，需要发电机控制单元、抽水机控制单元、公用设备控制单元、开关站控制单元等密切配合才能完成，这给监控系统提出了更高的要求。因此，对机组本身及其监控系统的可靠性和操作成功率要求更高。

2. 要满足反应迅速和操作频繁的要求

抽水蓄能机组要能机动灵活、反应迅速地调节电力系统负荷的峰谷变化，提供紧急事故备用、稳定系统频率，以提高电网的运行质量。因而要求抽水蓄能电厂对电网的要求有快速准确的响应能力，对机组工况变换的控制逻辑要有合理的流程设计和闭锁，工况变换所耗的时间尽可能的短。同时由于抽水蓄能机组担负任务的特殊性，机组工况变换频繁，这就要求抽水蓄能机组及其监控系统能满足反应迅速和操作频繁的要求。

3. 应与电网调度中心保持密切联系

抽水蓄能电厂因其在电力系统中担负的重要作用，要求其一方面应能自动监控电网的运行状态，维持并改善电网的运行参数，如应能自动调频，电网频率高时能自动切发电机或转成抽水工况，电网频率低时应能自动切抽水机组或转成发电工况，电网事故时应能紧急启动备用机组等；另一方面，应能受控于电网调度中心，抽水蓄能电厂的监控系统最好与调度中心的计算机系统直接联网或以远动方式与调度中心联系。

4. 监控范围更广、系统更复杂

由于运行方式多，因此抽水蓄能电厂计算机监控系统的测点将显著增多。例如，水泵水轮机及附属设备，发电电动机及其附属设备和配套设备，主变压器，电站公用设备，变频启动设备，高、低压压缩空气系统，厂用电配电系统，直流系统，供、排水系统，上、下库水力测量系统等。根据经验，蓄能电厂模拟量测点约要增加 50％以上，而开关量测点要增加 1 倍多。

抽水蓄能电站的应用软件功能要比常规水电站更加复杂。如常规水电站经济调度的主要功能之一是水库优化调度。抽水蓄能电站的上水库一般很小，为保证足够的"削峰"发电时间，水头设计得一般较高，常可达 400m 以上，但抽水蓄能电站的水能利用率却不高，约 75％（不含上水库天然来水），因此，抽水蓄能电站的经济调度等应用软件将包括许多新的内容，如降低抽水功耗、提高发电效率、在多台机组抽水的情况下制定最优的抽水协调方式，以使抽水的总耗能量最小等。因此，与常规水电厂的监控系统相比，抽水蓄能电厂的监控范围更广、系统更复杂。

总之，由于抽水蓄能电站机组的测控内容多、运行工况复杂，且机组设备分散，与常规水电厂相比，对其计算机监控系统提出了更高的要求。根据抽水蓄能电站的运行特点和计算机技术的发展状况，在系统设计中除充分考虑系统的开放性和可扩展性、分层分布的系统结构等通用控制系统的特点外，还要充分考虑抽水蓄能电站主设备的技术特点、运行方式及在电网中的特殊地位。此外，监控系统的可靠性也是必须考虑的重要因素。

10.2　抽水蓄能电厂计算机监控系统的结构和配置

抽水蓄能电厂主要作用是为电力系统承担调峰填谷、事故备用等任务，所以其监控系统首先应满足这些任务，其次还应考虑系统的性能价格比，即既要追求技术先进又要遵循简单实用的原则。因此，抽水蓄能电厂计算机监控系统广泛采用分层分布式结构，它与电厂管理层次相对应，一般分成机组（或配电装置等）控制的现地控制单元级、全厂运行管理的电厂控制级和上级调度管理的调度控制级 3 层的控制结构。根据实际情况，有些抽水蓄能电厂则采用现地控制单元级和调度控制级两层的控制结构。

10.2.1　现地控制单元级

现地控制单元级（LCU）是按电厂各相对独立单元分别设置现地控制单元，对电厂各部分的生产过程进行监控，通过计算机网络与上位机连成整体。现地控制单元级主要负责过程顺序控制、功率调整、数据采集、安全监视等功能。它是电厂安全运行的基础，故对其安全可靠性都给予高度重视，一般按有一定冗余度方式配置，特别是计算机监控技术使用的前期，采用的冗余度比较高，但随着运行经验的积累，计算机技术的成熟，对冗余度的要求会逐渐降低。实际应用主要有以下几种方式：

（1）可编程控制微处理器加硬布线常规逻辑设备。电厂从中控室到现地单元都分别设置计算机和常规机电设备，前者主用，后者备用。中控室设主控计算机系统和常规的主控盘（MCS），每台机组及开关站都分别设有计算机监控远程终端（RTU）——相当于现地控制单元，机组设一套常规机电设备构成的机组控制盘（UCS）。这种配置方式具有高度的冗余度和灵活性，计算机监控系统任一部分故障都不影响主设备的运行。但由于生产过程的输入、输出都双重化，以便接到常规机旁盘和计算机系统，因而使电气二次接线大为复杂化。这种方式的进一步演变是以简化常规机旁盘代替完整的常规设备，它只供机旁手动分步操作用，并实现必要的闭锁，1991 年投产的河北潘家口抽水蓄能电厂就采用了这种简化的结构形式。

（2）工业微机控制为主加简化常规控制设备为辅的结构形式。1998 年 6 月投运的浙江宁波溪口抽水蓄能电站现地控制单元就是采用的这种结构。机组现地控制单元（LCU）设置于机旁，主机采用工业微机。它与励磁调节单元、电液调速器、水泵水轮机控制单元、球阀控制单元等子系统是通过以并行的输入/输出信号的方式进行数据交换和控制调节的，以实现机组现地控制单元的数据采集和处理、安全运行监视以及实时控制和调整的功能。

（3）冗余的可编程控制微处理器系统。这是一种全冗余配置方式，是目前见到的抽水蓄能电厂所用的冗余度最高的方式，山东泰山抽水蓄能电站和广州抽水蓄能电厂计算机监控系统都采用类似配置。其中广州抽水蓄能电厂计算机监控系统中机组控制单元共设有 4 组可编程控制器，其中 2 组互为冗余地完成机组顺序控制和主要参数监视，另外 2 组互为冗余地完成机组温度监视和发电机冷却风扇等辅助设备的监控。其中前 2 组在机组稳定状态下是全冗余的，但在机组启动或工况变换过程，这 2 组控制器必须并列运行；后 2 组在任一工况下都是冗余的。

这种由分功能控制器组成的现地控制单元，还有另外一种冗余方式，即一台控制器负责顺序控制，另一台作为信息采集和处理，同时还兼作顺序控制的后备，法国大屋抽水蓄能电厂即采用了这种方式。这种分功能控制器有的还采用冗余中央处理器（CPU）。

（4）冗余的多微处理器系统。这种结构形式中现地单元级由多个微处理器构成功能分散的单元，如顺序控制、调整、监视、数字量输入、模拟量输入和通信等功能单元，根据功能需要进行组合，对于重要单元合成现地控制单元。

（5）冗余中央处理单元（CPU）。近年，现地控制单元采用双冗余方式比较多，不仅增加了系统的可靠性，同时实现起来也比较方便。如 2006 年 2 月改造后投运的北京十三陵抽水蓄能电厂计算机监控系统中现地控制单元可编程控制器采用双中央处理单元（CPU）的冗余结构，当主 CPU 遇到故障时，系统能够自动无扰动地切换到从 CPU。

（6）中央处理单元（CPU）交叉备用的结构形式。如 1998 年 6 月投运的安徽响洪甸抽水蓄能电站计算机监控系统的现地控制单元就采用这种形式。响洪甸抽水蓄能电站是安徽电网所建的第一座蓄能电站，采用的是南瑞自动控制公司自行研制、开发的 SSJ－3000 水电站计算机监控系统，这也是我国抽水蓄能电站首次采用国产化的计算机监控系统。现地控制级设有 4 套现地控制单元（LCU），各 LCU 又分为 LCU 工作站和 I/O 两部分；LCU 工作站采用一体化工控机，主要用作实现当地单元控制设备的数据采集、控制、信息的处理、调节功能，一般情况下还提供现地操作的人机接口，它是分布式系统中各单元信息的集散中心；I/O 部分主要采用 PLC，此外还采用了电力监测智能仪表和南瑞自动控制公司自行研制生产的 SJ－40 温度巡检保护装置，它们通过串行通信方式将采集信息上送至 LCU 工作站。为了保证工作的可靠性，在 1、2 号 LCU 的 CPU 与 I/O 之间，3、4 号 LCU 的 CPU 与 I/O 之间采用交叉冗余配置，其系统结构如图 10.2 所示。两个作为冗余的 CPU，当任何一个单独退出工作，对系统的正常工作均无影响。

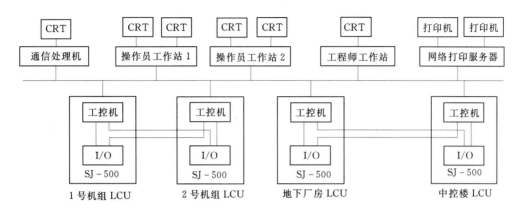

图 10.2　响洪甸抽水蓄能电站计算机监控系统结构简图

（7）单系统控制器。随着可编程控制器和微处理器可靠性的提高、自检功能的增强，使更换故障部件更加容易，因而采用单系统控制日渐普遍。例如，日本三菱公司于 1982 年为新高濑川抽水蓄能电厂提供的 DCN-70 单元级，其顺序控制、监视等单元都采用双重化配置，1982 年为本川抽水蓄能电厂也提供了类似的系统，而 1988 年为下乡抽水蓄能电厂提供的 DCN-80 可编程控制装置，采用了单系统配置方式。

10.2.2　电厂控制级

电厂控制级的作用主要承担常规的运行监视、数据处理、控制调整、AGC 和 AVC、与上级调试所交换信息等任务。目前，国内、外有些抽水蓄能电厂在提高监控系统智能化方面作过一些努力，以便加强主、辅设备的安全监视，最大限度地发挥电厂主设备的容量以及适应无人值班的需要而加强电厂的远方监视，如机组非电量智能化监视、机组运行区的监视、辅机监视、短时工作制的设备运行裕量的监视及防灾监视等。

抽水蓄能电厂计算机监控系统电厂控制级的配置方式大致有以下几种：

（1）计算机数据处理系统加常规的控制手段。在早期计算机应用中，这种配置方式与相应的现地控制单元的配置相适应，中控室中常规的控制台和模拟屏（有些电厂还设置有专功能控制装置）作为主要的监控手段；另外，设置计算机数据处理系统以协助运行值班人员处理为数众多的运行信息，加强电厂设备的监视，提高电厂运行的安全性，指导运行操作，帮助进行事故分析。这种配置方式在当时确实收到相当大的实效，故应用得比较多。英国迪诺威克抽水蓄能电厂即采用了这种方式，电厂中控室设有完整功能的常规控制台和模拟屏，以及一个功能完善的中央数据处理系统，另外还设有有功功率和无功功率联合控制装置。我国潘家口抽水蓄能电厂的中控室除装设常规的控制台、模拟屏外，还设有全厂事件记录仪系统，对全厂 300 个模拟量 1024 点开关量进行数据采集、处理、越限报警和事件记录，另外还设有电厂最优负荷控制系统。

（2）电厂控制级计算机以数据处理为主，而电厂设备直接受控于上级调度所。电厂数据处理系统与调度所对电厂的控制系统（厂内常常装置有简易常规手段）相对独立，这种方式也是符合分层结构的原理和电厂无人值班的需要。因为电厂的数据处理任务是相当繁重的，将电厂所有原始数据都传送到调度所是不现实的，可以将数据采集、处理和报警等任务由厂内数据处理系统负责，数据处理系统将主要的结果和数据上送给调度所；与电网密切相关的调整、控制任务则直接由调度所负责。

（3）计算机对电厂实行全面监控。20 世纪末开始，我国建成的抽水蓄能电厂大都采用这种方式，它通过通信网络与单元级构成一个完善的整体。如我国广州抽水蓄能电厂监控系统为分层分布结构，分上、下两层，简称为上位机和下位机，上位机包括数据站、操作员站、通信接口站、前置机站、工程师站、打印机和硬复制机等设备，各站通过以太网连接。数据站为上位机的核心，完成绝大部分的数据处理功能。操作员站为人机对话接口，运行操作员可通过其键盘、控制跟踪球和显示器对电站进行控制和监视。前置机站通过串行接口与下位机（IHU）相连，完成上、下位机之间的数据交换。通信接口站为广州和香港两调度中心与监控系统的接口，通过二路微波和二路载波通道与广东省电力调度中心、四路微波通道与香港中华电力公司的系统控制中心主系统及后备系统相连接，实现蓄能电厂与调度之间的数据交换。各站均为双备份配置。工程师站可以完成监控系统的启、停，数据库、软件、模拟图的修改、测试和软件的装载，并可在线对监控系统的运行状态进行监视。监控系统配有 3 台打印机，用于事件记录和周期记录等的打印。硬复制机专用于输出值班员工作站显示的彩色图形和各种曲线。

10.2.3　调度控制级

抽水蓄能电厂都隶属于某一调度中心，调度中心一般都设有计算机监控系统，调度计算机系统与抽水蓄能电厂联系方式一般有以下几种。

（1）调度中心直接控制机组。电厂不设电厂控制级或仅设数据处理系统，机组直接受控于上级调度中心。这是由于抽水蓄能电厂机组的运行完全服从于电力系统的需要，调度中心对其直接控制，可以更有效地为电网服务。特别是当电厂机组容量较大、而台数较多的情况下，电厂由调度中心直接控制管理会更加方便。日本抽水蓄能电厂采用这种控制方式比较多。

（2）调度中心通过运行装置对电厂进行监控。调度所在电厂侧设置一远程终端单元（RTU），RTU 直接与电厂生产过程联系，基本上与厂内监控系统相对独立。这种联系方式可使调度端与厂站端连接关系简化，通信规约问题容易解决；但增加了电厂电气二次接线的复杂性，调度端不能利用厂站端计算机监控系统丰富的信息资源。国外典型的例子是法国的蒙德济克抽水蓄能电厂，国内十三陵抽水蓄能电厂也是采用类似的方式。如十三陵抽水蓄能电厂计算机监控系统中总调设有以计算机为核心的能量管理系统，在电站设有 RTU，RTU 与电站计算机监控系统有 I/O 接口和串行通信接口相连。总调通过 RTU 可对电站的总有功、总无功功率进行控制，对电站的主要运行参数和运行状态进行监视。RTU 所收集的信息一般由现地的独立接点及变送器引入。

（3）调度计算机与电厂计算机联网。这是一种比较合理的计算机分层结构。它接线简单，功能层次分明，上、下级协调工作，可充分发挥厂内计算机的作用。目前这种系统在新建抽水蓄能电站得到了越来越广泛的应用。例如，泰山抽水蓄能电站计算机监控系统，调度控制层由2台操作员工作站、2台路由器及打印设备组成。它们通过路由器与电站控制层的服务器进行数据交换，通过服务器对电站4台机组的自动流程进行控制，完成机组的启、停和工况转换。

10.3 抽水蓄能电厂计算机监控系统的应用实例

本节将以大、中、小型3个抽水蓄能电站计算机监控系统为例，来展示抽水蓄能电厂计算机监控系统在各类电站中的具体实现。

10.3.1 蒲石河抽水蓄能电站计算机监控系统

辽宁蒲石河抽水蓄能电站，安装 $4 \times 300MW$ 可逆式水泵水轮机-发电电动机组，为日调节纯抽水蓄能电站，建成后并入东北电网，担任调峰、填谷、调频、调相和事故备用任务。

10.3.1.1 电站计算机监控系统结构

该电站计算机监控系统采用开放式分层分布系统，全分布数据库。全厂数据库和历史数据库分布在各计算机中，各单元数据库分布在各个LCU中，系统各功能分布在系统的各个节点上，每个节点严格执行指定的任务和通过系统网络与其他节点进行通信。

整个监控系统由辽宁丹东集控中心、电站主控级和现地控制单元3部分组成。丹东集控中心与电站主控级之间采用1000Mb/s以太网进行通信。主控级与现地控制单元之间采用100Mb/s交换式冗余以太环网进行通信，通信协议为TCP/IP网络协议。现地控制单元之间通过冗余以太网进行信息自动交换，这样既能通过以太网互换信息实现机组抽水启动，在主控级退出运行后仍能实现机组抽水启动。现地控制单元与其他计算机控制子系统之间通过现场总线进行信息交换，对于无法采用现场总线进行通信的设备采用硬布线I/O进行连接，另外，对于重要的安全运行信息、控制命令和事故信号除采用现场总线通信外，还通过I/O点直接连接，以实现双通道通信，确保通信安全。

10.3.1.2 电站计算机监控系统设备配置

蒲石河抽水蓄能电站是一个具有重要地位的大型抽水蓄能电站，对监控系统的安全可靠性和实时性要求很高，因此需选择性能高、运行速度快、安全可靠性高的计算机作为监控系统的上位机设备。数据服务器、操作员工作站、工程师/培训工作站、通信服务器等采用高性能、多任务型的计算机。可编程控制器需选择高性能可编程控制器，采用双CPU冗余配置。

1. 丹东集控中心设备配置

两套SUN公司的Sun Fire V445数据服务器；2套操作员工作站和1套工程师/培训工作站均为SUN公司Sun Ultra45 Workstation工作站；2套调度通信工作站，1套Web服务器，1套总工工作站，1套厂长工作站，1套打印服务器和1套美国HP公司的XW4600工作站大屏幕驱动工作站；2套网络设备为德国HIRSCHMANN公司生产的MACH4002系列工业以太网交换机；2套路由器为美国CISCO公司生产的CISCO2811路由器；3 套打印机，1 套美国 HP LJ9050N 黑白激光网络打印机，1 套美国 HP LJ5550 彩色激光打印机和 1 套美国 HP LJ4700N 彩色激光打印机；1 套由我国南瑞公司出品的 Syskeeper2000 单向（正向）安全隔离装置；1 套南瑞的 Netkeeper2000 纵向认证加密装置；1 套 SZ - 2 GPS 时钟同步装置。

2. 电站主控级设备配置

两套 Sun Fire V445 数据服务器；2 套操作员工作站和 1 套工程师/培训工作站仍为 SUN 公司 Sun Ultra45 工作站；2 套调度通信工作站，1 套打印服务器和 1 套 XW4600 综合管理工作站；2 套网络设备为德国 HIRSCHMANN 公司生产的 MACH4002 系列工业以太网交换机；28 套环网交换机为德国 HIRSCHMANN 公司生产的 MS20 系列工业以太网交换机；3 套打印机，1 套 LJ9050N 黑白激光网络打印机、1 套 LJ5550 彩色激光打印机和 1 套 LJ4700N 彩色激光打印机；1 套 Netkeeper2000 纵向认证加密装置；1 套 SZ - 2 GPS 时钟同步装置。

3. 现地控制单元设备配置

现地控制单元（LCU）采用南瑞公司 SJ - 500 系列单元监控装置，共 11 套，包括 4 套机组 LCU、1 套机组公用 LCU、1 套全厂公用 LCU、1 套 500kV 开关站 LCU、1 套下水库进出水口 LCU、1 套 66kV 变电所 LCU、1 套上水库进出水口 LCU、1 套上水库进出水口 LCU 和 1 套下库坝 LCU。可编程控制器采用法国 Schneider 公司高性能的 Quantumn 系列可编程控制器，彩色液晶触摸显示屏采用法国 Schneider 公司 15 英寸 TFT 彩色液晶触摸屏，同期装置采用南瑞公司 SJ - 12C 双微机自动准同期装置，交流量采集装置采用美国 PAAC 公司 ACUVIM（0.2 级）交流量采集装置，变送器采用苏州生产的变送器。为防止开出模块或继电器误输出，特别增加采用南瑞公司生产的 DOP - 1 型输出保护装置。

10.3.1.3 电站计算机监控系统功能

1. 监控系统运行控制方式

蒲石河抽水蓄能电站计算机监控系统设 4 种控制方式，以满足电站的运行需要，即网调远方控制、丹东集控中心远方控制、电站控制室控制和电站现地控制，其中电站现地控制权限最高，电站控制室控制权其次，接着为丹东集控中心远方控制，网调远方控制权限最低。网调/集控中心控制权在集控中心由操作员工作站选择；网调/电站控制室或集控中心/电站控制室的控制权在电站控制室操作员工作站选择；远方/现地控制权在 LCU 现地选择。并且为了保证控制和调节的正确、可靠，所有操作均按"选择—确认—执行"方式进行，并且每一步骤都有严格的软件校核、检错和安全闭锁，同时硬件方面也有防误闭锁措施。

（1）网调远方控制方式。沈阳电网调度中心通过能量管理系统（EMS），既可以控制单台机组，也可以向丹东集控中心主控级计算机（或电站主控级计算机）设定全厂有功功率和无功功率或电压给定值，由集控中心主控级计算机（或电站主控级计算机）完成最优发电/抽水计算，根据机组状态和优先权，确定电站发电机组台数、机组组合及机组间的负荷分配，或确定抽水机组台数及机组的组合。同时，集控中心主控级计算机（或电站主控级计算机）通过通信通道将电站运行状态及运行参数上送网调、辽宁省调。从而实现与调度的遥测、遥信、遥控、遥调功能。

（2）集控中心远方控制方式。丹东集控中心通过 1000Mb/s 以太网与电站主控级进行通信，实现对电站设备监视控制，其控制方式可分为以下两种：

1）自动控制。集控中心计算机监控系统接收并转发网调的调度指令，接收电站计算机监控系统的设备运行信息，监视电站设备运行。

2）操作员工作站控制。集控中心操作员根据网调的调度指令，参照计算机监控系统的"运行指导"，通过控制室的操作员工作站键盘和鼠标对电站设备进行监视控制。

（3）电站控制室控制方式。电站控制中心通过操作员工作站，采用人机对话形式对电站设备进行监视控制，其控制方式可分为以下两种：

1）电站自动控制。主控级计算机按预先给定的负荷曲线或系统实时给定的负荷或预先给定频率（高、低频）限制条件或其他准则，完成对全厂各机组的控制和最优负荷分配；运行人员可以选择开环或闭环控制方式。开环方式时，参数给定值和启停操作仅作为运行指导，由运行人员响应后进行下一步控制；闭环方式时，则直接作用到现地控制单元，进行调节和机组启停控制。

2）操作员工作站控制。操作员通过中控室的键盘和鼠标对电站设备进行监视控制。对于功率控制，分为单机控制和成组控制两种，前者的控制命令直接作用到机组的现地控制单元，后者则由人工设定全厂的总有功功率或无功功率，通过计算机系统完成机组的最优负荷分配，再作用到机组的现地控制单元。对于机组的工况转换，既可以采用全自动转换方式，也可以采用分步自动转换方式。

（4）电站现地控制方式 LCU 的操作内容和操作方式根据功能设计的要求而定。运行人员可以通过现地控制单元命令或软按钮实现对电站主设备的控制和调节，它既可以实现机组工况的全自动转换，也可以分步自动转换。

2．监控系统功能

（1）该电站计算机监控系统能实时、准确、有效地完成对电站被控对象的安全监控，同时能够通过通信通道与调度实现遥测、遥信、遥控、遥调功能。其主要功能如下：

1）数据采集和处理。

2）安全运行监视。

3）事件顺序记录。

4）事故、故障报警及记录。

5）事故追忆和相关量记录。

6）控制操作和负荷调节。

7）操作指导。

8）自动发电控制（AGC）。

9）自动电压控制（AVC）。

10）经济运行（EDC）。

11）统计记录与生产管理。

12）人机接口。

13）ONCALL 功能。

14）数据通信。

15）历史数据库。

16）系统自诊断与冗余切换。

17）软件开发与维护。

18）操作培训。

（2）集控中心功能。丹东集控中心计算机监控系统集控层功能除具有向下转发电网调度命令、向上转发电网调度所需信息外，与电站中控层功能基本相同，是电站中控层监控硬件、软件系统的冗余。

（3）电站中控层功能。监控系统中控层完成对电站所有被控对象的安全监控。电站中控层主要有数据采集与处理、实时控制和调节、参数设定、监视、记录、报表、运行参数计算、通信控制、系统诊断、软件开发和画面生成、系统扩充（包括硬件、软件）、培训仿真、运行管理和操作指导等功能。

1）数据采集与处理。实时采集来自现地控制层的所有主要运行设备的模拟量、开关量、脉冲量等信息和电站其他系统（如电站管理信息系统、电站消防控制系统、电站通风空调控制系统、电站状态监测系统等）的数据信息以及来自调度层的控制命令和交换数据，对其进行实时分析和处理，用于历史数据记录、显示画面的更新、控制调节、操作指导、事故记录及分析，并进行越限报警、SOE 量记录和重要参数的运行变化趋势分析。

2）实时控制与调节。可完成机组的工况转换、负荷调节、运行控制方式选择以及断路器（包括换相开关、隔离开关等）的投/退控制，并可完成 AGC、AVC 和经济运行（EDC）功能。

3）参数设定。根据电站运行需要，运行人员可通过人机对话方式对 AGC、AVC 和 EDC 等参与调节的参数进行设定。

4）监视、记录和报表。监视设备运行情况和工况转换过程，发生过程阻滞时能够给出原因，并可由操作员改变运行工况，直至停机；越/复限、故障、事故的显示，报警并自动显示有关参数，同时退出相关画面；监控系统的软、硬件故障报警。记录全厂监控对象的操作事件、报警事件，各种统计报表，重要监视量的运行变化趋势，SOE 量，事故追忆和设备的运行档案等，并能以中文格式显示并打印。打印方式分为定时打印、事故故障打印、操作打印及召唤打印等。

5）运行参数计算。包括运行工况计算，AGC、AVC 和 EDC 计算，机组效率计算等。

6）通信功能。通过双以太环网与各 LCU 通信；通过 1000Mb/s 以太网实现集控中心与电站中控室通信；通过专用的两台通信工作站实现与网调的远程通信；通过现场总线方式与电站其他系统通信；通过 ONCALL 系统，根据报警种类和等级来启动不同的电话或发至不同的寻呼机，通知有关人员处理故障。

7）系统诊断。离线或在线进行软、硬件和通信故障诊断，在线诊断时不影响对电站的监控功能。

8）软件开发和画面生成。工程师可以方便地通过工程师工作站输入密码登录系统，进行系统应用软件、画面和报表的编辑、调试和修改等，且不影响主机系统的在线运行。

9）系统扩充。系统具有很强的开放功能，通过简单连接便可实现系统扩充，且留有扩充现地控制装置、外围设备等的接口。

10）运行管理及操作指导。正常操作时，提示操作顺序，编辑、显示、打印操作票，显示、打印运行报表；出现故障征兆或发生事故时，提出事故处理和恢复运行的指导性意见。

11）培训仿真。在工程师/培训工作站上可对运行人员进行操作、维护及事故处理等培训，并不影响电站的监控功能。

（4）电站现地控制功能。

1）数据采集和处理。采集机组、SFC、全厂公用的油/气/水系统、厂用电、220kV GIS及出线、上下库等的电量、非电量和继电保护信息，作相应处理存入数据库，并根据需要上送电站控制中心。

2）安全运行监视。与电站控制中心、监控对象的保护系统、微机保护装置等相结合，完成状变监视、越/复限检查、过程监视和LCU异常监视。

3）控制和调节。接受控制中心命令，在没有控制中心命令或脱离控制中心的情况下，独立完成对所控设备的闭环控制，如开/停机、工况转换，保证机组安全运行，同时相互协调工作，实现机组水泵工况启动。在机组LCU柜内另设一个小型PLC作为机组事故停机的后备手段，该PLC的停机信号为独立的机组过速、事故低油压、轴瓦温度过高和紧急停机按钮等信号，小型PLC紧急停机的主要操作过程与LCU的操作过程相同，由一个专用交/直流复合电源模块供电。且小型PLC与双套大型PLC均设有看门狗，互相监视，当小型PLC死机时，大型PLC能够报警，当双套大型PLC死机时，小型PLC能够报警并紧急停机。

4）事件检测和发送。自动检测本单元所属的设备、继电保护和自动装置的动作情况，发生事件时，依次检测事件的性质，并上送电站控制中心。

5）数据通信。通过以太网实现与控制中心及其他LCU之间通信。接收电站的同步时钟信息，以保持与电站中控层同步。通过现场总线实现与电厂其他相关设备通信，另外，对于安全运行的重要信息、控制命令和事故信号除采用现场总线通信外，还通过硬布线I/O直接启动LCU，实现双路通道通信，以保证安全。

6）自诊断功能。在线或离线自诊断硬件故障并定位到模块；自动给出软件的故障性质及部位，并提供相应的软件诊断工具；在线诊断出故障，能自动闭锁控制出口或切换到备用系统，并将故障信息送控制中心显示、打印和报警。

7）输出保护。通过特别采用南瑞公司生产的DOP-1型输出保护装置，配合PLC的控制程序，防止开出模块或继电器错误输出，以保证输出的正确性。

10.3.1.4　计算机监控系统特点

（1）采用全分布开放系统结构，主机、操作员工作站、工程师/培训工作站、各通信工作站、综合管理工作站、Web服务器、大屏幕驱动工作站、厂长总工工作站等使用符合IEEE和ISO开放系统国际标准的UNIX/Linux/Windows操作系统。按照开放的接口、服务和支持格式规范而实现的系统，使应用系统能以最少修改，实现在不同系统中的移植；能同本地的或远程系统中的应用实现互操作；能以方便用户迁移的方式实现用户的交互。开放系统的采用将最大限度地保护用户的投资。

（2）系统采用分布式体系结构，符合技术发展趋势，系统以双局域网为核心，实现各服务器、工作站功能分担，数据分散处理。处理速度快，工作效率高。

（3）各工作站/服务器在系统中处于平等地位，系统以后扩充时不引起原系统大的变化，并为整个系统不断完善创造条件。

（4）网络上接入的每一设备都具有自己特定的功能，实现功能的分布。保证了网络上的节点设备中任一部分故障或不工作，均不影响系统其他功能部分的运行。网络节点设备资源相对独立又可为其他节点共享，为今后功能扩充提供了较大的方便。

（5）系统先进、可靠。冗余化的设计和开放式系统结构，使系统既可靠实用又便于扩充，整个系统性能价格比高。

（6）系统主网络采用 100Mb/s 交换式冗余双光纤以太环网，既有较高的通信速率，又保证了很高的可靠性，任一节点故障或任一段光缆中断均不影响系统其他部分的正常运行。

（7）LCU 采用了全智能 I/O 板，真正做到了智能分散、功能分散及危险分散的全分布系统。

（8）LCU 采用了南瑞公司的 DOP－1 输出保护技术和 PLC 控制程序的软闭锁功能，双重保护闭锁，使得一切非正常的误输出都无法启动中间继电器，真正提高了现地控制单元的可靠性。

该监控系统自投入运行以来，运行稳定可靠，圆满完成了各种运行工况下的任务要求，完全能够满足抽水蓄能电站对生产设备全面监视和控制的要求，是一种先进的抽水蓄能电站计算机监控系统。事实证明，我国在建和将建的大、中型抽水蓄能电站采用国产化的抽水蓄能计算机监控系统是完全可行的。

10.3.2　白山三期抽水蓄能电站计算机监控系统

白山三期抽水蓄能电站位于吉林省桦甸市白山镇，改造后的计算机监控系统于 2006 年 12 月投运，电站设 2 台单机容量为 167.5 MW 的立轴单级混流可逆式水泵水轮机-发电电动机组，在东北电网中承担调峰、填谷、调频和紧急事故备用等作用。该电站是白山发电厂扩建工程，建成后仍由白山发电厂监控管理。因此，根据白山发电厂"无人值班"（少人值守）要求，采用全开放分层分布式结构，计算机监控系统结合白山发电厂 H9000 V3.0 系统网络结构统一考虑，按照梯调遥控运行管理模式进行设计。

10.3.2.1　系统结构

白山发电厂 H9000 V3.0 计算机监控系统采用全开放分层分布式结构实施对现场设备"遥调、遥控、遥测、遥信"控制，共分 3 层：桦甸调度中心层、白山（红石）站级监控层及现地单元控制层。白山、红石及桦甸 3 个系统内部采用双快速以太网连接，白山（红石）站与桦甸系统之间采用双冗余 100Mb/s 快速以太网连接。不会因任何一台机器发生故障而引起系统误操作或降低系统性能，各 LCU 也不会因主控级发生故障而影响 LCU 各自的监控功能，如图 10.3 所示。

1. 现地单元控制层

白山三期抽水蓄能电站现地控制级配有 3 个 LCU，其中 LCU1 和 LCU2 为机组现地控制单元，布置在机旁，用于 2 台机组的监视和控制，LCU3 为公用现地控制单元，布置在地下厂房辅助屏室,用于地下厂房所有公用设备的监视和控制。现地控制单元设备均由奥地利 VA TECH 公司提供,采用"计算机监控系统为主、简化常规控制设备为辅"的设计原则,监控系统完成逻辑控制和数据通信任务,少量重要的控制命令和反馈信息采用硬布线回路来实现。

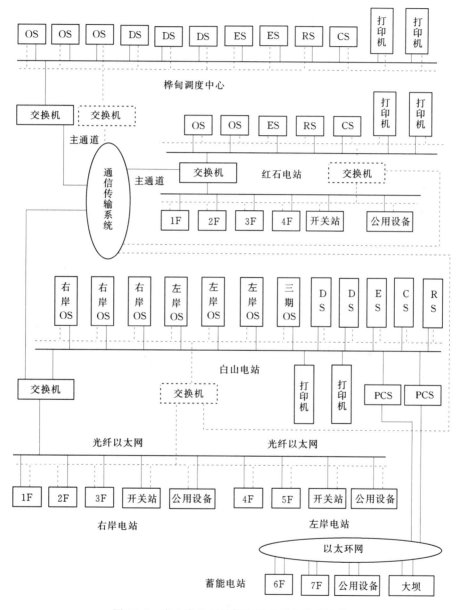

图 10.3 白山发电厂计算机监控系统网络结构

OS—Operator Station 操作员站; DS—Data Server 数据服务器; WS—Work Station 工作站;

ES—Engineering Station 工程师站; CS—Communication Station 通信站;

RS—Report Station 报表工作站; PCS— Protocol Conversion Server 协议转换服务器

2．厂站级监控层

吉林白山三期抽水蓄能电站控制级计算机设备结合白山发电厂 H9000 V3.0 计算机监控系统，为充分节约资源，仅增设 2 套操作员工作站，其中 1 套布置在现白山左岸电厂副厂房的中央控制室内，另一套操作员工作站设置在地下厂房计算机室内，用于电站维护调试和投运初期就近对全厂设备进行监控。主要有自动越限报警、趋势分析、事故追忆、事件顺序记录、事故原因提示、事故语音报警功能，实现梯级电站的经济运行、自动发电控制（AGC）和自动电压控制（AVC）、各种工况的自动顺序启停控制及负荷调整、断路器等重要电气设备的投切操作等自动控制功能。

3．桦甸调度中心层

桦甸调度中心是全厂生产指挥控制中心，除具有厂站级控制功能外，还具有以下功能：通过 RTU（远程终端单元）实现与上级调度远程数据通信，与东北网调完成"遥调、遥控、遥测"等控制功能；根据网调下达自动发电控制，经济调度的实时调节信号和要求，考虑各个水电站具体情况和约束条件，调节厂站机组频率、有功功率，完成梯级水电厂间实时经济调度、自动经济运行。该抽水蓄能电站受东北网调调度，东北网调通过桦甸梯调中心和白山电站计算机监控系统管理本电站，不直接管理到机组。

10.3.2.2　现地控制级网络结构

现地控制级网络结构采用 100Mb/s 工业光纤以太环网。用 Hirschman RS 工业以太网交换机作为 LCU 的网络交换机，通过 2 个标准 100 Base - FX 多模光缆 SC 连接器，连接到 100Mb/s 以太光纤主干环网上，根据需要的数量提供 10/100Mb/s、RJ45 以太网口，采用屏蔽双绞线，连接现地控制单元 SAT AK1703 智能控制模件、SAT230CE 彩色触摸屏、油压控制系统、渗漏排水系统、消防控制系统到 100Mb/s 以太光纤主干环网；出于对通信的稳定和数据能快速地上传考虑，大坝监视系统将原 Modbus 通信方式升级到以太网方式，采用多模光缆直接上网上传数据到以太光纤主干环网。同时，LCU1 与 LCU3 的 Hirschman RS 工业以太网络交换机采用单模光缆通过协议转换服务器连接到中控室主交换机，实现 100Mb/s 以太光纤主干环网与主控级通信，所有通信采用基于 TCP/IP 协议的 IEC - 60870 - 5 - 104 规约，通信速度为 100Mb/s，如图 10.4 所示。

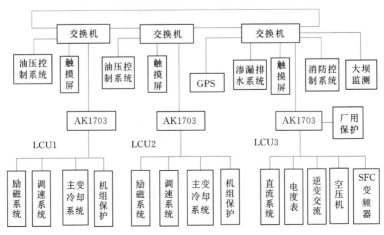

图 10.4　现地控制级网络结构

各 LCU 之间通过 100Mb/s 交换式工业以太环网进行通信，机组 LCU 与机组调速器、励磁系统、主变冷却系统采用 Modbus 协议通信，而机组保护与机组 LCU 采用 IEC－60870－5－103 规约通信；公用 LCU3 与 SFC 变频装置、电度表、厂用直流控制系统、厂用逆变交流控制系统、空压机控制系统之间采用 Modbus 协议通信，厂用保护与公用 LCU3 采用 IEC－60870－5－103 规约通信。所有通信除 SFC 采用多模光纤连接外，均采用屏蔽双绞线连接，通信速率均为 9600b/s，LCU3 在 SFC 和机组 LCU 之间起到桥梁作用，SFC 拖动时所需的大部分信息和命令均由它来传送。

10.3.2.3 现地控制单元 LCU

1. LCU 基本构成

（1）现地控制单元 LCU 分别布置于各自的控制对象旁，系统采用模块化和结构化设计，包括网络设备、智能主控制器、彩色触摸屏、自动/手动同期装置、交流采样装置、必要的切换开关、交/直流冗余电源模块、仪表、指示灯和按钮。

（2）现地控制单元为 SATAK1703 智能控制模块，CPU 型号 Intel386Ex。这些冗余的 AK1703 智能控制模块处理所有与机组控制和机械保护相关的应用程序，如主控制 CPU 发生故障，系统会将控制权自动切换到备用控制 CPU。AK1703 智能控制模块具有与一次设备接口的智能 I/O 板，这些智能 I/O 板由冗余的控制 CPU 通过高速 Ax 总线进行控制。还具有全集成一体化的智能交流采样模板 AI1304，通过 4MB 高速 Ax 总线与 AK1703 智能主控部件通信，无串行通信的瓶颈问题，可以输入 3 路 CT 二次电流、4 路 PT 二次电压，并可计算出有功、无功、频率和功率因数，不需电量变送器，可靠性高。用于单元控制设备的编程方法及编程语言 CAEx（功能图编程软件）。

（3）机组现地控制单元可以不依赖于其他现地控制单元和主控级，独立地控制机组及其辅助设备、发电机出口断路器、主变压器和高压侧断路器等。现地的彩色触摸屏允许自动或分步的各种控制方式。主控制盘前的切换开关用于控制权限的切换。如果该切换开关切换到现地，所有来自主控级或调度中心的命令都会被屏蔽；主控制盘设有一个紧急停机按钮，该按钮可以在任何控制方式下紧急停下机组。

（4）LCU 控制柜除了计算机监控逻辑进行机组顺序控制之外，LCU 还配备了一套常规自动控制回路，用于紧急情况时将机组隔离到最安全状态。

2. 系统性能指标

①MTBF ＞44676h；②现地单元 CPU 频率 56MHz；③实时响应指标 1ms；④现地单元存储器容量 16MB；⑤CPU 负载率＜50%；⑥Ax 总线通信速率 16Mb/s。

3. 机组现地控制单元 LCU 功能

该单元监控范围包括水泵水轮机、发电电动机、主变压器、机组进/出水阀、尾水进出水口闸门、机组附属及辅助设备等。考虑到机组附属设备如机组压油装置启动频繁，且与机组控制程序关系不密切，采用单独小型 PLC 进行控制。

（1）数据采集和处理。采集机组、主变压器、机组进/出水阀和尾水进出水口闸门的各模拟量、开关量、机组温度量、机组振动、摆度、气隙、蠕动、流量及压力的数据采集，对这些数据进行越限检查，并将越限情况与数据送往电站控制级，同时在机组 LCU 上也有报警显示和音响。

（2）安全监视。监视面板可显示机组、主变的主要电气量和温度量以及有关辅助设备的状态或参数及主要操作画面；在机组 LCU 上还可观察全厂的其他设备运行情况。在机组 LCU 上可以监视并进行 2 台机组的背靠背分步启动操作；机组启动前的启动条件监视：在机组处于停机备用状态时，检查其是否具备发电或抽水启动的条件，如油压、气压、主辅设备状态和有无故障等。如有异常情况，除在现地指示外，还应上送电站控制级显示与打印。工况转换过程的顺序监视：连续监视机组各种工况转换过程的操作顺序步的运行，并将主要顺序步上送电站控制级。遇到顺序阻滞故障，则将机组转到安全工况。在值守人员确定原因并消除这种阻滞时，应允许由人工干预回到初始状态；机组 LCU 异常监视。

（3）控制与调节。机组 LCU 在没有电站控制级命令或脱离电站控制级的情况下，能独立完成对所控设备的闭环控制，保证机组安全运行。

1）机组 LCU 能与地下厂房 SFC 系统、励磁系统、调速系统协调配合，可以自动或以分步操作方式完成机组的工况变换，并完成有功功率、无功功率的调整任务。

2）机组 LCU 包括对机组控制范围内的断路器和各种隔离开关（不包括检修接地隔离开关）的分合控制。所有的开关控制都具有严格的安全闭锁逻辑。

3）机旁设有控制权切换开关，为"远方/现地"。当开关置于"远方"时，机组受控于电站控制级；置于"现地"时，由运行人员通过机组 LCU 对机组进行控制，机组以"自动"或"分步"方式进行，各操作完成后，现地控制单元均有返回信息。

（4）同期机组同期并网方式。机端 13.8 kV 断路器（GCB）、主变压器 220kV 侧断路器都为同期点。

机组同期设自动准同期和手动准同期两种。两个断路器均可以实现自动准同期和手动准同期。自动准同期作为机组发电、抽水工况正常同期并列之用，由维奥公司提供的 SYN3000 型自动准同期装置实现。自动准同期装置安装在机旁控制屏上，机旁控制屏上还设置手动准同期装置及相应表计，包括双电压、双频率指示仪表、同期指示仪表、同期方式选择开关、同期对象选择开关、电压、频率调整开关。在远方和现地均可对两个断路器实现自动准同期合闸。为防止机组非同期并网，设有非同期闭锁装置，当相角差过大时闭锁合闸回路。

（5）测量。对电站的电量、非电量等的信息均由现地控制单元采集，由现地控制单元液晶触摸屏和操作员工作站显示。另外，为便于运行人员监视，在机组 LCU 还设有简化的模拟仪表，包括有功功率表、无功功率表、电压、频率、电流表等。

（6）机组控制单元顺序控制。机组运行工况有发电、抽水和静止 3 种；工况转换方式有静止—发电、发电—静止、静止—抽水和抽水—静止 4 种。机组抽水启动通常采用 SFC 变频启动装置，当 SFC 退出运行时，可用一台机组以背靠背方式启动另一台机组。第一台机组投运时抽水启动只能以 SFC 启动。机组运行方式包括水轮发电机发电运行、水泵电动机抽水运行、发电启动、水泵启动、电气制动停机、事故停机和紧急停机等。

正常停机时，采用电气制动和机械制动混合制动方式，机组电气事故停机时则将电气制动闭锁，只采用机械制动。

机组紧急停机控制命令与事故停机命令具有最高的优先权。机组紧急停机顺序操作由安全装置自动启动或机组 LCU 屏上的机组紧急停机按钮控制，作用于机组直接与系统解列并停机等操作。机组电气保护作用于机组事故停机，与系统解列并停机。机组机械保护作用于机组停机，应先减负荷至空载，然后与系统解列。反映主设备事故的继电保护动作信号，除作用于事故停机外，还应不经 LCU 直接作用于断路器和灭磁开关的跳闸回路；机组辅助设备启动/停止控制；上述各项控制在 LCU 的屏幕上显示相应的顺控画面。如遇顺序阻滞、故障步用不同的标色明显显示。

（7）数据通信。

1）完成与电站控制级的数据交换，实时上送电站控制级所需的过程信息，接收电站控制级的控制和调节命令。

2）接收电站的卫星同步时钟系统（GPS）的信息，以保持与电站控制级同步。

3）与调速器、励磁系统、机组及主变保护设备，及与微机温度巡测装置、微机自动准同期装置之间留有串行通信接口。

（8）自诊断功能。计算机监控部件和模块，所有 I/O 模板都是智能模板，板上带有处理器，从而使计算机监控系统智能分散、功能分散、危险分散，单一处理器失效只能导致单一功能失效，不会影响系统其他功能，从而提升整体系统可靠性与可用性，缩短了平均检修时间。

监控系统自投运以来，运行正常，具有可靠、完善的监控功能，能实现梯级中心对白山三期抽水蓄能电站的自动监视、控制与调节，实现厂站梯级间经济运行，能满足大型蓄能机组控制在可靠性、实时性和安全性等方面的要求。

10.3.3　江苏沙河抽水蓄能电站计算机监控系统

江苏沙河抽水蓄能电站于 2002 年 7 月建成投运，装有 2×50MW 的可逆式水泵水轮机组，并以一回 220kV 出线在溧阳变电站接入江苏省电网，受江苏省电网调度中心调度，承担调峰填谷任务。电站计算机监控系统按"无人值班"（少人值守）原则设计，监控系统选用南瑞自动控制公司的 SSJ－3000 系统，采用基于以太网的开放式全分布结构。通过投运以来的实践证明，国内开发的计算机监控系统完全可以很好地用于抽水蓄能电站。

10.3.3.1　监控系统的结构和配置

1. 系统结构

系统采用基于以太网的开放式全分布结构，分为主控级和现地控制级。如图 10.5 所示，主控级设有 2 台主计算机兼操作员工作站、1 台工程师兼培训工作站、2 台通信服务器、2 台打印机、1 套卫星时钟装置（GPS）和以太网络以及不间断电源装置（UPS）等设备。现地控制级（LCU）包括 2 套机组单元、1 套公用开关站单元、1 套上库闸门单元和 4 套辅机控制单元（包括厂用电自切装置，技术供水泵、渗漏排水泵和消防供水泵控制装置）。2 套机组单元与公用开关站单元 PLC 间构建 Genius 网，主要用于抽水工况启动过程的 PLC 间信息交换。

2. 主控级配置

（1）主计算机兼操作员工作站 2 台。采用 64 位 CPU 的 Sun Ultra 5 工作站，双屏显示，2 台工作站冗余配置，以主/热备用方式工作，主从可人工设置，当主机因故障退出时，从机将自动转为主机。

（2）工程师兼培训工作站 1 台。采用 64 位 CPU 的 Sun Ultra5 工作站，单屏显示，用于系统维护，还可以进行数据库、画面、报表和顺控流程等的修改，能够进行软件开发、编程和运行人员培训，并兼有操作员工作站的全部功能。

（3）通信服务器 2 台。采用 ICS 工控机，单屏显示，配冗余 Modem 用于与江苏省电网调度中心通信，其中 1 台与信息管理系统（MIS）等其他计算机系统通信。

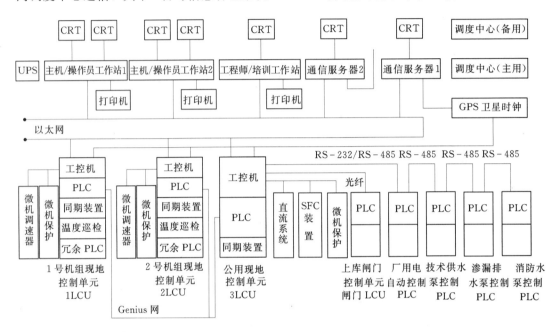

图 10.5　江苏沙河抽水蓄能电站计算机监控系统结构

（4）GPS 卫星时钟装置 1 套，EtherWay/2Hub 网络集线器 1 台，主控级与现地控制单元级间用光纤以太网连接。

3. 现地控制单元级配置

（1）机组现地控制单元由带彩色液晶显示的 CONTEC 一体化工控机、GE90 - 30 主 PLC 及 GE90 - 30 紧急停机冗余 PLC 组成，并配置温度巡检装置 SJ - 40 和微机自动准同期装置 SJ - 12C。机组现地控制单元设有紧急停机按钮，以保证机组在发生事故时能手动操作停机。

（2）公用开关站现地控制单元由彩色液晶显示的 CONTEC 一体化工控机和 GE90 - 30 PLC 组成，并配置微机自动准同期装置 SJ - 12C。该控制单元通过光缆能够与上库配电室的闸门 LCU 通信，对上库水位和上库事故检修闸门进行监视和控制。

10. 3. 3. 2　监控系统的功能

1. 主控级的功能

主控级为电站计算机监控系统的管理控制中心，主要功能为收集由各现地控制单元采集的电站设备的运行参数，进行自动发电控制（AGC）、自动电压控制（AVC）计算和处理、数据库管理、综合计算；监视电站设备的运行状态，进行事故故障信号的分析和处理以及实时图形显示；控制与操作电站主要设备；根据系统给定的有功/无功实现有功/无功分配和调整、频率和电压控制；编制和打印运行报表及事故/故障报表；事故时能够进行语音报警；通过光纤和电力线载波与江苏省电网调度中心进行通信、交换信息、对电站进行远程监控；具有自诊断功能；监控系统可在工程师兼培训工作站进行应用软件的编辑、调试和修改、运行人员操作培训、软件开发等工作。

2. 现地控制单元的功能

机组现地控制单元的监控范围主要包括水泵水轮机-发电电动机组及其附属设备，以及相应的发电电动机电压配电设备。其功能为对被控设备进行数据采集和处理，实现机组开/停机和工况转换顺控操作、同期、监视、报警。顺控操作流程的控制逻辑采用 PLC 梯形图语言编制，使用方便、容易修改。机组现地控制单元设有串行通信口，可与机组保护、调速系统、温度巡检装置、同期装置进行通信。

公用开关站现地控制单元的监控范围主要包括 220kV 开关站、变频启动器 SFC、厂用电系统、直流系统、全厂公用辅助设备、上库和下库事故检修闸门等。其功能为对以上设备进行数据采集和处理、监视和报警；对被控设备进行控制操作。公用开关站现地控制单元的工控机与 SFC、直流系统、全厂公用辅助设备控制装置采用 Modbus 协议进行串口通信，与上库闸门 LCU 则通过光纤/RS-232 的转换进行通信，达到在中控室远程监视、操作闸门的目的。

10.3.3.3　运行控制方式

1. 电网调度中心远程控制

江苏省电网调度中心对沙河抽水蓄能电站实施远方监控。操作对象为 220kV 线路断路器、主变有载调压分接头，并对每台机组的运行方式、电站的总有功功率、电站的日负荷曲线及 220kV 母线电压设定值进行调度控制。

2. 电站中控室集中控制

电站的中控室集中控制方式可分为自动控制和操作员控制。

自动控制方式：电站主控级计算机按预先给定的负荷曲线和 220kV 母线电压，或按系统实时给定的负荷和 220kV 母线电压及其他限制条件确定机组的工况、开机台数，自动完成机组的开/停、工况转换、同期并网、负荷分配和调整。

操作员控制方式：中控室操作人员通过控制台上的显示器、鼠标、键盘等人机界面设备，对电站的被控设备进行监视和控制，电站的功率调整既可单机控制，也可成组控制；机组的开/停、工况转换，可采用一个命令自动完成整个过程，也可分步进行操作。

3. 现地控制

在机旁盘和继保室，操作人员可通过现地控制单元 1LCU、2LCU 和 3LCU 分别对每台机组进行开、停机和工况转换操作。整个过程可一个命令自动完成，也可分步进行操作（在调试时采用）。

10.3.3.4　软件系统

系统软件采用基于 RISC 技术的 UNIX 环境下的 NARI Access 开放的分布式计算机监控系统软件，其用户接口采用 X Window/Motif，能够实现图形显示、报表和记录的显示打印、报警及信息显示、功能键盘管理、应用系统管理等功能。

网络通信接口为 TCP/IP 网络协议，并采用 Client/Server 模型。数据库是一个基于开放式网络系统的面向实时监视和控制对象的分布式数据库管理系统，可进行数据库加载、运算处理、备份及数据存取处理，各节点数据库的数据可通过网络共享。软件系统还配有 AGC/AVC、交互式图形编辑、报表编辑等模块。

10.3.3.5 监控系统的特点

（1）电站采用全计算机监控方式，不设常规监控设备作备用，中控室运行值班员通过 2 台配有双屏彩色显示器的主计算机兼操作员工作站对全厂主要运行设备进行监控，中控室不设模拟信号屏。

（2）每套机组 LCU 设有 1 套冗余顺控 PLC 控制单元，用于机组紧急停机。一般情况下，该流程与主 PLC 中的紧急停机流程同时执行。当主 PLC 故障或失电时，机组通过停机流程停机，确保机组及其附属设备的安全。该装置具有简单、可靠的特点。

（3）为适应抽水工况的需要，2 套机组 LCU 与公用开关站 LCU 各设 1 块 GCM 模块构成 Genius 网，用于 PLC 间交换信息。Genius 通信总线通过对等的噪声免除网络最佳化功能，可以提供控制数据的高速传输。当机组采用 SFC 启动抽水时，需要公用开关站 LCU 适时开启 SFC 冷却水，此功能由机组 LCU 通过 Genius 网发送命令给公用开关站 LCU 来实现。同样对于 BTB 启动，两套机组 LCU 也要通过 Genius 网交换信息。

（4）机组 LCU 和公用开关站 LCU 都通过工控机，采用 Modbus 协议与调速器 Neyrpic1500、机组保护 SR489 及公用辅助设备控制装置等进行串口通信，再通过串口通信将所需信息传送给 PLC 以满足流程控制需要，简化了设计。

（5）计算机监控系统通过两台通信服务器经光纤和电力线载波两个通道与省调通信，采用异步面向字节的通信规约，实现省调对电站的遥信、遥测、遥控、遥调功能。

通过沙河电站计算机监控系统机组控制流程的编制设计、现场调试、试运行和商业运行，证明了国内开发、并且经过实际运行考验的计算机监控系统，可以很好地用于抽水蓄能电站进口水泵水轮机–发电电动机组。

思 考 题

1. 抽水蓄能电厂有什么特点？对其控制有哪些特殊要求？

2. 与一般水电厂相比，抽水蓄能电厂计算机监控系统的结构有什么特点？

3. 以蒲石河抽水蓄能电站为例，简要说明大型抽水蓄能电站计算机监控系统的结构及特点。

4. 以白山三期抽水蓄能电站为例，简要说明中型抽水蓄能电站计算机监控系统的结构及特点。

5. 以沙河抽水蓄能电站为例，简要说明小型抽水蓄能电站计算机监控系统的结构及特点。

第 11 章

梯级水电厂计算机监控系统

11.1 梯级水电厂控制的特点

梯级水电厂之间不仅存在电力方面的联系，而且存在水流方面的联系，其中某一级水电厂水库的调节作用，可使其下游的所有梯级水电厂受益；上、下游水库联合调度，可协调解决发电和其他用水要求的矛盾等。梯级水电厂之间关系较一般水电厂之间的联系更为密切和复杂，因而梯级水电厂的监控具有一系列的特点，其主要特点如下：

（1）上游水库径流调节。上游水电站水库调节径流可增大下游所有梯级水电站的保证出力和年发电量。上游水电站水库在汛期蓄水，所蓄水量转移到枯水期利用，下游各级水电站也相应减少汛期通过水量，增加枯水期通过水量，减少汛期弃水，增加枯水期发电量，同时下游的低水头水电站可以避免汛期因水头降低而产生受阻出力或减少受阻容量。如中国雅砻江上规划的两河口水电站，电站本身的保证出力只有 870MW，但由于它的水库调节，使下游 10 级水电站增加保证出力 3400MW。

（2）上、下游水库联合调度。上、下游水库联合调度，可协调发电和其他用水要求的矛盾。如三峡水利枢纽承担电力系统调峰任务，因而出库流量每昼夜很不均匀。为满足航运要求，葛洲坝水利枢纽进行反调节，把不均匀的入库流量调节成均匀的出库流量，使下游水位不陡涨陡落以保证航运。又如龙羊峡水库与刘家峡水库联合调度解决发电与灌溉用水的矛盾。灌溉期，刘家峡水库多放水，与其下游各级电站在日负荷的基荷区或腰荷区运行，多发电，以满足其下游灌溉用水；而龙羊峡水库少放水，与其下游刘家峡以上的梯级水电站一同少发电量，可在日负荷高峰区运行，把水蓄起来待枯水期利用。非灌期，龙羊峡多放水多发电，刘家峡少放水少发电，两组水电站群的工作位置相互交换。经过龙羊峡和刘家峡两座大水库联合调度，既充分满足刘家峡水电站下游河段灌溉用水的要求，又使黄河上游的梯级水电站整体按电力系统的要求运行。

（3）梯级水电厂的经济运行。由于在同一河流，处于下一级水电厂的来水量不仅取决于河流的径流来水，而且还取决于上一级水电厂的放水情况。上、下游水电厂之间必须协调运行。如果水库库容小，上、下游水电厂运行不协调，容易导致水库被迫溢流弃水，或者拉空，这是不希望发生的。因此，要求进行"同步"运行，即上游水电厂多发电（多放水）时，要求下游水电厂也多发电（多放水）。如果水库库容大，不会发生弃水或拉空，但如何最经济地用水发电，同样具有重要的经济意义。据有关资料介绍，法国罗纳河梯级电厂采用计算机监控实现梯级电厂经济运行，可获得的经济效益为 4%。梯级水电厂的经济运行与水电厂经济运行既有相同之处，也有较大的差别。它涉及的问题比较多，采用的数学模型和算法也要复杂得多，难度较大，有待进一步研究解决。行业标准将实现整个梯级的自动控制经济运行列为梯调监控系统的主要功能之一。

（4）洪水控制和水情自动测报。梯级水电厂除发电任务外往往还肩负着防洪的任务。由于地理上的原因，洪水暴涨暴落是我国许多山溪性河流的特性之一。特别是汛期，暴雨频繁，强度大，来势猛，洪水过程线陡峻。一旦发生暴雨洪水，只要几个小时就到坝前。我国已发生过多起洪水过坝，水电厂厂房被淹等重大事故，对流域内人民的生命财产安全造成严重损失。为此，建立现代化的水情自动测报系统，就成为梯级水电厂实现洪水控制的重要任务。

在洪水期间，根据水情测报系统提供的洪水过程预报，梯级水电厂必须提前降低大坝水库水位，开启溢洪闸门放水，使水库保持安全水位，以便洪水到来时进行蓄水，而在洪水末尾时，要提前关闭溢洪闸门蓄水，为今后的发电提供足够的水源。

此外，梯级水电厂要实现整个梯级的自动经济运行也必须掌握河流径流来水情况，水情自动测报系统为此提供了极其重要的技术保证。

（5）可靠的通信。梯级水电厂一般处于高山边远地区，地形复杂，交通不便，各水电厂之间、水电厂与梯级调度中心之间以及梯级调度中心与系统总调度之间的联系主要靠通信。整个梯级水电厂的监控系统能否正常运行与通信是否可靠是紧密相关的，一定要保证通信的可靠性。因此，各水电厂之间、水电厂与梯级调度中心之间以及梯级调度中心与系统总调度之间的通信常采用冗余方式，以提高系统的可靠性。可采用的方式有电力载波、微波、双绞线、同轴电缆、光缆甚至卫星通信。

11.2　梯级水电厂计算机监控系统的功能、结构与配置

11.2.1　梯级水电厂计算机监控系统的主要功能

梯级水电厂要实现的主要功能如下：

（1）对各被控水电厂机电设备主要运行参数的检测和处理。这些主要参数有：机组的有功功率、无功功率、电流、电压；线路的有功功率、无功功率、电流、电压、频率；水库水位和下游水位等。

（2）对各被控水电厂开关量的采集和事件顺序记录。这些开关量包括：机组的运行状态；各断路器和隔离开关的位置；主要保护和自动装置的动作信号；各种越限信号；溢洪闸门的开启位置；主变压器分接头位置等。并对重要数据进行事故追忆，这些重要数据有：220kV 及以上电压各母线的频率和电压；220kV 及以上电压出线电流；大型发电机的电压和电流等。

（3）对各被控水电厂的遥控和遥调。遥控的项目有机组的工况转换、主要断路器和隔离开关的操作。遥调的项目有各被控厂或机组的有功功率和无功功率给定值、调节主变压器的分接头位置。

（4）梯级水电厂的经济运行。应根据上级调度所的命令、水情等条件和梯级水电厂的实时情况，按照经济和安全准则，制定各被控水电厂的运行计划，实现整个梯级的自动经济运行，按电力系统调度自动化的要求，将各被控水电厂的主要信号和参数送至上级调度所。

（5）显示、记录、打印、制表。

11.2.2　梯级水电厂计算机监控系统的结构

过去，曾采用由系统总调直接控制各梯级水电厂机组的监控方法。这种方法给总调增加了许多工作量，而且很不方便，难以实现梯级水电厂的经济运行。目前普遍认为，实现计算机监控以后，应设立梯级调度层，由梯级调度层的计算机监控系统来实现对各被控水电厂的监控。那种由总调的计算机监控系统对梯级水电厂机组进行直接控制的做法正逐渐被放弃。梯级调度层地理上既可以单独设置在一个适宜的地方，也可以与梯级中的某一个水电厂结合在一起。梯级调度层对被控水电厂的控制方式有 3 种。

1. 梯级调度计算机监控系统与被控电厂计算机监控系统通过远程通信联网

这是一种比较合理的计算机分层结构，它接线简单，功能层次分明，上、下级协调工作，充分发挥电厂级计算机的作用，减轻梯级调度计算机的负担，更能根据各水电厂的实际情况使它们运行于最优工况。梯级调度对电厂的控制是通过电厂级计算机实现的，一般只给定各被控制电厂的总功率，由电厂级计算机自行确定该电厂的运行工况（多少台机运行、哪几台机运行、各台机出力多少），它不直接控制各电厂的机组。这种方式适用于被控电厂容量较大、厂内单独设置计算机监控系统的情况。随着计算机技术的发展，价格的下降，这种方式将会得到日益广泛的应用，并将应用到被控电厂容量较小的情况。

2. 梯级调度层计算机控制系统直接控制被控制电厂的机组

采用这种方式时，不设电厂计算机监控系统，或仅设数据处理系统，机组控制单元直接受控于梯级调度层的计算机监控系统，充分发挥梯级调度计算机的作用，但增加了电厂与梯级调度之间的信息传送量，依赖性比较大，可靠性有所降低。机组台数越多，电厂离梯级调度距离越远问题越严重。这种方式一般适用于机组台数较少、电气接线简单、电厂离梯级调度距离不远的情况。

3. 梯级调度层计算机监控系统通过远动装置控制被控水电厂的机组

采用这种方式时，梯级调度计算机监控系统通过远动装置对机组实现监控。此时，可以有以下两种情况：

（1）电厂控制层不设单独的计算机系统，而是将电厂控制层与机组控制层合并，由一个微机远方终端（RTU）进行监控，就是所谓大 RTU 方案。在这种情况下，RTU 装置实际上是一台微机远动装置，主要负责遥信和遥测信号的采集、处理和发送，同时接收梯级调度下达的控制调整命令，并以开关量或模拟量形式送给机组的远动装置。这种 RTU 具有当地集中显示、打印和事件记录功能，一般不具有顺序控制功能。机组的顺序控制需另设常规控制设备或可编程控制器。

（2）电厂层设计算机系统，但它与梯级调度无直接联系。梯级调度对机组的调度控制与厂内计算机监控系统彼此独立，各自分工明确。梯级调度计算机监控系统通过远动装置收集信息（遥测、遥信），了解电厂的运行情况，同时通过远动装置将控制调整命令送到机组的自动控制装置（机组操作用可编程控制器、调速器、励磁调节器），实现遥控和遥调。远动装置采用微机型的，电厂级计算机只对远动状况进行监视和记录，进行数据处理但不发操作命令。如果远动系统发生故障退出工作，计算机就按存储的远动计划对机组进行控制和调整，但此时经济效益就要有所降低，不能运行于最优工况。

这种方式适用于电厂容量较小、且机组台数不多的情况。

11.2.3　梯级水电厂计算机监控系统的配置

各被控电厂计算机监控系统的配置已由前面各章进行了详细的叙述，这里不再重复。这里只介绍梯级调度层计算机监控系统的配置。

1. 配置原则

考虑到梯级调度计算机监控系统实现的是实时控制，对可靠性要求比较高，因此，宜采用双机或冗余的多微机（工作站）系统。

开放式系统具有便于扩充、软件便于移置、不同系统之间有相互操作性等优点，梯级调度计算机监控系统宜采用开放式系统。

水情自动测报和洪水控制需要大量的计算机工作，特别是在洪水季节，计算机工作量和频度更大。这种计算与发电控制比较独立，不宜采用一套计算机系统，水情自动测报和洪水控制需单独设置计算机系统。

为了提高可靠性，计算机系统各项设置之间宜采用双总线连接。宜设置两个操作台，互为备用，供梯级调度工作人员使用。还应设置一个工程师站，供程序调试、监视维护之用。

通信是非常关键的。梯级调度与被控水电厂之间的通信应高度可靠，宜双重化。此外，还应与上级调度所、水情自动测报系统和洪水控制系统进行通信联系。为了记录、显示、打印、制表，应设置多台打印机和相应的服务器。为了获得正确的时间信号，有时还要设置卫星时钟同步系统。

2. 典型的梯级调度计算机监控系统配置

根据上述原则，典型梯级调度计算机监控系统配置如图 11.1 所示。

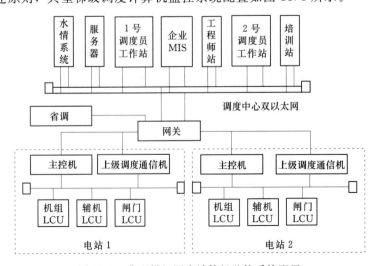

图 11.1　典型梯级调度计算机监控系统配置

11.3 梯级水电厂计算机监控系统的应用实例

11.3.1 三峡梯级水电厂计算机监控系统

三峡梯级水利枢纽是长江干流上第一个大型综合利用水利枢纽，具有防洪、发电、航运等综合经济效益。三峡水利枢纽由大坝、左右岸电站、通航设施等主要建筑物组成；左、右岸电站分别装机 $14 \times 700MW$ 和 $12 \times 700MW$；通航设施为设在左岸的永久双线 5 级船闸。三峡水利枢纽下游 40km 是葛洲坝水利枢纽，它包括大江电厂、二江电厂、500kV 变电所、220kV 开关站以及 3 个船闸、1 个泄水闸和 2 个冲沙闸等。

三峡与葛洲坝水利枢纽之间距离近且河道狭窄，葛洲坝枢纽作为三峡工程的航运反调节梯级，其可调节库容十分有限。在汛期，发电和航运必须服从长江防洪的要求；电站进行日调节时必须考虑不稳定流对三峡和葛洲坝下游航道及航运的影响。两枢纽在综合利用的各个方面存在着较强的相互制约与影响。为保证两枢纽的安全可靠运行，并充分发挥两枢纽在防洪、发电、航运等方面的综合效益，按照枢纽的规划设计，两枢纽在防洪、发电、航运等方面必须按梯级枢纽运行，实行联合统一调度，并应实现梯级调度管理的自动化。

11.3.1.1 三峡梯级枢纽的运行监控及管理自动化系统总体结构

三峡梯级枢纽的运行监控及管理自动化采用分层分布式体系结构，整个系统分为 3 层：调度层、梯调层和厂站层。调度层是指对整个三峡梯级枢纽的防洪、发电进行宏观协调及指挥的上级调度部门，包括国家防汛总指挥部、长江防汛总指挥部、国家电网调度中心等；梯调层是指对三峡与葛洲坝枢纽的防洪、发电、航运进行统一联合调度及管理的一套计算机监控系统（简称梯级调度计算机监控系统）；厂站层是根据枢纽设施的功能或专业的特点、按管理范围或地理位置等因素划分系统，并建立对设备进行控制、监视与管理的计算机监控系统，三峡梯级枢纽厂站计算机监控系统包括三峡梯级水调自动化系统、三峡左岸电厂计算机监控系统（含三峡泄洪闸）、三峡右岸电厂计算机监控系统（含地下电厂）、葛洲坝大江电厂计算机监控系统、葛洲坝二江电厂计算机监控系统、葛洲坝泄水闸计算机监控系统等，其中葛洲坝大江电厂计算机监控系统、葛洲坝二江电厂计算机监控系统、葛洲坝泄水闸计算机监控系统等项目已于 1992 年建设完成并投入使用，三峡梯级水调自动化系统、三峡左岸电站计算机监控系统与梯级调度计算机监控系统也于 2003 年建成并投入使用，三峡右岸电站计算机监控系统随主体工程的建设进度于 2007 年建成并投入使用。

三峡电站及梯级调度计算机监控系统是一个完整的开放冗余网络型分层分布的梯级电站实时闭环过程控制系统，既可通过梯调中心的计算机监控系统实现整个梯级电站的远方集中监控和综合调度与调节，也可由各电站的厂级监控系统独立完成本站的闭环自动控制功能。

11.3.1.2 三峡梯级调度计算机监控系统

三峡梯级调度计算机监控系统是三峡梯级枢纽自动化系统中的梯级调度层的计算机系

统。为实现三峡梯级枢纽运行管理的自动化，按照三峡梯级枢纽自动化的总体设计，三峡枢纽的运行监控及管理自动化采用分层分布系统，根据枢纽设施的功能或专业特点，按枢纽地理位置分布及管理要求分别设置了计算机系统，包括三峡梯级水调自动化系统、三峡左岸电厂计算机监控系统（含三峡泄洪闸）、三峡右岸电厂计算机监控系统（含地下电厂）、三峡通航调度系统、三峡通信监测系统、三峡火灾监测系统、三峡和葛洲坝 MIS 系统、葛洲坝大江电厂计算机监控系统、葛洲坝二江电厂计算机监控系统、三峡梯级图像监控系统等。在这些系统之上设梯级调度层计算机监控系统，即三峡梯级调度计算机监控系统，由该系统对两枢纽的泄洪、蓄水、发电、航运等进行统一联合调度及管理，并统一对外，以保证三峡梯级枢纽的安全可靠运行和发挥最大的综合利用效益。另外，三峡和葛洲坝电站均按"无人值班"（少人值守），并以三峡梯级调度作为其值班监控设计，故三峡梯级调度计算机监控系统还具有对三峡、葛洲坝电厂的发电设施及两枢纽的泄洪设施进行集中监视、实时控制、集中管理及联合调度的功能。

　　三峡梯级调度计算机监控系统设计充分考虑了三峡、葛洲坝水电站自动化程度高，以及三峡枢纽施工工期长，需分期、分批投入的特点，采用统一调度、集中监视、分层控制的原则。系统结构采用功能分布开放式模块化冗余结构，在系统配置和设备选型上结合计算机技术迅速发展的特点，充分采用计算机和网络领域的先进技术及产品。软、硬件均采用模块化结构，使之具有良好的扩充性，便于实现软件及硬件设备的扩充，及方便地实现与其他设备或系统的连接。系统还具有高度的安全性和可靠性、实时性和实用性。

　　1. 系统结构

　　三峡梯级调度计算机监控系统结构如图 11.2 所示。该系统在地理位置上分为两部分：位于三峡坝区的梯级调度中心内的梯调中心计算机监控系统和位于葛洲坝坝区的梯级调度培训站，两部分通过千兆以太网实现广域网连接。梯级调度中心内的梯级调度中心计算机监控系统是整个三峡梯级调度计算机监控系统的核心，梯级调度监控系统的数据库维护、应用软件的运行、操作员站的运行监视等主要功能均在该系统内实现，并负责实现与三峡左岸电站计算机监控系统、三峡右岸电站计算机监控系统、三峡水调自动化系统、上级调度系统等的通信连接。梯级调度中心计算机监控系统采用以 CISCO 4003 交换机为骨干的高速冗余局域网结构，网络采用 TCP/IP 协议，遵循 IEEE802.3U 标准。两台 CISCO 4003 交换机分别通过 100Mb/s 和 1000Mb/s 的接口将各功能节点相连接。

　　位于葛洲坝坝区的梯级调度培训站是三峡梯级调度计算机监控系统的培训基地，负责实现与葛洲坝大江电厂计算机监控系统、葛洲坝二江电厂计算机监控系统的通信连接。梯级调度中心计算机监控系统与梯级调度培训站间通过 4 台 CISCO 7609 路由交换机（2 台位于梯级调度中心、2 台位于葛洲坝坝区）以 1000Mb/s 的接口实现广域网互联，连接介质为永久通信系统提供的专为梯级调度计算机监控系统使用的架空光缆（左、右岸各 4 芯光缆）。

　　三峡梯级调度计算机监控系统采用了功能分散的分布式体系结构，即梯级调度系统的功能分布在系统不同的功能节点计算机中，每个功能节点严格执行指定的任务，并通过网络实现互联。对于重要的功能，计算机采用冗余配置。按梯级调度计算机监控系统功能划分，在梯级调度中心主要配置了以下计算机设备：2 台实时数据库服务器、2 台历史数据库服务器、2 台应用程序工作站、6 台操作员工作站（操作员站按功能分为 2 台水调操作员站、3台电调操作员站和1台总调操作员站)、1台工程师工作站、2台网关通信机、1台语音报警机、1台报表管理机、1台曲线编辑机、1台网络管理机、1台防火墙机、1台外网通信处理机、1台 Web 服务器和4台监视查询终端等设备,此外在梯级调度中心还配置了大屏幕投影屏和常规模拟屏等大型监视设备。在梯级调度培训站,配置了2台互为冗余的培训服务器和用于接入用户培训终端的网络交换机等设备。用户可根据实际需要配置多台培训终端。

2. 系统功能及其实现

三峡梯级调度计算机监控系统的主要功能是接收上级调度部门对梯级枢纽运行调度的有关指令,对两枢纽的泄洪、蓄水、发电、航运进行协调,发布相应的调度指令,并对三峡、葛洲坝电厂及泄水闸进行集中监视与控制,实现对梯级电站的远程监控功能。

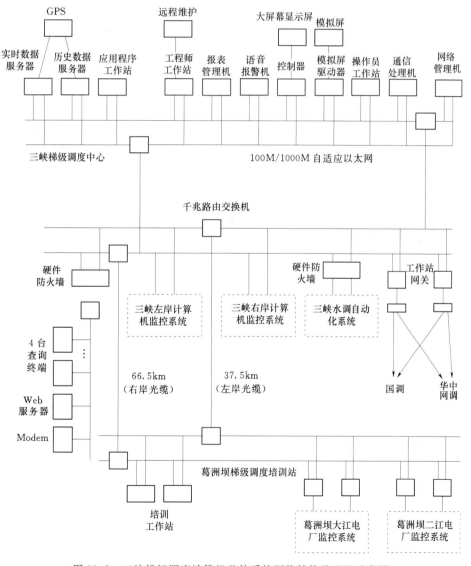

图 11.2 三峡梯级调度计算机监控系统网络结构及配置示意图

三峡梯级调度计算机监控系统除具有数据采集及处理、运行管理及指导、系统诊断及维护、培训及仿真、系统开发及维护等计算机监控系统的基本功能外，整个系统在水库调度及闸门控制、发电调度、控制调节操作、系统对外通信等方面具有其特殊性。

（1）水库调度及闸门控制。三峡梯级的水情测报及水库调度功能由三峡水库调度自动化系统完成，三峡梯级调度计算机监控系统负责采集三峡、葛洲坝泄水闸运行信息、发电设备运行信息，并传送给水库调度自动化系统，由水库调度自动化系统结合采集的两枢纽的水情、雨情、气象等信息，对梯级水库调度作出科学决策，并向三峡梯级调度计算机监控系统发送闸门控制指令（以命令报文的形式），由梯级调度监控系统对闸门控制指令进行分解，以单扇闸门设定值指令（以命令的形式）下发三峡左岸电站和葛洲坝二江电厂计算机监控系统，梯级调度监控系统同时对命令执行情况进行跟踪，生成命令执行结果报文返送给水库调度自动化系统。三峡梯级调度计算机监控系统不设具体的闸门集中控制软件，闸门的集中控制由厂站计算机监控系统完成。

（2）发电调度。发电调度是在满足三峡－葛洲坝水库调节特性、航运安全运行的前提下，考虑三峡电网安全、稳定运行要求和电站机组运行特性要求等约束条件的限制，将三峡枢纽和葛洲坝枢纽发电总功率按优化经济运行的原则分配到三峡和葛洲坝各电厂，其核心为梯级自动发电控制软件，即梯级 AGC 软件。

梯级 AGC 的工作方式分为两种：流域工作方式和厂站工作方式。在流域工作方式下，国家电网调度中心（以下简称国调）下发给梯级调度的调节指令为三峡枢纽发电总功率和葛洲坝枢纽发电总功率，梯级 AGC 根据枢纽各种约束条件的限制和经济运行的要求，将两枢纽发电总功率分配至梯级各电厂。在厂站工作方式下，国调下发给梯级调度的调节指令为梯级各电厂发电总功率，梯级 AGC 负责对国调下发的调节指令进行校核，以保证枢纽的安全运行为前提，在电网调度允许的情况下，作小范围调整。

梯级 AGC 的控制对象为梯级各电站，即葛洲坝大江电厂、葛洲坝二江电厂、三峡左岸电站、三峡右岸电站、三峡右岸地下电站。每个电站作为一个整体参加梯级 AGC 运行，其中三峡左岸电站、三峡右岸电站当其两段母线分段运行时，将分别作为两个独立电站（即左一电站、左二电站和右一电站、右二电站）参加梯级 AGC 运行。梯级 AGC 不直接控制到机组。

梯级 AGC 的调节权限分为"国调调节"和"梯调调节"两种模式。在"国调调节"模式下，梯级 AGC 接受由国调下发的功率给定值调节指令。在"梯调调节"模式下，梯级 AGC 接受由梯调操作员下发的功率给定值调节指令或按调度曲线调节。

（3）控制与调节。梯级调度计算机监控系统对梯级电站的远程监控采用"调节"和"控制"权限分开设置的方式。

梯级调度对梯级电站的远程调节包括以整个电站为调节对象的有功功率调节（梯级 AGC 功能）和以单台机组为调节对象的有功功率调节（单机有功设定），两种调节方式分设不同的切换开关，对应前者设置针对全厂的"梯调"、"站调"切换开关，当切换开关位于"梯调"，表示由梯调给定整个电站的有功功率调节值。对应后者设置针对单台机组的"梯调"、"站调"切换开关，当切换开关位于"梯调"，表示由梯级调度给定单台机组的有功功率调节值。

梯级调度对梯级电站的远程控制包括对 500 kV 开关站（含葛洲坝 220 kV 开关站）、断路器（主变高压侧断路器除外）和主变中性点开关的分/合闸操作、对单台机组的开/停机操作。根据三峡工程施工工期长，机组须分期、分批投运的特点，为了尽早发挥梯级调度计算机监控系统的作用，厂站计算机监控系统不设针对全厂的"梯控"、"站控"切换开关，而采用按单台机组、开关站分设"梯控"、"站控"切换开关的方式，以便于厂站设备分阶段提交给梯级调度远程控制。

当电站监控系统工作在梯级调度远程监控方式时（包括控制和/或调节方式），闭锁各电站相应的操作，由梯级调度监控系统发布相关的控制和/或调节指令。

（4）系统对外通信。为实现三峡梯级调度的统一调度、集中监视与管理的功能，梯级调度监控系统将与下列 3 类外部系统进行通信。

1）上级调度系统。三峡梯级调度计算机监控系统将与国调、华中网调、华东网调、华南网调、重庆网调进行通信，接收上级调度系统的调度指令，并向上级调度系统报送三峡枢纽的主要运行信息。三峡梯调与上级调度系统的通信接口由梯调监控系统的一对通信网关机引出，通过双绞线与国调设置在梯级调度中心的接入设备连接，通过国调系统的 SPDnet 网实现与国调及其他上级调度系统的通信，通信协议采用 IEC – 60870 – 6 TASE.2（1C – CP）规约。

2）实时监控子系统。三峡梯级调度计算机监控系统将与三峡左岸电站计算机监控系统（含三峡泄水闸信息）、三峡右岸电站计算机监控系统（含右岸地下电站信息）、葛洲坝大江电厂计算机监控系统、葛洲坝二江电厂计算机监控系统（含葛洲坝泄水闸信息）进行通信，采集上述计算机监控系统的实时数据，并向厂站计算机监控系统发送调度指令和控制命令。三峡梯调路由交换机通过 100Mb/s 接口与对侧系统的网关机连接，通信介质采用光缆。梯级调度与三峡左岸电站的通信采用 IEC – 60870 – 6 TASE.2（IC – CP）规约。梯级调度与葛洲坝大江、二江电厂的通信采用 IEC – 60870 – 5 – 104 规约。

3）梯级调度监控系统还将与三峡水调自动化系统进行通信，向三峡水调自动化系统传送与水库调度相关的枢纽运行信息，并接收三峡水调自动化关于三峡、葛洲坝泄水闸的控制指令。三峡梯级调度监控系统与三峡水调自动化系统通过中间数据库进行通信。各自系统通过 API 函数对中间数据库进行读、写，实现数据交换。

3. 系统特点

三峡梯级调度计算机监控系统采用 ABB 公司专门为电力调度系统开发的、具有国际先进水平的标准化开放系统——SPIDER 系统。三峡梯级调度计算机监控系统软件平台采用 UNIX 操作系统与 Windows 2000 操作系统结合使用的方式，系统中所有服务器及工作站采用 Tru64 UNIX 作为软件操作平台，使系统具有运行稳定、抗干扰能力强、数据处理速度快的特点；系统中所有 PC 采用 Windows 2000 作为软件操作平台，使系统具有良好、灵活的操作界面，并便于第三方软件嵌入。

三峡梯级调度计算机监控系统在硬件配置和设备选型上充分利用了计算机领域的先进技术及产品，核心数据库服务器选用 Compaq 公司的 Alpha Server ES40 产品，配置了 4 个 CPU 和 2 个 1000Mb/s 以太网接口，其他工作站选用 Compaq 公司的 Alpha Server DS10 产品。所有网络设备均选用国际知名的 Cisco 公司产品，其中连接梯级调度中心和梯级调度培训站的广域网交换机采用了 Cisco 公司的高端网络产品 OSR 7609 多层路由交换机，该产品支持 VLAN 和第 3 层网络交换功能。在系统结构设计上，充分考虑了系统实时性、安全性等要求，设置梯级调度系统专用的调度通信网，用于梯级调度与厂站实时监控子系统间的快速数据交换，而梯级调度与实时性要求不高的厂站集中监视子系统间的数据交换则通过三峡永久通信系统的通道平台进行。为了保证三峡梯级调度计算机监控系统的安全性，凡借用外网实现与梯级调度通信的外接系统（包括上级调度系统和集中监视子系统），在接入梯级调度监控系统时均需经防火墙进行隔离。

　　总之，三峡梯级自动化系统的设立，将三峡-葛洲坝梯级枢纽的水库调度、发电调度及航运调度融入一个系统中考虑，对于合理利用水资源、发挥最大的经济效益和保证梯级枢纽的安全稳定运行等方面具有十分重要的意义。此外，三峡梯级调度计算机监控系统形成了对三峡、葛洲坝电站及泄洪设施的集中控制和管理，提高了三峡-葛洲坝梯级枢纽的自动化水平。

11.3.2　白山梯级水电厂计算机监控系统

　　白山梯级水电厂位于吉林省东南部，松花江上游，是一厂两坝（白山坝、红石坝）四站（白山一、二、三期，红石站）的大型水力发电基地。至 2006 年 7 月，总装机容量 2000MW，承担东北电网调峰、调频和事故备用任务。1997 年开始实施"无人值班"（少人值守）工程，至 2005 年运行已有 8 年时间，计算机和网络设备等电子设备逐渐老化，各种设备故障频发，成为制约电厂安全运行的瓶颈。另外，白山两台 150 MW 抽水蓄能机组的发电，抽水蓄能机组监控的接入，对监控系统的性能指标要求更高，所以从 2005 年开始，为解决监控系统多年来暴露出的问题和老化现象，也为满足利用白山发电厂计算机监控系统对 2 台单机 150 MW 抽水蓄能新机组实现监视和控制的需求，决定采用 H9000 V3.0 版网络冗余的分布开放控制系统对原有 H9000 系统进行升级改造。升级完善了的计算机监控系统，具备了免维护、自诊断、自恢复功能，提高了远方操作、自动控制能力，使主设备运行更加安全、稳定、可靠。

11.3.2.1　系统总体结构

　　改造后的白山水电厂计算机监控系统采用分层分布式结构，共分 3 层：桦甸调度中心层、白山（红石）站级监控层及现地控制单元（LCU）层。系统仍由 3 个子系统组成：桦甸调度中心计算机监控系统（简称桦甸系统）、白山水电站计算机监控系统（简称白山系统）、红石水电站计算机监控系统（简称红石系统）。白山站级监控层与其现地控制单元层（11 套 LCU 包括白山右岸电站、左岸电站和三期蓄能电站）构成白山系统，控制、监视 5 台 300MW 混流式机组和两台 150MW 蓄能机组。红石站级监控层与其现地控制单元层（6 套 LCU）构成红石系统，控制、监视 4 台 50MW 轴流式机组。计算机监控系统采用中国水利水电科学研究院 H9000（H9000 V2.0 与 H9000 V3.0 同时运行）。计算机监控系统，实现梯级调度对厂站的自动监视、控制与调节以及梯级间的经济运行。

11.3.2.2　桦甸调度中心层

　　本层接受网调的控制命令，能对目前的白山一期、二期、三期蓄能电站、红石电站以及将来的红石扩建和抽水蓄能电站的全部运行设备进行控制操作，并能实现流域内经济运行，具有生产指挥系统和生产管理系统。具体功能如下：

（1）通过远程终端装置（RTU）实现与上级调度的远程数据通信，完成与东北网调之间的遥调、遥控、遥测等功能。

（2）根据网调下达的自动发电控制、经济调度等实时调节信号和要求，考虑每个水电站的具体情况和约束条件，调节厂站机组频率、有功功率，完成梯级水电厂间的实时经济调度和自动经济运行。

11.3.2.3　厂站控制层

各厂站控制层接收桦甸调度中心命令，对站内的全部水轮发电机组、变电站设备、厂用系统、直流系统、辅助系统进行监控；根据各种调度方式实现站内经济运行；监控方式以计算机监控为基础，常规电站中保留部分常规控制，采用双重冗余技术，提高系统的可靠性。

实时采集电站主要设备的运行状态、参数，完成对运行设备的集中监控，主要有自动越限报警、趋势分析、事故追忆、事件顺序记录、事故故障原因提示、事故语音报警等功能，实现梯级电站的经济运行、自动发电控制（AGC）和自动电压控制（AVC）、水轮发电机组的自动顺序启/停控制及负荷调整、断路器等重要电气设备的投切操作等自动控制功能。白山发电厂计算机监控系统网络结构图见第10章的图10.3。

11.3.2.4　现地控制单元

现地控制单元（LCU）由PLC、准同期装置、接口电路等构成，主要完成以下功能：

（1）数据采集和处理：采集机组、主变和线路的各种模拟量（非电气量、电气量）；累计机组、线路、厂变的有功电量和无功电量；采集主、辅设备状态及继电保护动作、操作顺序记录；传送模拟量、数字量、脉冲量和开关量的状态信息至主控级。

（2）安全运行监视：越限检查及开/停机过程监视。

（3）控制与调节：机组正常顺序开/停机控制，同期装置控制，事故停机控制，工况转换，有功、无功调节，灭磁开关控制，压油装置控制，主、备用水控制，励磁风机控制，电、机制动控制，开关、刀闸控制。

（4）现地控制：在控制面板上完成机组单步控制及断路器、刀闸控制。

（5）通信：定时向主控级传送机组及开关站、公用单元有关信息；随时接收主控级控制、调节命令。

（6）自诊断：检测24V电源、PLC系统运行状态、CPU硬件、系统内存、I/O模块、CPU模块电池状态及RTD。

（7）与调速器、励磁调节器、温度巡检装置通信：通过RS-232串行接口通信，使LCU按照有功给定或上位机自动调频给定发出增、减负荷脉冲宽度至调速器，自行测量实时有功值作为反馈信息，实现闭环调节。根据无功给定或发电机端电压、转子电流等约束条件向调速器发出增、减无功值脉冲宽度，定时采集温度巡检装置的实时数据。

11.3.2.5　集中监控的优点

通过桦甸梯级调度中心实现对现场设备的遥调、遥控、遥测、遥信，基本满足了远方集中监控运行的需要，改善了电厂生产人员的工作条件，提高了电厂的自动化水平和生产管理水平，实现了白山梯级电厂机组的经济运行，因而也就提高了机组的发电效率，集中监控产生的经济效益十分显著。如：①计算机监控系统自动实现历史数据库的建立、统计和累计，如开/停机成功率、强迫停机次数、正常运行小时数的统计和生产报表等；②实现集中监控后，运用 AGC 使机组经常运行于优化工况，达到少耗水、多发电的目的。若白山和红石联合实现梯级优化运行，可以有效节约水资源，提高发电效率和经济效益。据统计，水能综合利用率平均可提高 1%～4%，有的甚至可提高发电量达 6% 以上。

11.3.3　芭蕉河梯级水电站群监控系统

11.3.3.1　工程概述

芭蕉河水电站群位于湖北省恩施自治州鹤峰县内，监控系统控制对象为区域电站群内 7 个水电站，它们分别是已建的芭蕉河二级电站（装机 2×5MW，110/35/10kV 主变 1 台，35kV 出线 3 回，110kV 出线 1 回）、芭蕉河一级电站（装机 2×17MW＋1×1MW，110/10kV 主变 2 台，110kV 出线 4 回）、燕子桥河一级电站（装机 2×5MW，35/6kV 主变 1 台，35kV 出线 1 回）以及拟建的芭蕉河 3 级电站（装机 2×4MW）、燕子桥二级电站（装机 2×5MW）、叉溪河一级电站（装机 2×5MW）、叉溪河二级电站（装机 2×3MW）。从整个流域的装机容量看，芭蕉河水电站群属于典型的中、小型梯级水电站群。

已建的 3 个水电站均经过芭蕉河一级电站的 110kV 升压站后经过恩施州网送入主电网。水电站群计算机监控系统布置于芭蕉河一级电站内，距离鹤峰县城约 10km。已建的 3 个电站及水电站群监控系统均采用国电自动化研究院的 EC2000 计算机监控系统。该系统具有自主知识产权，按照"无人值班"（少人值守）设计，适用于中、小型水电站及中、小型水电站群的计算机监控。

11.3.3.2　设计原则及主要功能

　　1. 设计原则

水电站群监控系统按统一调度、集中监控、分级管理、分层分布式的基本原则设计，满足各水电站现地控制的独立性，同时达到"无人值班"（少人值守）的要求。

在水电站群后台监控系统和上级电力调度中心计算机系统之间进行通信，最终实现遥信、遥测、遥控和遥调的功能。监控系统能与电厂管理信息系统（MIS）、水情测报系统、火灾自动报警系统、工业电视系统及将来可能出现的其他系统进行可靠的通信。系统实时性好，抗干扰能力强，适应现场环境。采用分布式开放系统总线网络，既便于功能和硬件的扩充，又能充分保护用户的投资。采用通用的标准化组态软件，使系统更能适应功能的增加和规模的扩充，并能充分保护用户的投资。系统高度可靠，具有冗余容错设计，其本身的局部故障不会影响现场设备的正常运行，系统配置和设备选型适应计算机发展迅速的特点，充分利用计算机领域的先进技术，达到国内先进水平。

　　2. 主要功能

（1）对电站设备实现自动监视与记录。监控系统自动完成对几个电站设备运行数据的采集与处理以及设备运行状况的自动监视与记录，包括状态信息监视、模拟量信息监视以及故障/事故报警、记录与显示等。

（2）对电站设备实现自动控制。按调度中心要求或电站运行方式要求，对电站设备进行操作或调节，包括机组的正常开/停机、事故自动停机、机组有功/无功调节、单个设备及公用设备操作。在芭蕉河一级电站和芭蕉河二级电站间通过经济调度控制（EDC）功能实现水电站群的经济调度，合理利用水能资源。

（3）实现电站运行管理自动化。实现运行报表的自动生成、运行操作的自动记录、运行日志的记录与保存、电厂设备参数或整定值的记录与保存，所有报表均可自动或召唤打印。建设综合信息智能分析系统，对各电站、各设备的运行工况进行必要的综合分析，发现隐患及时报警，提请相关人员注意，提高设备的整体安全运行水平。

（4）与上级调度中心通信。整个水电站群通过设在芭蕉河一级电站的梯级调度中心的通信机实现与上级调度通信，按照上级调度的要求传送相关数据，接收上级调度命令。

11.3.3.3　系统结构及通信方式

根据电网结构，水电站群集控中心设立在芭蕉河1级电站内，集中监控叉溪河、芭蕉河1级、芭蕉河2级、燕子桥1级共4个水电站单元。各水电站单元现地都具备完整、独立的监控系统，每个水电站的各可编程逻辑控制器（PLC）单元均具备现地监控功能。将燕子桥2级作为燕子桥1级的现地控制单元（LCU）级，由燕子桥1级监控，芭蕉河3级作为芭蕉河2级的LCU级，由芭蕉河2级监控，叉溪河2级作为叉溪河1级的LCU级，由叉溪河1级监控。

监控系统采用分层分布式结构，整个系统分3层：后台监控层（电站群调度中心）、分后台监控层（各电站上位机控制层）、各站LCU层。其中，后台监控层是系统的控制顶层。系统结构如图11.3所示。

水电站群后台监控系统上位机部分分为中心主服务器、中心从服务器、操作员主工作站、操作员从工作站、通信On-call工作站等5套工作站。向下直接与4个分控中心相连接，远期调度监控7个水电站。

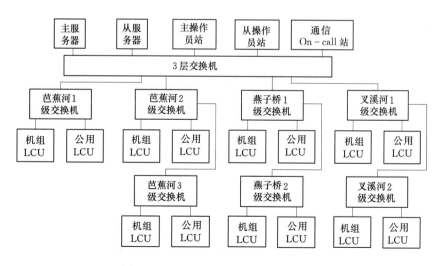

图11.3　芭蕉河水电站群监控系统结构

网络系统结构是整个系统安全可靠运行的基础，水电站计算机监控系统要求网络系统具有高安全可靠性、较强的数据吞吐能力、合理的带宽以及通信的开放性、集成性、易用性和可维护性，保证系统的实时通信与信息交换。根据水电站计算机监控系统的应用经验及芭蕉河水电站群的规模和要求,确定本系统网络采用以太网,主干网络采用星型的100Mb/s 以太网。

水电站群后台监控系统通过与各电站 LCU 直接通信,来完成对站内各机组、开关站、公用系统的实时监视与控制,不采用目前使用较多的后台监控系统与电站级监控系统通信的结构模式,减少一个通信环节,从而增加通信的实时性和可靠性。各电站 LCU 均采用带以太网通信的 PLC,集控中心级直接与各 LCU 的 PLC 通过以太网通信。通过对集控中心的 3 层协议主交换机的设置,可以有效地对各个电站的网络信息进行分组和隔离。

由于采用电站群控制层与现地控制层直接通信的方式,电站的控制层如果出现故障,不会影响到电站群的控制层。LCU 层同时与站级控制层和电站群级控制层通信,也可以脱离站级控制层和电站群级控制层的控制来完成电站设备的控制。

11.3.3.4 调节和控制方式

后台计算机监控系统的控制与调节包括经济调度控制(EDC)调节方式和设备控制方式。

EDC 的调节原则是,在遵守各项限制条件的前提下各级水库总的耗能量最小,或各级水库在计算期末总蓄能量最大。在 EDC 调节模式下,根据流域的基本水情和电站运行工况,按照电气安全运行准则,在满足电力系统正常调度要求的前提下,对各电站参与控制的机组按经济运行控制的程序来自动计算,给定各个电站、各台机组的发电有功功率。

在设备控制方式下,在中心操作员站上由操作员对各个电站、各台机组进行相关控制的操作,如发电并网的控制、PID 调节等。

上述控制方式的设置不影响调度对电站设备的紧急控制,如紧急停机、断路器的紧急控制等。

控制和调节方式的切换有相应的闭锁条件,以保证电站设备的运行状态不产生波动。控制方式的设置及切换不影响数据采集的进行,包括各系统间的数据交换,如地调、群站调度、各级的数据采集等。

11.3.3.5 人机接口及报警方式

运行操作人员、维护人员通过操作员工作站(控制台)等的人机接口设备,如显示器(或投影屏)、通用键盘、鼠标以及系统的汉字打印机等,实现对水电站群的监视控制及管理人机接口。主要功能如下:

(1)画面、各种记录、报表等的显示及召唤复制或打印。

(2)实现各种控制操作,包括命令的发布及过程监视等。

(3)群站监控系统的有关监控操作,如控制调节方式的切换操作,有关参数、设定值、限值的设定或修改,采集点监控状态的设置或人工设值,事故、故障的认可,音响的复归,监控对象和操作权限的管理,操作票的制作、签发及显示,操作登录、记事等。

(4)系统信息显示,包括故障信息及操作信息。

(5)报警,报警方式如下:

1)当出现故障和事故时,立即发出报警和显示信息,报警音响应将故障和事故区别开来。音响可手动或自动解除。

2)当前的报警显示信息在该对象所属操作员工作站的当前画面上显示报警语句(包

括报警发生时间、对象名称、性质等），并按事故及故障级别不同以不同颜色显示。若当前画面显示有该报警对象（或参数），则该设备标志（或参数）闪光或参数改变显示颜色。报警显示信息应在运行人员确认后方可解除。

3）当出现故障和事故时，立即发出中文语音报警，报警内容应准确和简明扼要。

4）当出现重要故障和事故时，监控系统除了应产生上述规定的报警之外，还产生电话语音自动报警及短消息自动报警，即具有 On - call 功能。

芭蕉河水电站群计算机监控系统的投入运行，显著地改进了水电站群内各电站的自动化管理水平及安全运行水平。目前，整个水电站群已基本实现"无人值班"（少人值守）的运行方式，随着 EDC 的投入运行，提高了整个水电站群的经济效益，充分发挥了芭蕉河一级水库的调节能力。

思 考 题

1. 简述梯级水电厂计算机监控系统的特点。

2. 梯级水电厂计算机监控系统的主要功能有哪些？

3. 梯级调度层对被控水电厂的控制方式有哪几种？试简要说明。

4. 以三峡梯级水电厂为例，说明特大型梯级水电厂计算机监控系统的特点。

5. 以白山梯级水电厂为例，说明大型梯级水电厂计算机监控系统的特点。

6. 以芭蕉河梯级水电站群为例，说明小型梯级水电站群的计算机监控系统的特点。

参 考 文 献

[1] 王德宽，王桂平，张毅，李建辉．水电厂计算机监控技术三十年回顾与展望［J］．水电站机电技术，Vol. 31，No3，2008.6：1-9．

[2] 施冲，马杰，周庆忠．水电站自动化建设30年回顾与展望［J］．水电自动化与大坝监测，Vol. 33，No6，2009.12：1-6．

[3] 王德宽，孙增义，王桂平，张建明．水电厂自动化技术30年回顾与展望［J］．中国水利水电科学研究院学报，Vol. 6，No4，2008.12：308-316．

[4] 庞敏，李斌．数字化水电站监控系统架构［J］．水电自动化与大坝监测，Vol. 32，No2，2008.4：4-6．

[5] 刘晓波．水电厂计算机监控系统发展趋势探讨［J］．水电厂自动化，第114期，2007.11：25-30．

[6] 朱辰，施冲，李斌．特大型水电机组监控系统的关键技术［J］．大型水轮发电机组技术论文集，2008：205-210．

[7] 张毅，王德宽，王桂平，袁宏，李建辉，姚维达．面向巨型机组特大型水电站监控系统的研制开发［J］．水电自动化与大坝监测，Vol. 32，No1，2008.2：24-29．

[8] 冀丽娜，王鹏飞．智能传感器与仪表在小型水电站监控系统中的应用［J］．黑龙江水利科技，Vol. 32，No1，2008：40-41．

[9] 宋琳莉，尹竞洲．水电站计算机监控系统通信互联调查总结［J］．水电站设计，第25卷第1期，2009.3：25-27．

[10] 王德宽，袁宏，王峥瀛，迟海龙，郭洁．H9000V4.0计算机监控系统技术特点概要［J］．水电自动化与大坝监测，Vol. 31，No3，2007.6：16-18．

[11] 张毅，王德宽，王桂平，袁宏．新一代水电厂计算机监控系统一H9000V4.0系统［J］．水电站机电技术，第31卷第3期，2008.6：10-14．

[12] 张毅，王德宽，王桂平，袁宏．面向巨型机组特大型电站的新一代水电厂计算机监控系统［J］．水电厂自动化，第114期，2007.11：7-13．

[13] DL/T578—2008 水电厂计算机监控系统基本技术条件［M］．北京：中国电力出版社，2008．

[14] 王德宽，毛江．三峡右岸电站计算机监控系统的总体设计构想［J］．水电厂自动化 2007.1：39-43．

[15] 王德宽，毛江．三峡右岸电站计算机监控系统总体设计与实现［J］．水电自动化与大坝监测，2008.3：1-3．

[16] 陈德新．发电厂计算机监控［M］．郑州：黄河水利出版社，2007．

[17] DL/T 5065—2009 水力发电厂计算机监控系统设计规范［M］．北京：中国电力出版社，2009．

[18] 谢云敏．水电站计算机监控技术［M］．北京：中国水利水电出版社，2006．

[19] 蒋伟．自动发电控制技术在水电厂中的应用［J］．科技资讯，2008，No.2：81-82．

[20] 庞凯．自动发电控制AGC系统的应用［J］．科技创新导报，2009，No.15：255-256．

[21] 曾火琼．浅析水电厂AGC与一次调频的配合［J］．水电自动化与大坝监测，2008，No.1：40-43．

[22] 伍永刚，何莉，余波．大型水电厂AGC调节策略研究［J］．水电能源科学，2007，Vol25，No.4：109-122．

[23] 富庆范，陈大卫，肖佳华，陈碧辉，周光权．沙河抽水蓄能电站计算机监控系统［J］．水力发电，第 30 卷第 5 期，2004.5：56－58.

[24] 姜海军，靳祥林，汪军，何云，王惠民．蒲石河抽水蓄能电站计算机监控系统设计［J］．抽水蓄能电站工程建设文集，2008：139－145.

[25] 吴玮．白山梯级水电厂实施集中监控的探讨［J］．水电自动化与大坝监测，2008.6：7－8.

[26] 张海鹏．白山三期抽水蓄能电站计算机监控系统实施与应用［J］．水电厂自动化，2007 年第 4 期：144－148.

[27] 姜相东．白山发电厂计算机监控系统升级改造［J］．水电厂自动化，2007 年 11 月：48－51.

[28] 刘晓波，刘贵仁，文正国，姜相东，邓小刚，郭善成，刘泽，耿瑞杰．白山梯级水电厂计算机监控系统升级改造［J］．第一届水力发电技术国际会议论文集．2006.10：613－618.

[29] 王定一．水电厂计算机监视与控制［M］．北京：中国电力出版社，2001.

[30] 方辉钦．现代水电厂计算机监控技术与试验［M］．北京：中国电力出版社，2004.

[31] 汪军，张俊涛．响洪甸抽水蓄能电站计算机监控系统［J］．水利水电技术，2000 年第 2 期：29－30.

[32] 姜海军，汪军，王善永，靳祥林，王嘉乐．十三陵抽水蓄能电站国产监控系统控制流程设计［J］．水电自动化与大坝监测，2006.10.

[33] 姜海军，汪军．大中型抽水蓄能电站监控系统［J］．水电厂自动化，2005 年 3 月：148－156.

[34] 吴玮．白山梯级水电厂实施集中监控的探讨［J］．水电自动化与大坝监测，2008 年第 32 卷第 3 期，2008.3：7－8.

[35] 张海鹏．白山三期抽水蓄能电站计算机监控系统实施与应用［J］．水电厂自动化，2007 年第 4 期，2007.12：144－148.

[36] 黄天东，宋远超，梁建行．三峡梯级自动化及梯调监控系统的设计与实现［J］．人民长江，2009 年第 40 卷第 2 期，2009.2：76－78.

[37] 司纪刚，陈硕通，周国胜，葛明非，徐洁．芭蕉河梯级水电站群监控系统［J］．水电自动化与大坝监测，2006 年第 30 卷第 3 期，2006.3：4－6.

[38] 陈启卷．中小型水电厂计算机监测与控制［M］．北京：中国电力出版社，2005.

[39] T. Cegrell. Power System Control Technology［M］. Newyork：Printice－Hall International，1986.

[40] MeiselJ. Disthbuted Control for Hydroelectric Plants［J］. Water Power & Dam Construction，1996.1：12－18.

[41] Bogado Femandm A L et a1. Distributed Architecture for Hydroelectric Plant Monitoring and Control［J］. IFAC Electric Energy System，Rio de Janerio，Brazil，1985：85－94.

[42] Masiello RD. Evolution of Energy Management System［J］. IFAC Symposium on Power Systems and Power Plant Control，Korea，1989.1：32－40.

[43] 程明．无人值班变电站监控技术［M］．中国电力出版社，1999.

[44] 陈奇岩．局域网实用手册——计算机联网指南［M］．北京：电子工业出版社，1996.

[45] 马莉．计算机网络：技术、集成与应用［M］．北京：北京航空航天大学出版社，2001.

[46] 于海生，等．微型计算机控制技术［M］．北京：清华大学出版社，1999.

[47] 郑学坚，等．微型计算机原理及其应用［M］．北京：清华大学出版社，2001.

[48] 高志刚．基于 CAN 总线的测控系统的设计与应用［D］．武汉大学硕士学位论文．2004.6.

[49] 姚齐国，夏全福．现场总线在水电站监控系统中的应用［J］．发电设备，2000 年第 6 期：41－42.

[50] 范卫红．现场总线在水电厂计算机监控系统中应用［J］．水电能源科学．1998 年 3 月．第 16 卷第 1 期：P55－58.

［51］　张兆云．组态软件在水电站弧门监控系统中的应用［J］．人民长江，2001 年 5 月，第 32 卷第 5 期：37－40.

［52］　王桥智．面向监控的组态软件的研究与开发［D］．武汉大学硕士学位论文，2004.6.

［53］　胡德功，王东强，丁振华．WDB－1 型微机电量变送器［J］．电力系统自动化，1990.5：12－16.

［54］　韩敏，王世缨，黄慎仪．变电站微机监控系统交流采样方法的实验研究［J］．电力系统自动化，1989.6：32－36.

［55］　张红，王诚梅．电力系统常用交流采样方法比较［J］．华北电力技术，1999.4：46－52.

［56］　赖维喜．水电厂计算机监控系统的软件可靠性设计［J］．水电站设计，Vol16，No.2，2000.6：14－18.

［57］　苏兴华．论软件测试［J］．信息技术与标准化，No.9，2003.9：15－18.

［58］　许静，陈宏刚，王庆人．软件测试方法与简述［J］．计算机工程与应用，2003.12：22－25.